高等学校智能科学与技术专业系列教材

人工神经网络原理与实践

陈雯柏　　　　编著
吴细宝　陈启丽　赵逢达　参编

西安电子科技大学出版社

内容简介

本书精选了人工神经网络的经典内容，主要阐述人工神经网络的一般原理和基本思想，并在此基础上突出了人工神经网络在自动控制和模式识别中的应用。全书共十二章，第一和第二章主要介绍了人工神经网络与人工智能的关系、人工神经网络研究的基本情况与人工神经网络的基本原理等内容；第三至九章分别介绍了感知器、BP神经网络、径向基神经网络、反馈式神经网络、自组织竞争神经网络、CMAC网络与模糊神经网络等内容；第十章讨论了神经网络的优化；第十一章介绍了智能领域的研究热点——深度神经网络；第十二章简要介绍了神经网络在自动控制中的应用。

本书从创新能力较强的应用型人才培养角度出发，重视理论与实践的结合，内容力求深入浅出，兼具系统性、全面性和前沿性。

本书可作为高等院校智能科学与技术、自动化及电子信息技术等专业的本科生和硕士生教材或参考书，也可供有关工程技术人员参考。

图书在版编目(CIP)数据

人工神经网络原理与实践/陈雯柏编著. —西安：西安电子科技大学出版社，2016.1(2022.1重印)
高等学校智能科学与技术专业系列教材
ISBN 978-7-5606-3933-8

Ⅰ. ①人… Ⅱ. ①陈… Ⅲ. ①人工神经网络—高等学校—教材
Ⅳ. ①TP183

中国版本图书馆CIP数据核字(2015)第304584号

策划编辑 邵汉平
责任编辑 邵汉平 张弛
出版发行 西安电子科技大学出版社(西安市太白南路2号)
电　　话 (029)88242885 88201467　邮　　编 710071
网　　址 www.xduph.com　电子邮箱 xdupfxb001@163.com
经　　销 新华书店
印刷单位 广东虎彩云印刷有限公司
版　　次 2016年1月第1版 2022年1月第3次印刷
开　　本 787毫米×1092毫米 1/16 印张 13.5
字　　数 313千字
定　　价 30.00元
ISBN 978-7-5606-3933-8/TP

XDUP 4225001-3

* * * 如有印装问题可调换 * * *

前　　言

人工神经网络是一种模仿生物神经网络的计算模型，它能够根据外界信息的变化改变内部人工神经元连接的结构并进行计算。作为一种非线性统计性数据建模工具，人工神经网络在语音识别、图像分析、智能控制等众多领域得到了广泛的应用。

人工神经网络方面的教材一般理论性较强，而MATLAB仿真程序设计方面的参考书对理论的介绍又相对较少。本书是在智能科学与技术专业教学实践的基础上，结合现有的教学讲义编写的，书中融入了作者多年来的教学研究与思考以及人工神经网络的最新技术发展。近年来，深度学习再掀人工神经网络的研究热潮，作者也特地将此内容引入了本书。

本书着眼于创新能力较强的应用型人才的培养，重视理论与实践的结合，精选了人工神经网络的经典内容，主要阐述人工神经网络的一般原理和基本思想，并在此基础上突出了人工神经网络在自动控制和模式识别中的应用。内容安排上注重先理论后实践。不同学校与专业的学生可根据实际情况和课时需要选学部分内容。

全书共十二章。第一章至第七章以及第九章由陈雯柏编写，第八章和第十章由吴细宝编写，第十一章由陈启丽编写，第十二章由赵逢达编写。全书由陈雯柏负责整理和统稿。

本书的出版得到了北京市属高等学校青年拔尖人才培育计划（CIT&TCD201404125）的资助。在编写过程中，作者多次得到钟义信教授、韩力群教授的指导；西安电子科技大学出版社的编辑们也为本书的出版付出了辛勤的劳动，在此一并表示衷心的感谢。

由于作者水平有限，书中难免有不足之处，诚恳欢迎各位读者对本书提出批评指正意见，作者将不胜感激。

陈雯柏

2015年8月

目　　录

第一章　绪论 ······ 1
1.1　人类的智能与思维 ······ 1
1.1.1　智能 ······ 1
1.1.2　思维 ······ 2
1.2　人工智能 ······ 3
1.2.1　人工智能的主流学派 ······ 3
1.2.2　机制主义方法与人工智能统一 ··· 4
1.2.3　人工智能的研究内容 ······ 4
1.3　人脑与“电脑”的信息处理机制 ······ 5
1.4　人工神经网络的研究溯源 ······ 5
1.5　人工神经网络的分类 ······ 8
1.6　人工神经网络的特点 ······ 8
1.7　人工神经网络的功能 ······ 9
1.8　人工神经网络的应用 ······ 10
思考题 ······ 11
第二章　人工神经网络的基本原理 ······ 12
2.1　生物神经网络 ······ 12
2.1.1　生物神经元的结构 ······ 12
2.1.2　生物神经元的信息处理机理 ······ 13
2.1.3　生物神经网络的结构 ······ 15
2.1.4　生物神经网络的信息处理 ······ 16
2.2　人工神经元的数学建模 ······ 17
2.2.1　M-P模型 ······ 17
2.2.2　常用的神经元数学模型 ······ 19
2.3　人工神经网络的结构建模 ······ 22
2.3.1　网络拓扑类型 ······ 22
2.3.2　网络信息流向类型 ······ 23
2.3.3　人工神经网络结构模型的特点 ······ 24
2.4　人工神经网络的学习 ······ 24
思考题 ······ 26
第三章　感知器 ······ 27
3.1　感知器的结构与功能 ······ 27
3.1.1　单层感知器的网络结构 ······ 27
3.1.2　单层感知器的功能分析 ······ 28
3.2　感知器的学习算法 ······ 32
3.3　感知器的局限性与改进方式 ······ 34
3.4　多层感知器 ······ 35
3.5　感知器神经网络的MATLAB仿真实例 ······ 37
3.5.1　常用的感知器神经网络函数 ······ 37
3.5.2　仿真实例 ······ 39
思考题 ······ 43
第四章　BP神经网络 ······ 44
4.1　BP网络的模型 ······ 44
4.2　BP网络的学习算法 ······ 45
4.2.1　BP算法推导 ······ 45
4.2.2　BP算法的程序实现 ······ 47
4.3　BP网络的功能与数学本质 ······ 49
4.3.1　BP神经网络的功能特点 ······ 49
4.3.2　BP神经网络的数学本质 ······ 50
4.4　BP网络的问题与改进 ······ 50
4.4.1　BP神经网络存在的缺陷与原因分析 ······ 50
4.4.2　传统BP算法的改进与优化 ······ 51
4.4.3　深度神经网络 ······ 53
4.5　BP网络的设计 ······ 54
4.5.1　输入/输出变量的确定与训练样本集的准备 ······ 54
4.5.2　BP网络结构设计 ······ 56
4.5.3　网络训练与测试 ······ 57
4.6　BP网络的MATLAB仿真实例 ······ 58
4.6.1　BP神经网络的MATLAB工具箱 ······ 58
4.6.2　BP网络仿真实例 ······ 59

4.7 基于BP算法的一级倒立摆神经网络控制 …… 64
4.7.1 倒立摆系统 …… 64
4.7.2 仿真模型的建立 …… 65
4.7.3 BP神经网络控制器的设计 …… 65
4.7.4 神经网络控制器控制仿真实验 …… 68
4.7.5 神经网络实物控制实验 …… 69
思考题 …… 70
第五章 径向基神经网络 …… 71
5.1 径向基网络的模型 …… 71
5.1.1 正规化RBF网络 …… 71
5.1.2 广义RBF网络 …… 73
5.1.3 RBF网络的生理学基础 …… 73
5.1.4 RBF网络的数学基础 …… 74
5.1.5 函数逼近与模式分类问题举例 …… 76
5.2 径向基网络的学习算法 …… 79
5.2.1 数据中心的确定 …… 79
5.2.2 扩展常数的确定 …… 80
5.2.3 输出权向量的确定 …… 80
5.2.4 梯度下降法同时获取数据中心、扩展系数与权向量 …… 81
5.3 径向基网络的特性分析 …… 82
5.3.1 RBF神经网络的特点 …… 82
5.3.2 RBF神经网络与BP神经网络的比较 …… 82
5.3.3 RBF神经网络应用的关键问题 …… 82
5.4 其他径向基网络 …… 83
5.4.1 广义回归神经网络 …… 83
5.4.2 概率神经网络 …… 85
5.5 径向基网络的MATLAB仿真实例 …… 87
5.5.1 RBF网络的MATLAB工具箱 …… 87
5.5.2 仿真实例 …… 88
思考题 …… 91
第六章 反馈式神经网络 …… 92
6.1 Elman神经网络 …… 92
6.1.1 Elman神经网络的结构 …… 92
6.1.2 Elman神经网络学习算法 …… 93
6.1.3 Elman神经网络的应用 …… 94
6.2 离散Hopfield神经网络 …… 94
6.2.1 离散Hopfield神经网络的模型 …… 94
6.2.2 离散Hopfield神经网络的运行规则 …… 95
6.2.3 离散Hopfield神经网络的运行过程 …… 95
6.3 连续Hopfield神经网络 …… 100
6.3.1 连续Hopfield神经网络的网络模型 …… 100
6.3.2 连续Hopfield神经网络的稳定性分析 …… 102
6.4 Hopfield神经网络的应用 …… 102
6.4.1 联想记忆 …… 103
6.4.2 优化计算 …… 104
6.5 反馈神经网络的MATLAB仿真实例 …… 104
6.5.1 Elman神经网络的MATLAB实现 …… 104
6.5.2 Hopfield神经网络的MATLAB实现 …… 106
思考题 …… 108
第七章 自组织竞争神经网络 …… 110
7.1 模式分类的基本概念 …… 110
7.1.1 分类与聚类 …… 110
7.1.2 相似性测量 …… 110
7.2 基本竞争型神经网络 …… 111
7.2.1 基本竞争型神经网络结构 …… 111
7.2.2 竞争学习策略 …… 112
7.2.3 特性分析 …… 117
7.3 自组织特征映射神经网络 …… 117
7.3.1 SOM网的拓扑结构 …… 117
7.3.2 SOM网的工作原理 …… 117

7.3.3 SOM网的学习算法 …………… 118
7.3.4 SOM网的功能应用 …………… 121
7.4 自适应共振理论(ART) 神经网络 ……………………………… 122
7.4.1 ART模型 ……………………… 122
7.4.2 ART算法原理 ………………… 123
7.5 学习向量量化(LVQ)神经网络 …… 124
7.5.1 LVQ神经网络结构 …………… 124
7.5.2 LVQ神经网络的学习算法 …… 124
7.6 对偶网络(CPN)神经网络 ………… 125
7.6.1 CPN神经网络结构 …………… 125
7.6.2 CPN神经网络的学习算法 …… 125
7.7 自组织竞争网络的MATLAB仿真实例 ………………………… 126
7.7.1 重要的自组织网络函数 ……… 126
7.7.2 自组织网络应用举例 ………… 128
思考题…………………………………… 132
第八章 CMAC网络 ………………………… 133
8.1 CMAC网络工作原理 ……………… 133
8.1.1 CMAC网络的生理学基础 …… 133
8.1.2 CMAC网络的基本思想 ……… 133
8.2 CMAC模型结构 …………………… 134
8.3 CMAC学习算法 …………………… 135
8.4 CMAC网络的讨论 ………………… 137
8.4.1 CMAC网络的特点 …………… 137
8.4.2 CMAC与BP神经网络的比较 ……………………………… 137
8.4.3 CMAC与RBF神经网络的比较 ……………………………… 138
思考题…………………………………… 139
第九章 模糊神经网络…………………… 140
9.1 模糊控制理论基础 ………………… 140
9.1.1 模糊集合及其运算 …………… 140
9.1.2 模糊关系与模糊逻辑推理 …… 141
9.1.3 模糊控制 ……………………… 142
9.2 模糊系统和神经网络的联系 ……… 145
9.2.1 模糊系统和神经网络的区别 … 145
9.2.2 模糊系统和神经网络的等价性 ……………………………… 146
9.3 模糊系统与神经网络的融合 ……… 147
9.4 ANFIS …………………………… 148
9.4.1 自适应网络 …………………… 149
9.4.2 ANFIS的结构 ………………… 149
9.4.3 ANFIS的学习算法 …………… 151
9.4.4 ANFIS的特点 ………………… 152
9.5 模糊神经网络仿真实例 …………… 152
9.5.1 MATLAB模糊逻辑工具箱…… 152
9.5.2 仿真实例 ……………………… 153
9.5.3 倒立摆的模糊神经网络控制 … 156
思考题…………………………………… 159
第十章 神经网络的优化………………… 160
10.1 神经网络的优化方法……………… 160
10.1.1 网络结构的优化……………… 160
10.1.2 训练算法的优化……………… 160
10.2 基于遗传算法的神经网络优化…… 161
10.2.1 遗传算法……………………… 161
10.2.2 遗传算法优化神经网络的权值训练……………………… 164
10.2.3 遗传算法优化神经网络的网络结构……………………… 164
10.3 基于粒子群算法的神经网络优化 ……………………………………… 165
10.3.1 粒子群算法…………………… 165
10.3.2 粒子群算法优化神经网络的权值训练……………………… 167
10.4 基于混沌搜索算法的神经网络优化……………………………… 168
10.4.1 混沌现象……………………… 168
10.4.2 混沌优化算法原理…………… 170
10.4.3 混沌优化算法优化神经网络的权值训练……………………… 170
思考题…………………………………… 170
第十一章 深度神经网络………………… 171
11.1 深度信念网络(DBNs) …………… 171
11.1.1 基础知识……………………… 171
11.1.2 DBNs的结构 ………………… 172

11.1.3 DBNs的特点 ………………… 173
11.1.4 DBNs学习算法 ………………… 174
11.1.5 DBNs的应用 ………………… 175
11.2 卷积神经网络(CNNs) ………………… 178
11.2.1 基础知识 ………………… 178
11.2.2 CNNs的结构 ………………… 179
11.2.3 CNNs的特点 ………………… 180
11.2.4 CNNs学习算法 ………………… 180
11.2.5 CNNs的应用 ………………… 181
11.3 深度神经网络的MATLAB仿真实例 ………………… 182
11.3.1 DBNs的MATLAB工具箱 … 183
11.3.2 DBNs的仿真实例 ………………… 183
11.3.3 CNNs的MATLAB工具箱 ………………… 186
11.3.4 CNNs的仿真实例 ………………… 187
思考题 ………………… 189
第十二章 神经控制 ………………… 190
12.1 控制理论的发展 ………………… 190
12.2 智能控制 ………………… 191
12.2.1 智能控制的产生 ………………… 191
12.2.2 智能控制的分类 ………………… 192
12.2.3 智能控制系统的组成 ………………… 193
12.3 基于神经网络的辨识器 ………………… 194
12.3.1 系统辨识的基本原理 ………………… 194
12.3.2 神经网络系统辨识典型结构 ………………… 196
12.4 基于神经网络的控制器 ………………… 198
12.4.1 神经网络控制的基本思想 …… 198
12.4.2 神经网络控制系统典型结构 ………………… 198
思考题 ………………… 203
参考文献 ………………… 204

第一章 绪 论

人体信息系统的进化表现了一个重要的科学规律：在感觉器官、神经系统、古皮层、旧皮层、行动器官成熟之后，新皮层就成为整体发展的焦点。信息技术的发展也遵循同样的规律：在传感(感觉器官功能的扩展)、通信(传导神经系统功能的扩展)、计算(古皮层、旧皮层功能的扩展)、控制(行动器官功能的扩展)充分发展起来之后，人工智能(新皮层功能的扩展)就成为信息技术发展的焦点。

人工神经网络是人工智能研究的一个分支。它是模仿生物神经网络进行分布式并行信息处理的算法模型，是近年来再度兴起的一个人工智能研究领域。

1.1 人类的智能与思维

大脑是思维活动的物质基础，思维是人类智能的集中体现。了解人脑的工作机理和思维本质、构造人工智能系统模拟人脑的功能是人们一直以来的向往与追求。

1.1.1 智能

人类从感觉到记忆再到思维这一过程称为“智慧”。智慧的结果是行为和语言，行为和语言予以表达便称为“能力”。智慧与能力合称为“智能”，将感觉、回忆、思维、语言、行为的整个过程称为智能过程。

如图 1.1 所示，智能过程是人类整个信息活动的过程。智能的特点主要体现为感知能力、记忆与思维能力、归纳与演绎能力、学习能力以及行为能力。智能过程通过五类基本技术(称为“信息技术”)来实现：

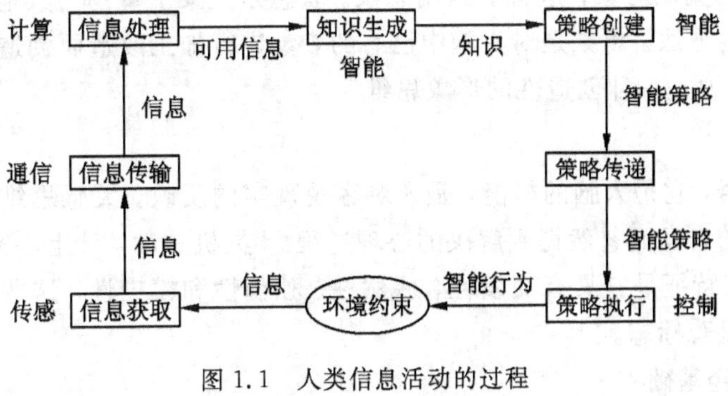

图 1.1 人类信息活动的过程

(1) 信息的感知与获取技术，即从外界获得有用的信息，主要包括传感、测量和信息检索等技术，它们是人类感觉器官功能的扩展；

(2) 信息的传输与存储技术，即交换信息与共享信息，主要包括通信和存储等技术，它们是人类神经系统功能的扩展；

(3) 信息的处理与认知技术，即把信息提炼成为知识，主要包括计算技术和智能技术，它们是人类思维器官认知功能的扩展；

(4) 信息综合与再生技术，即把知识转变为解决问题的策略，主要包括智能决策技术，它们是人类思维器官决策功能的扩展；

(5) 信息转换与执行技术，即把智能策略转换为解决问题的智能行为，主要包括控制技术，它们是人类效应器官(行动器官)功能的扩展。

1.1.2 思维

思维是人脑对客观事物间接的反映过程，具体包括回想、联想、想象、思考和推理等。思维不是凭感觉器官对事物表象的直接认识，而是通过间接的甚至迂回的途径来反映客观事物的特点或它们之间的联系与规律，进而进行改造。因此，思维是人类认识过程的高级阶段。

1. 思维的类型

从思维规律的角度出发，思维可划分为抽象思维、形象思维和灵感思维三种类型。人的思维活动过程往往不是一种思维方式在起作用，而是两种甚至三种思维方式先后交错一同起作用。

1) 抽象思维

抽象思维又称逻辑思维，其形式包括概念、判断和推理。抽象思维是对客观现象进行间接、概括反映的过程，属于理性认识阶段。科学的、合乎逻辑的抽象思维是在社会实践的基础上形成的。人们运用分析、综合、归纳、演绎方法来形成概念并确定概念与概念之间演绎的关系、概念外延的数量属性关系、概念内涵的数量属性关系。

2) 形象思维

形象思维是用图形、行为等直观形象解决问题的思维，思维过程主要表现为类比、联想与想象等基本形式。类比是通过两个不同对象进行比较的方法进行推理，而重要的一环就是要找到合适的类比对象，这就要运用想象。联想是把某个事物与其他领域里的事物联系起来加以思考的方法。想象是对头脑中已有的表象进行加工改造而创造新形象的思维过程。因此，它可以说是一种创造性的形象思维。

3) 灵感思维

灵感又称顿悟，它是人脑的机能，是人对客观现实的反映。灵感思维是长期思考的问题受到某些事物的启发而忽然得到解决的心理过程。“灵机一动，计上心来”即是对这种灵感思维的表述，其特征是它具有突发性、偶然性、独创性和模糊性，这些特征是它区别于其他思维形式的显著标志。

2. 思维的神经基础

大脑是人类的思维器官，是最重要的智能器官，也是人类产生智能并发展的物质基础。

人类的思维过程首先是由大脑左半球进行逻辑思维，然后通过右半球进行形象思维，再通过胼胝体联系并加以协调两半球的思维活动。两半球之间联系极为密切，形象思维与抽象思维互相交织、补充和转化，达到对客观世界的更完美、更本质的认识。

灵感思维的神经基础在于脑电波。脑电波是脑中的电器性震动，它反映了脑细胞活动的节奏。在β波为优势脑波时，身心呈紧张状态，能量耗费加剧，以准备随时应对外在环境变化；当α波为优势脑波时，人的身心放松，脑部所获得的能量相对较高，潜意识大门打开，大脑思维可以抓住潜意识中所储存的主观信息，这就产生了灵感。

1.2 人工智能

人工智能是研究和开发用于模拟、延伸和扩展人类智能的理论、方法、技术及应用的科学。人工智能的创始人温斯顿(P. H. Winston)将人工智能的中心任务总结为如何使计算机去做那些过去只有靠人的智力才能做的工作。

1.2.1 人工智能的主流学派

人工智能的主流学派主要包括符号主义、连接主义和行为主义。

1. 符号主义

符号主义又称为逻辑主义、心理学派或计算机学派，其原理主要为物理符号系统假设和有限合理性原理。

符号主义认为人工智能源于数理逻辑。1956年，符号主义研究学者首先采用“人工智能”这个术语，该学派研究的代表人物有纽厄尔(Newell)、西蒙(Simon)和尼尔逊(Nilsson)等。符号主义典型的研究成果有启发式算法、专家系统、知识工程理论与技术等。专家系统的成功应用具有特别重要意义，表明人工智能走向了工程实际应用。

符号主义的特点是对人脑逻辑思维功能的“功能模拟”，它通过获取领域相关的规范知识和运用逻辑演绎的方法获得求解问题的策略，以求解逻辑思维之类的智能问题。

2. 连接主义

连接主义又称为仿生学派、生理学派，其主要原理为神经网络及神经网络间的连接机制与学习算法。

连接主义认为人工智能源于仿生学。1943年，生理学家麦卡洛克(McCulloch)和数理逻辑学家皮茨(Pitts)创立脑模型(M-P模型)，开创了用电子装置模仿人脑结构和功能的新途径。脑模型研究在20世纪70年代后期至80年代初期落入低潮，1982年，Hopfield提出用硬件模拟神经网络，使得连接主义重新抬头。1986年，鲁梅尔哈特(Rumelhart)等人提出多层网络中的反向传播算法(BP算法)，使得连接主义势头大振。

连接主义的特点是对人脑结构的“结构模拟”。它通过“信息样本的训练”获得经验知识和策略，用以解决形象思维之类的智能问题。

3. 行为主义

行为主义又称为进化主义、控制论学派，其原理为控制论以及感知-动作型控制系统。

行为主义认为人工智能源于控制论。行为主义把神经系统的工作原理与信息理论、控制理论、逻辑以及计算机联系起来。早期的研究重点是模拟人在控制过程中的智能行为和作用。

行为主义的特点是对智能系统行为的“行为模拟”，它通过建立刺激与响应之间的关系(表现为常识知识)自动产生与识别的刺激类型相关的行为响应。

1.2.2　机制主义方法与人工智能统一

人工智能研究在“三种学说”各自取得进展的同时，亦存“孰优孰劣”的争论，有时争论还非常尖锐和激烈。“条条道路通罗马”，结构、功能、行为都是窥探智能系统奥秘的重要观察窗口，但这不是最根本的入口。

北京邮电大学智能科学系钟义信教授提出了人工智能研究的“机制主义”模拟方法和“知识的生态学结构”。表1-1表明原来“鼎足三分”的三个主流学说(结构模拟、功能模拟和行为模拟学说)在“机制主义方法”的基础上可以实现和谐的统一。

表1-1　机制主义方法的分类和举例

机制主义方法	信息	知识	智能	举例
A型方法	信息	经验知识	经验智能	神经网络
B型方法	信息	规范知识	规范智能	专家系统
C型方法	信息	常识知识	常识智能	感知动作系统

智能生成的共性核心机制涉及信息、知识、智能三个层次的理论。在这三者之中，信息是现象，知识是本质，智能是能力。信息来自现实世界，能力作用于现实世界，知识则是信息与智能之间的桥梁与中介。

机制主义方法的实现是“信息—知识—智能转换”。一方面当知识属于经验知识的时候，机制模拟可以退化为“结构模拟”；当知识属于规范知识的时候，机制模拟可以退化为“功能模拟”；当知识属于常识知识的时候，机制模拟可以退化为“行为模拟”。

另一方面，知识是一个不断动态生长着的复杂运动过程。先天知识在各种信息的激励下，不断生长出“欠成熟”的经验知识；一部分经验知识逐渐“成熟”为规范知识，“过成熟”为常识知识。一部分常识知识又可能沉淀为下一代先天知识。如此不断生长，不断进化，便是一个“有始无终”的开放的知识生态过程。

可见，人工智能的结构模拟方法、功能模拟方法和行为模拟方法在机制模拟方法的框架内实现了和谐的统一。它们分别是机制模拟分别在经验知识、规范知识、常识知识条件下的特例。

1.2.3　人工智能的研究内容

人工智能是研究和开发用于模拟、延伸和扩展人类智能的理论、方法、技术及应用的技术科学，其主要研究内容可归纳为以下四个方面。

1. 机器感知

感知是感觉与知觉的统称，它是客观事物通过感官在人脑中的直接反映。机器感知研究如何用机器或计算机模拟、延伸和扩展人的感知或认知能力，包括机器视觉、机器听觉和机器触觉等。机器感知是通过多传感器采集，并经复杂程序处理的大规模信息处理系统。

2. 机器思维

大脑的思维活动是人类智能的源泉，没有思维就没有人类的智能。机器感知也主要是通过机器思维来实现的。机器思维是指将感知得来的机器内部和外部各种工作信息进行有目的的处理。

3. 机器学习

学习是有特定目标的知识获取过程，是人类智能的主要标志和获得知识的基本手段，表现为新知识结构的不断建立和修改。机器学习是指计算机自动获取新的事实及新的推理算法等，是计算机具有智能的根本途径。

4. 机器行为

行为是生物适应环境变化的一种主要的手段。机器行为(Machine Behavior)研究如何用机器去模拟、延伸、扩展人的智能行为，具体包括自然语言生成、机器人行动规划、机器人协调控制等。

1.3　人脑与“电脑”的信息处理机制

人脑是在漫长进化过程中形成的大规模的、超精细的神经网络群体结构。人脑与“电脑”的计算机信息处理机制比较如表 1-2 所示。

表 1-2　人脑与计算机信息处理机制的比较

对比项目	人脑	电脑
系统结构	数百亿神经元相互连接而成。单个神经元只能完成一种基本功能，大量神经元广泛连接后形成的神经元网络结构完成信息处理	由运算器、控制器、存储器和输入/输出设备组成。信息处理基于冯·诺依曼体系结构，进行程序存取
信号形式	具有模拟量和离散脉冲两种形式。模拟量信号具有模糊性特点，有利于信息的整合和非逻辑加工	信息表达基于二值逻辑形式。信息加工过程分解为若干二值逻辑表达式来完成
信息存储	信息分布式存储于整个神经网络系统中。分布联想式的信息存储利于从失真和残缺模式中恢复出正确的模式	信息存储于存储器。采用按顺序寻址的方式，处理器通过总线进行指令或数据的存取
信息处理方式	信息存储与信息处理采用一体化的并行处理方式。信息的处理受存储信息的影响，处理后的信息又留存于神经元网络中成为记忆	有限集中的串行信息处理机制。基于程序存取机制，所有信息处理由 CPU 完成，处理结果存储于存储器

在处理速度方面，人脑中神经细胞间的信息传递只能达到毫秒级，而现代计算机的计算速度为纳秒级。在数值处理方面，计算机的信息处理速度要远高于人脑，但文字、图像和声音等信息的处理能力与速度却远远不如人脑。一般而言，计算机善于逻辑思维，而人脑擅长形象思维和经验与直觉的判断。

1.4　人工神经网络的研究溯源

如前所述，连接主义作为人工智能的主要研究学派，其研究特点是对人脑结构的结构模拟。1890 年，美国心理学家 William James 发表的详细论述人脑结构及功能的专著《心理学原理》(Principles of Psychology)对相关学习、联想记忆的基本原理做了开创性研究。

人工神经网络目前已形成了一个多学科交叉的前沿技术领域，但其研究与发展道路是曲折的，体现了辩证唯物主义的认识规律。

1. 启蒙期(1969 年以前)

从 1890 年 William James 研究人脑结构与功能开始，至 1969 年 Minsky 和 Papert 发表《感知器》(Perception)一书，这一阶段可称为人工神经网络研究的启蒙阶段。

启蒙阶段主要事件与研究成果有：

(1) James 在专著中指出："假设我们所有的后继推理的基础遵循这样的规则：当两个基本的脑细胞曾经一起或相继被激活过，当其中一个受到新的刺激被激活时会将这一刺激传播到另一个脑细胞。"这一点揭示了大脑联想记忆和相关学习的规律。同时，他也预言神经细胞激活是细胞所有输入叠加的结果。

(2) 1943 年，生理学家 W. S. McCulloch 和数学家 W. A. Pitts 发表了一篇神经网络领域的著名文章，首先提出了 M－P 模型。该模型把神经元作为双态开关，并应用布尔逻辑的数学工具研究客观事件形式的神经网络。尽管 M－P 模型过于简单，但它奠定了网络模型和以后开发神经网络步骤的基础。通常认为，M－P 模型开创了神经网络科学理论研究的新时代。

(3) 1948 年，Wiener 发表《控制论》专著，多次谈到他和 McCulloch、Pitts 与 Rosenblatt 等人在生物神经系统、信息和控制等方面的讨论、交流和合作。可以这样说，Wiener 对神经网络的研究起到了重要的推动作用。

(4) 1949 年，心理学家 D. O. Hebb 出版的《行为组织：神经心理学理论》一书，提出了神经元的学习规则。Hebb 认为，大脑的活动是靠脑细胞的组合连接实现的，当源神经元和目的神经元均被激活兴奋时，它们之间突触的连接强度将会增强。目前，大部分神经网络的学习规则仍采用 Hebb 规则或它的改进型。因此可以这样说，Hebb 规则为人工神经网络的学习算法奠定了基础。

(5) 1958 年，计算机学家 Frank Rosenblatt 提出了一种具有三层网络特性的神经网络结构，称为"感知器"(Perceptron)。Rosenblatt 指出感知过程具有统计分离性，可利用教师信号对感知器进行训练，从而模拟人脑感知能力和学习能力。

(6) 1960 年，电机工程师 Bernard Widrow 与 Marcian E. Hoff 发表了一篇题为"自适应开关电路"(Adaptive Switching Circuits)的文章，提出了一种称为自适应线性单元的"Adaline"的模型。他们不仅设计了在计算机上仿真的人工神经网络，而且还用硬件电路实现了他们的设计。从工程技术的角度看，这对神经网络技术发展极为重要。他们的工作为如今采用 VLSI 实现神经计算机的研究奠定了基础。

(7) 1969 年，M. Minsky 和 S. Papert 发表了《感知器》一书，对感知器模型进行了深入研究，严格论证了简单线性感知器功能的局限性，并且指出多层感知器还不能找到有效的计算方法。这篇文章一度使神经网络研究陷入长达 10 年的低潮，几乎所有为神经网络提供的研究基金都枯竭了，很多领域的专家纷纷放弃这方面课题的研究。

2. 过渡期(1970—1986 年)

Minsky 和 Papert 的悲观论点为刚燃起的人工神经网络研究之火泼了一大盆冷水。另一方面，20 世纪 70 年代以来，传统的冯·诺依曼型计算机的迅猛发展为基于逻辑符号处理方法的人工智能提供了强大的计算支持，而它们的问题和局限性尚未暴露。这一阶段，符号主义成为研究热点，结构模拟陷入低潮。直到 1982 年，加州理工学院 John Hopfield 博士提出 Hopfield 网络，才又一次掀起各学科关注神经网络的热潮。

过渡阶段的主要事件与研究成果有：

(1) 1972 年，芬兰的 T. Kohonen 教授发表了一个与感知器不同的线性神经网络模型。比起非线性网络模型，它的分析要容易得多，Kohonen 称其神经网络结构为"联想存储器"(Associative Memory)。同年，美国神经生理学家和心理学家 J. Anderson 也提出了一个类似的神经网络，称为"交互存储器"(Interacive Memory)。在网络结构、学习算法和传递函数方面它与 Kohonen 技术几乎相同。

(2) 1980 年，T. Kohonen 教授提出自组织映射(SOM)理论。SOM 模型是一类非常重要的无导师学习网络，主要应用于模式识别、语音识别和分类等场合。

(3) 1975 年，日本东京 NHK 广播科学研究实验室的福岛邦彦(Kunihiko Fukushima)提出一个自组织识别神经网络模型并于 1980 年发表"新认知机"(Neocognitron)。"新认知机"是视觉模式识别机制模型，它与生物视觉理论相符合，其目的在于综合出一种神经网络模型让它像人类一样具有进行模式识别的能力。

(4) 1976 年，美国波斯顿大学 Grossberg 教授提出了著名的自适应共振理论(Adaptive Resonance Theory)模型。其后，Grossberg 进一步提出了 ART 系统的三个版本 ART1、ART2、ART3。Grossberg 认为：若在全部神经节点中有一个神经节点特别兴奋，其周围的所有节点将受到抑制。Grossberg 对神经网络的研究起到了重要的推动作用。

(5) 1982 年，美国加州工学院物理学家 Hopfield 对神经网络的动态特性进行了研究，引入了能量函数的概念，给出了网络的稳定性判据，提出了用于联想记忆和优化计算的新途径。1984 年和 1986 年 Hopfield 连续发表了有关其网络应用的文章，获得了工程技术界的重视。例如，贝尔实验室于 1986 年声称利用 Hopfield 理论首先在硅片上制成硬件的神经计算机网络，并继而仿真出耳蜗与视网膜等硬件网络。不可否认，是 Hopfie1d 博士点燃了人工神经网络复兴的火炬。

(6) 1984 年，多伦多大学教授 G. E. Hinton 等人借助统计物理学的概念和方法提出了一种随机神经网络模型——玻耳兹曼(Blotzmann)机，其学习过程采用模拟退火技术，有效地克服了 Hopfield 网络存在的能量局部极小问题。

(7) 1986 年，Rumelhart 与 McClelland 发表《并行分布式处理》(Parallel Distributed Proccssing)一书，提出了误差反向传播神经网络，简称 BP 网络。BP 网络是一种能朝着满足给定的输入/输出关系方向进行自组织的神经网络。实际上早在 1974 年前后，这种网络已被哈佛大学的 P. Werbos 博士所发明，只因当时没有充分体会到它的用处而多年未受到足够重视。《并行分布式处理》一书的发表为掀起神经网络研究的新高潮起到了有力推动作用。

3. 发展新时期(1987 年—)

(1) 1987 年 6 月，首届国际神经网络学术会议在美国加州圣地亚哥召开，会上成立了国际神经网络学会(International Neural Network Society，INNS)，这标志着世界范围内神经网络研究开发应用进入了一个新的高潮。

(2) 1987 年 8 月，美国国防部预研计划管理局(DARPA)组织大规模调研论证，并于 1988 年 11 月开始一项投资数亿美元的发展神经网络及其应用研究的八年计划。此后许多国家也制定了相应计划发展神经网络。

(3) 1990 年 3 月，IEEE 成立神经网络协会并开始出版神经网络汇刊。

(4) 1990 年 2 月，中国电子学会等我国八个一级学会在北京联合召开了“中国神经网络首届学术大会”，开创了我国人工神经网络及神经计算机方面科学研究的新纪元。

(5) 2006 年，深度学习神经网络再掀人工神经网络研究热潮。多层神经网络容易陷入局部最优，也很容易过拟合。这一度使得神经网络的研究再陷低潮。2006 年，多伦多大学 Geoffrey Hinton 教授与 Salakhutdinov 博士发表在美国《SCIENCE》的论文“Reducing the Dimensionality of Data with Neural Networks”提出了一种名为深度学习(Deep Learning)的逐层预训练神经网络学习方法，治愈了多层神经网络的这个致命伤，再次掀起人工神经网络研究热潮。

(6) 2012 年 6 月，《纽约时报》报道了斯坦福大学计算机科学家吴恩达(Andrew Ng)和谷歌公司的系统专家 Jeff Dean 共同研究深度神经网络的机器学习模型在语音识别和图像识别等领域获得的巨大成功。2012 年 11 月，微软公司在天津公开演示了一个全自动的同声传译系统，其关键技术也是深度学习。2013 年 1 月，百度公司首席执行官李彦宏先生宣布建立深度学习研究院(Institute of Deep Learning)。2013 年 3 月，谷歌公司收购了由深度学习创始人 Geoffrey Hinton 创立的公司。

1.5 人工神经网络的分类

神经网络可根据不同标准来进行分类，图 1.2 给出了按照学习类型(即无监督学习和监督学习)分类的例子，详细内容参见后续各章及相关参考文献。

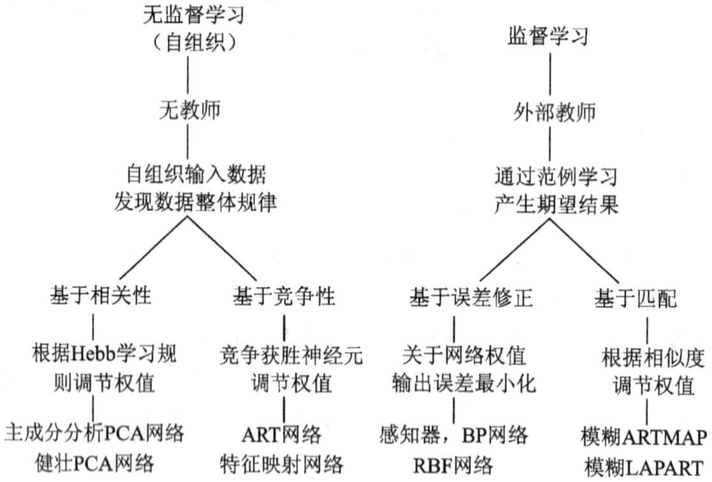

图 1.2 不同神经网络的学习类型

1.6 人工神经网络的特点

人工神经网络是基于对人脑组织结构和活动机制的初步认识提出的一种新型信息处理体系。因此也呈现出人脑的许多特征。

1. 信息存储的分布性

人工神经网络存储信息的方式与传统计算机的存储方式是不同的。一个信息不是存在一个地方，而是分布在大量神经元之间的连接关系中。

2. 信息处理的并行性

神经网络的每一个神经元都可根据接收到的信息作独立的运算和处理，然后将结果传输出去，这体现了并行处理。神经元的广泛互联与信息并行处理也必然使整个神经网络呈现出高度的非线性特点。

3. 信息处理的容错性

庞大的网络结构与分布式存储的结构特点使神经网络从以下两个方面体现出良好的容错性：

(1) 部分神经元损坏时不会对系统的整体性能造成影响。

(2) 输入模糊、残缺或变形的信息时，神经网络能通过部分信息联想恢复完整记忆。

4. 信息处理的自适应性

自适应性是指一个系统通过改变自身的性能以适应环境变化的能力。神经网络的自适应性表现在：

(1) 自学习性。当外界环境发生变化时，经过一段时间的训练或感知，神经网络能自动调整网络结构参数。

(2) 自组织(或称重构)性。神经网络能在外部刺激下按一定规则调整神经元之间的突触连接，并逐渐构建起新的神经网络。

(3) 泛化。泛化也称推广。泛化能力是指网络对以前未曾见过的输入做出反应的能力。泛化本身具有进一步学习和自调节的能力。

1.7 人工神经网络的功能

从上述基本特点可以进一步总结出人工神经网络的基本功能。

1. 非线性映射

复杂的非线性关系往往难以用传统的数理方法描述。输入/输出数据之间的映射规则可以在学习阶段自动抽取并分布存储在网络的所有连接中，这使得设计合理的神经网络能够以任意精度逼近复杂的非线性映射。这一优良性能使神经网络的应用十分广阔，例如可以作为多维非线性函数的通用数学模型。

2. 分类识别

对输入样本的模式分类实际上是在样本空间找出符合分类要求的分割区域。图像、声音和文字等实际分类问题在样本空间中的分割曲面是十分复杂的。基于强大的非线性映射能力，神经网络可以很好地解决对非线性曲面的逼近，从而具有良好的分类与识别能力。

3. 联想记忆

由于分布式信息存储和并行处理的特点，神经网络具有联想记忆的能力。联想记忆通过神经元之间的协同结构与信息处理的集体行为来实现，它有两种基本形式：自联想记忆与异联想记忆。

(1) 自联想记忆：输入某个已存储模式的残缺(不完整或被噪声所淹没)信息，系统能通过动态过程回忆起该模式的全部信息。

(2) 异联想记忆：输入某个模式的残缺信息时，系统能回忆起与其相关的另一信息。

4. 优化计算

优化计算是指在已知约束下，寻找一组参数使得目标函数达到最优(最大或最小)。特定类型的神经网络可把待优化求解的可变参数设计为网络的状态，将目标函数设计为网络的能量函数。当神经网络动态演变达到稳定状态(对应的能量函数最小)时，其网络状态参数就是问题的最优解。这种优化计算可避免对目标函数求导。并行性的特点也使得求解速度较快。

5. 知识处理

知识是人们从客观世界的大量信息以及自身的实践中总结归纳出来的经验、规则和判据。如前所述的“欠成熟”经验知识往往难以用明确的概念和模型表达。神经网络的知识抽取能力体现在：输入/输出数据对应关系分布式存储在网络连接中。网络即是对信息规律的抽取，网络自组织的重构即是知识处理过程。

1.8 人工神经网络的应用

神经网络的应用已渗透到模式识别、图像处理、非线性优化、语音处理、自然语言理解、自动目标识别、机器人和专家系统等各个领域，并取得了令人瞩目的成果。

1. 模式识别领域

模式识别是指对表征事物或现象的各种形式的(数值的、文字的和逻辑关系的)信息进行处理和分析，实现对事物或现象进行描述、辨认、分类和解释。计算机识别系统具有一定的智能，但与人相比还相差很远。人工神经网络技术以其崭新思路和优良性能在语音、图像、雷达和声呐等应用领域取得了长足进展。

2010 年，微软研究人员通过与 hintion 合作，首先将深度神经网络引入到语音识别声学模型训练中，并且在大词汇量语音识别系统中获得了巨大成功，使得在 Switchboard 标准数据集的识别错误率比最低错误率降低了 33%。

2012 年 6 月，Andrew Ng 和谷歌公司的系统专家 Jeff Dean 共同研究了深度神经网络的机器学习模型在语音识别和图像识别等领域获得的巨大成功。这个史上最大的神经网络共有 10 亿个参数要学习，2000 台机器共 32 000 个核训练了 1 周。它在 ImageNet 数据集上得到的分类准确率比当时最好的结果提高了 70%。

2. 信号处理领域

信号处理是对信号进行干扰、变换、分析、综合等处理过程的统称，其目的是抽取出反映事件变化本质或处理者感兴趣的有用信息。神经网络的自学习和自适应能力使其成为对各类信号进行多用途加工处理的一种天然工具，可有效解决信号处理中的自适应(自适应滤波、时间序列预测、信号估计和噪声消除等)和非线性(非线性滤波、非线性预测、非续性编码和调制/解调等)问题。

3. 控制工程领域

20 世纪 80 年代以来，神经网络和控制理论与控制技术相结合，发展成为自动控制领域的一个前沿学科——神经网络控制。神经网络用于控制领域主要有以下几个方面：

(1) 在基于精确模型的各种控制结构中充当对象的模型；

(2) 在反馈控制系统中直接充当控制器的作用；

(3) 在传统控制系统中起优化计算作用；

(4) 与模糊控制、专家控制及遗传算法等其他智能控制方法或优化算法相融合，为其提供非参数化对象模型、优化参数、推理模型及故障诊断等。

4. 优化计算领域

最优化计算的研究目的在于针对所研究的系统求得一个合理运用人力、物力和财力的方案，达到系统的最优目标。神经网络具有并行分布式的计算结构，因此在求解诸如组合优化、非线性优化等一系列问题上表现出高速的集体计算能力。目前在高速通信开关控制、航班分配、货物调度、路径选择、组合编码、排序、系统规划、交通管理记忆图论中各类问题的计算等方面得到了成功应用。

思 考 题

1. 什么是人工神经网络？
2. 人工神经网络的本质特点有哪些？根据这些本质特点说明神经网络的功能。
3. 说明人工神经网络与人工智能的关系。
4. 为什么人工神经网络学说也称为结构主义或者并行连接主义？
5. 说明“机制主义方法”是如何实现人工智能各个学术流派和谐统一的。
6. 根据人工神经网络的发展之路，分析其低潮与重新兴起的原因，体会科学研究的方法与发展规律。
7. 根据人工神经网络的功能特点，举例说明一个神经网络的应用实例并给出基本方案。
8. 说明人脑与传统冯·诺依曼体系结构“电脑”的信息处理机制的不同。

第二章　人工神经网络的基本原理

2.1　生物神经网络

神经生理学和神经解剖学的研究结果表明：神经元(神经细胞)是脑组织的基本单元，是神经系统结构与功能的单位。人类大脑大约包含有 1.4×10^{11} 个神经元，每个神经元与其他大约 $10^3\sim10^5$ 个神经元相连接而构成一个极为庞大而复杂的生物神经网络。

神经元是人脑信息处理系统的最小单元，大脑处理信息的结果是由各神经元状态的整体效果确定的。生物神经网络中各个神经元综合接收到的多个激励信号呈现出兴奋或抑制状态，神经元之间连接强度根据外部激励信息作自适应变化。

2.1.1　生物神经元的结构

神经元的形态不尽相同，功能也有一定差异，但从组成结构来看，各种神经元是有共性的。图 2.1 给出一个典型神经元的基本结构，它由细胞体、树突和轴突组成。

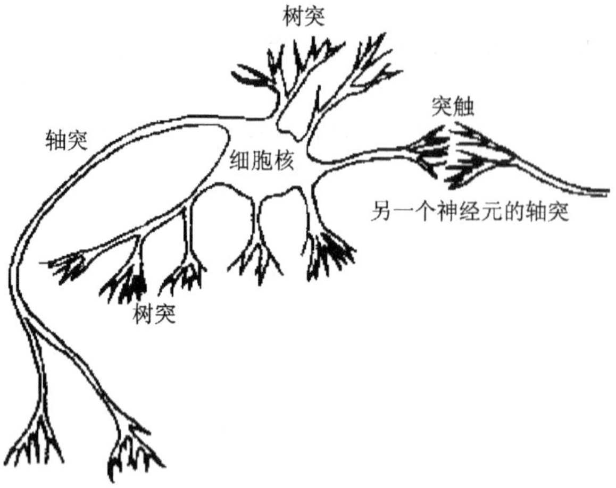

图 2.1　生物神经元简化示意图

1. 细胞体

细胞体由细胞核、细胞质和细胞膜构成。细胞核占据细胞体的很大一部分，进行着呼吸和新陈代谢等许多生化过程。细胞质是进行新陈代谢的主要场所。细胞膜是防止细胞外物质自由进入细胞的屏障，保证了细胞内环境的相对稳定。同时由于细胞膜对不同离子具有不同的通透性，膜内外存在着的离子浓度差使得细胞能够与周围环境发生物质和能量的交换，完成特定的生理功能。

2. 树突

细胞体向外延伸出许多突起，其中大部分较短的群集在细胞体附近形成灌木丛状，这些突起称为树突。神经元靠树突起感受作用，接受来自其他神经元的传递信号。

3. 轴突

细胞体的最长一条突起称为轴突，用来传出细胞体产生的输出电化学信号。轴突也称神经纤维，其末端处长出细的分支称为轴突末梢或神经末梢，它可以向四面八方传出神经信号。

2.1.2　生物神经元的信息处理机理

细胞膜内外离子浓度差造成膜内外的电位差，称为膜电位。当神经元在无神经信号输入时，膜电位为－70 mV(内负外正)左右，称为静息电位，此时细胞膜的状态称为极化状态，神经元的状态为静息状态。当神经元受到外界刺激时，神经元兴奋，膜电位从静息电位向正偏移，称之为去极化。如果膜电位从静息电位向负偏移，称之为超级化，此时神经元的状态为抑制状态。

神经元细胞膜的去极化和超极化程度反映了神经元的兴奋和抑制的强烈程度。在某一给定时刻，神经元总是处于静息、兴奋和抑制三种状态之一。

1. 信息的产生

神经元间信息的产生、传递和处理是一种电化学活动。在外界刺激下，当神经元的兴奋程度超过某个限度，也就是细胞膜去极化程度越过了某个阈值电位时，神经元被激发而输出神经脉冲(又称神经冲动)。

神经信息产生的具体经过如下：

(1) 冲动脉冲的产生。当膜电位去极化程度超过阈值电位(－55 mV)时，该抑制细胞变成活性细胞，其膜电位将进一步自发地急速升高。在 1 ms 内，膜电位将比静息膜电位高出 100 mV 左右，此后又急速下降，回到静息值。如图 2.2 所示，兴奋过程产生了一个宽度为1 ms、振幅为 100 mV 的冲动脉冲。

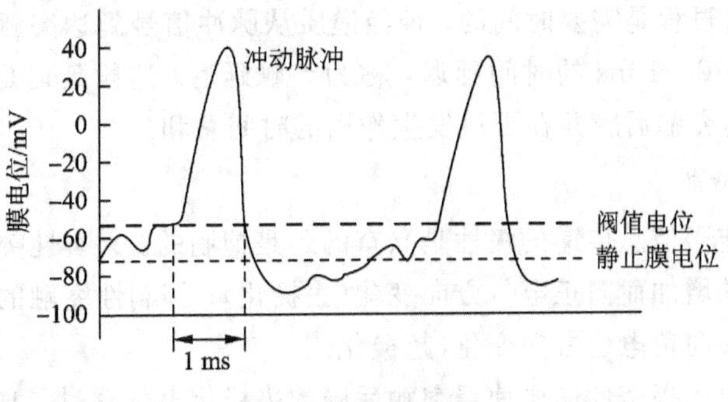

图 2.2　膜电位变化

(2) 不应期。当细胞体产生冲动脉冲，回到静息状态后的数毫秒内，即使受到很强的刺激，也不会立刻产生兴奋。这段时间称为不应期。

(3) 冲动脉冲的再次产生。不应期结束后，若细胞受到刺激使得膜电位超过阈值电位，则可再次产生兴奋性电脉冲。

神经信息产生的特点如下：

（1）神经元产生的信息是具有电脉冲形式的神经冲动；

（2）各脉冲的宽度和幅度相同，而脉冲的间隔是随机变化的；

（3）某神经元的输入脉冲密度越大，其兴奋程度越高，在单位时间内产生的脉冲串的平均频率也就越高。

2. 信息的传递与接收

神经元的每一条神经末梢可以与其他神经元形成功能性接触，其接触部位称为突触，它相当于神经元之间的输入/输出接口。功能性接触并不一定是永久性接触，它可根据神经元之间信息传递的需要而形成，因此神经网络具有很好的可塑性。

每个神经元约有 $10^3 \sim 10^5$ 个突触，神经元之间以突触连接形成神经网络，突触的结构如图 2.3 所示。其中突触前是指第一个神经元的轴突末梢部分，突触后是指第二个神经元的树突或细胞体等受体表面。突触在轴突末梢与其他神经元的受体表面相接触的地方有15～50 nm的间隙，称为突触间隙。

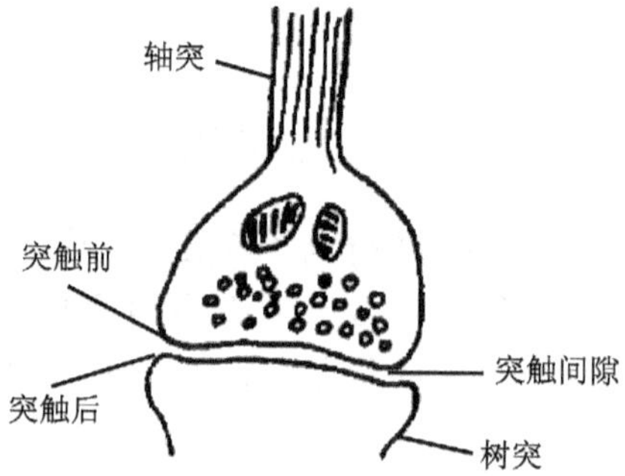

图 2.3　突触结构示意图

对于一个生物神经元，树突是信号的输入端，突触是输入/输出接口，细胞体则相当于一个微型处理器，它对各种输入信号进行整合，并在一定条件下触发，产生输出信号。输出信号沿轴突传至神经末梢，并通过突触传向其他神经元的树突。

1）信息传递的过程

神经脉冲信号的传递是通过神经递质来实现的。当前一个神经元发放脉冲并传到其轴突末端后，由于电脉冲的刺激，这种化学物质从突触前膜释放出，经突触间隙的液体扩散并在突触后膜与特殊受体相结合。这就改变了后膜的离子通透性，使膜电位发生变化，产生电生理反应。

显然，这种传递过程是需要时间的。神经递质从脉冲信号到达突触前膜再到突触后膜电位发生变化，有 0.2～1 ms 的时间延迟，称为突触延迟。这段延迟是化学递质分泌、向突触间隙扩散、到达突触后膜并在那里发生作用的时间总和。

2）信息传递的极性

受体的性质决定了信息传递的极性是兴奋的还是抑制的。兴奋性突触的后膜电位随递质与受体结合数量的增加而向正电位方向变化（去极化）；抑制性突触的后膜电位随递质与受体结合数量的增加向负电位方向变化（超极化）。

当突触前膜释放的兴奋性递质使得突触后膜的去极化电位超过了阈值电位时，后一个神经元便有了神经脉冲输出。通过这种方式，前一神经元的信息就传递给了后一神经元，其具体过程如图 2.4 所示。

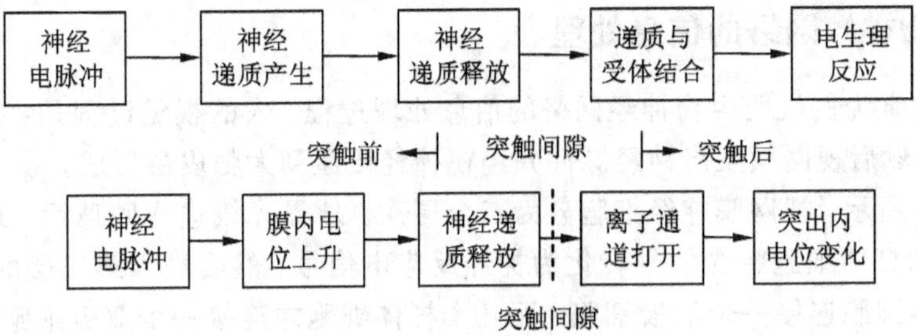

图 2.4 突触信息传递过程

3. 信息的整合

神经元对信息的接收和传递都是通过突触来进行的。单个神经元可与其他上千个神经元轴突末梢形成突触连接，接受从各个轴突传来的脉冲输入。不同性质的外界刺激将改变神经元之间的突触联系(膜电位变化的方向与大小)。从突触信息传递角度看，突触联系表现为放大倍数(突触连接强度)和极性的变化。各神经元间的突触连接强度和极性的调整可归纳为空间整合与时间整合，这使得人脑具有存储信息和学习的功能。

1) 空间整合

在同一时刻各种刺激所引起的膜电位变化大致等于各单独刺激引起的膜电位变化的代数和。这种累加求和称为空间整合。

2) 时间整合

各输入脉冲抵达神经元的先后时间有所不同，由一个脉冲引起的突触后膜电位也将在一定时间内产生持续影响。这种现象称为时间整合。

2.1.3 生物神经网络的结构

由多个生物神经元以确定方式和拓扑结构相互连接即形成生物神经网络，它是一种更为灵巧、复杂的生物信息处理系统。

脑科学研究表明，人的大脑皮层中包含有数百亿个神经元，皮层平均厚度为 2.5 mm。每个神经元又与数千个其他神经元相连接。虽然神经元之间的连接极其复杂，但是很有规律。

大脑皮层又分为旧脑皮层和新脑皮层两部分，人类的大脑皮层几乎都是新脑皮层，而旧脑皮层被包到新脑皮层内部。新皮层根据神经元的形态由外向内可分为分子层、外颗粒层、锥体细胞层、内颗粒层、神经节细胞层、梭形或多形细胞层六层。其中各个层的神经细胞类型及传导神经纤维是不同的，但同一层内神经细胞的类型相似，并有彼此相互间的作用。不同层之间的神经细胞以各种形式相互连接、相互影响，并对信息进行并行和串行的处理，以完成大脑对信息的加工过程。

在空间上，大脑皮层可以划分为不同的区域。不同区域的结构与功能有所不同。从功能上大脑皮层可以分为感觉皮层、联络皮层和运动皮层三大部分。感觉皮层与运动皮层的功能由字面容易理解，而联络皮层则是完成信息的综合、设计、推理等功能。

可见，生物神经网络系统均是一个有层次的、多单元的动态信息处理系统，它们有其独特的运行方式和控制机制。

2.1.4 生物神经网络的信息处理

在此以视觉为例说明生物神经网络的信息处理过程。人的视觉过程是：首先物体在视网膜上成像；然后视网膜发出神经脉冲并经视神经传递到大脑皮层形成。

如图 2.5 所示，视网膜神经细胞分为三个层次。外界光线进入眼球后，最外层视网膜的锥体细胞和杆体细胞将光信号转化为神经反应电信号，然后进入第二层的双极细胞等。通常一个锥体细胞连接一个双极细胞，而几个杆体细胞才连接一个双极细胞。第三层的神经节细胞与双极细胞连接，负责传递神经反应电位。神经节细胞的轴突形成视神经纤维，汇集于视神经乳头处，成为视神经。

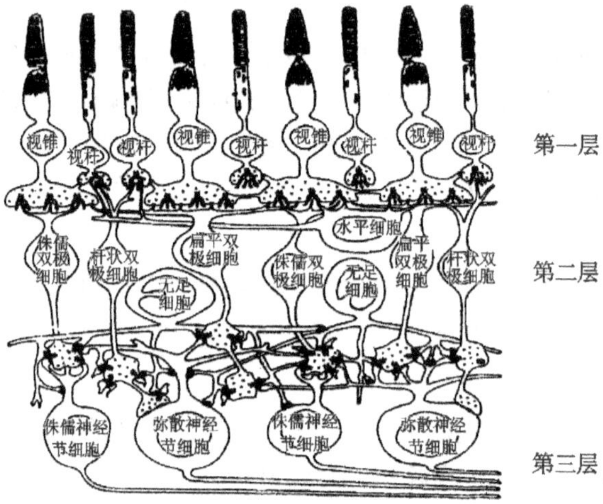

图 2.5　视网膜神经细胞的分层结构

如图 2.6 所示，视觉系统的信息处理是分级的。从视网膜(Retina)出发，经过低级的 V1 区提取边缘特征，到 V2 区的即时的形状或目标局部，再到高层的整个目标(如判定为一张人脸)，以及到更高层的 PFC(前额叶皮层)进行分类判断等。也就是说高层的特征是低层特征的组合，从低层到高层的特征表达越来越抽象和概念化，也即越来越能表现语义或者意图。

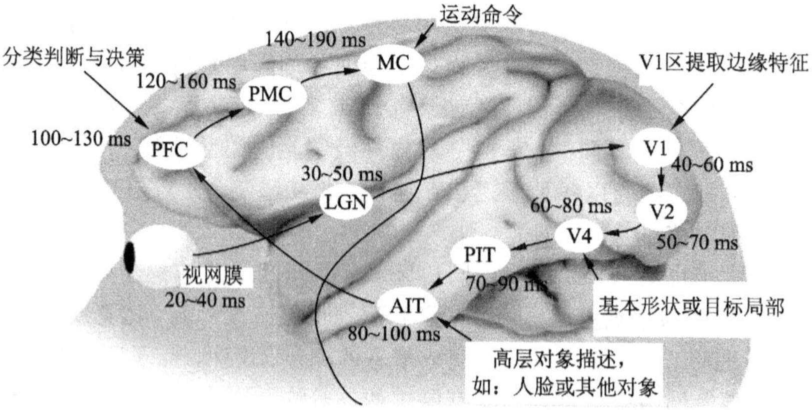

图 2.6　视觉处理系统

上述过程可见，生物神经网络的信息处理的一般特征有以下几点：

(1) 大量神经细胞同时工作。神经元之间的突触连接方式和连接强度不同并且具有可塑性，这使神经网络在宏观呈现出千变万化的复杂的信息处理能力。生物神经网络的功能不是单个神经元信息处理功能的简单叠加。同样的机能是在大脑皮层的不同区域串行和并行地进行处理的。

(2) 分布处理。机能的特殊组成部分是在许许多多特殊的地点进行处理的。但这并不意味着各区域之间相互孤立无关。事实上，整个大脑皮层以致整个神经系统都是与某一机能有关系的，只是一定区域与某一机能具有更为密切的关系。

(3) 多数神经细胞是以层次结构的形式组织起来的。不同层之间的神经细胞以多种方式相互连接，同层内的神经细胞也存在相互作用。另一方面，不同功能区的层次组织结构存在差别。

2.2　人工神经元的数学建模

人工神经网络是基于生物神经元网络机制提出的一种计算结构，是生物神经网络的某种模拟、简化和抽象。神经元是这一网络的“节点”，即“处理单元”。

2.2.1　M-P 模型

目前人们提出的神经元模型已有很多，最早提出且影响最大的是 1943 年心理学家 McCulloch 和数学家 W. Pitts 提出的 M-P 模型。

1. M-P 模型建立的假设条件

M-P 模型的建立基于以下几点抽象与简化：

(1) 每个神经元都是一个多输入单输出的信息处理单元；

(2) 神经元输入分兴奋性输入和抑制性输入两种类型；

(3) 神经元具有空间整合特性和阈值特性；

(4) 神经元输入与输出间有固定的时滞，主要取决于突触延搁；

(5) 忽略时间整合作用和不应期；

(6) 神经元本身是非时变的，即其突触时延和突触强度均为常数。

2. M-P 模型的信息处理

如图 2.7 所示，M-P 模型结构是一个多输入、单输出的非线性元件。其 I/O 关系可推述为

$$I_j = \sum_{i=1}^{n} \omega_{ij} x_i - \theta_j \tag{2.1}$$

$$y_j = f(I_j) \tag{2.2}$$

式中，x_i是从其他神经元传来的输入信号；ω_{ij} 表示从神经元 i 到神经元 j 的连接权值；θ_j 为阈值；$f(\cdot)$称为激励函数或转移函数；y_j 表示神经元 j 的输出信号。

作为一种最基本的神经元数学模型，M-P 模型包括了加权、求和与激励(转移)三部分功能。

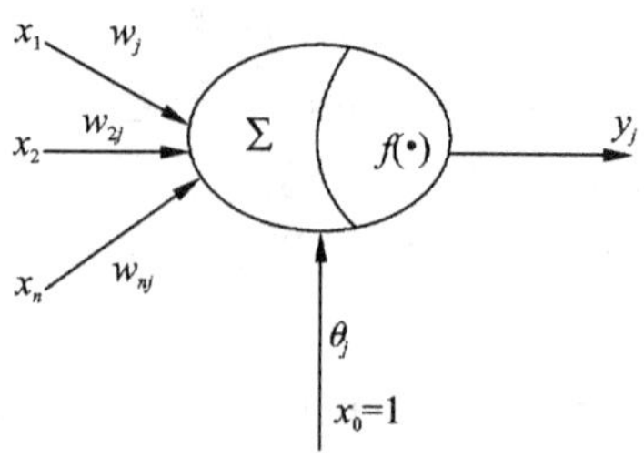

图 2.7　人工神经元结构

1）加权

输入信号向量 $x_i(i=1, 2, \cdots, n)$，同时输入神经元 j 模拟了生物神经元的许多激励输入，对于 M-P 模型而言，x_i 取值均为 0 或 1。加权系数 ω_{ij} 模拟了生物神经元具有不同的突触性质和突触强度，其正负模拟了生物神经元中突触的兴奋和抑制，其大小则代表了突触的不同连接强度。

2）求和

$\sum_{i=1}^{n}\omega_{ij}x_i$ 相应于生物神经元的膜电位，实现了对全部输入信号的空间整合（这里忽略了时间整合作用）。神经元激活与否取决于某一阈值电平，即只有当其输入总和超过阈值时，神经元才被激活而发放脉冲，否则神经元不会产生输出信号。θ_j 实现了阈值电平的模拟。

3）激励（转移）

激励函数 $f(\cdot)$ 表征了输出与输入之间的对应关系，一般而言这种函数都是非线性的。对于 M-P 模型而言，神经元只有兴奋和抑制两种状态，神经元信号输出只有 0、1 两种状态。因此激励函数 $f(\cdot)$ 应为单向阈值型函数（阶跃函数，如图 2.8 所示）。

3. M-P 模型的改进

当考虑突触时延特性时，可对标准 M-P 模型进行改进：

$$\begin{aligned} y_j &= f(I_j) \\ &= f\left(\sum_{i=1}^{n}\omega_{ij}x_i(t-\tau_{ij})-\theta_j\right) \\ &= \begin{cases} 0，当\ \omega_{ij}x_i(t-\tau_{ij})-\theta_j \leqslant 0 \\ 1，当\ \omega_{ij}x_i(t-\tau_{ij})-\theta_j > 0 \end{cases} \end{aligned} \tag{2.3}$$

其中，τ_{ij} 表示相当于 t 时刻的突触时延。延时 M-P 模型考虑了突触时延特性，所有神经元具有相同的、恒定的工作节律，工作节律取决于突触时延 τ_{ij}。神经元突触的时延 τ_{ij} 为常数，权系数 ω_{ij} 也为常数，即

$$\omega_{ij} = \begin{cases} 0，为抑制性输入时 \\ 1，为兴奋性输入时 \end{cases} \tag{2.4}$$

上述模型称为延时 M-P 模型。延时 M-P 模型仍没考虑生物神经元的时间整合作用和突触传递的不应期，M-P 模型的进一步改进可从这两方面进行考虑，同时也可考虑权系数 ω_{ij} 在 0～1 范围内连续可变。

虽然 M-P 模型无法实现生物神经元的空间、时间的交叉叠加性，但它在人工神经网络研究中具有基础性的地位与作用。

M－P模型是所有人工神经元中第一个被建立起来的，它在多个方面都显示出生物神经元所具有的基本特性。M－P模型在人工神经网络研究中具有基础性的地位与作用。

2.2.2 常用的神经元数学模型

其他的一些神经元的数学模型主要区别在于采用了不同的激励函数，这些函数反映了神经元输出与其激活状态之间的关系，不同的关系使得神经元具有不同的信息处理特性。常用的激励函数有阈值型函数、分段线性函数和Sigmoid型函数等。

1. 阈值型函数

$$f(x)=\begin{cases}1, & 若\ x\geqslant 0\\ 0, & 若\ x<0\end{cases} \tag{2.5}$$

阈值函数通常也称为硬极限函数。单极性阈值函数如图2－8(a)所示，M－P模型便是采用的这种激励函数。此外，符号函数sgn(x)也常作为神经元的激励函数，称做双极性阈值函数，如图2－8(b)所示。

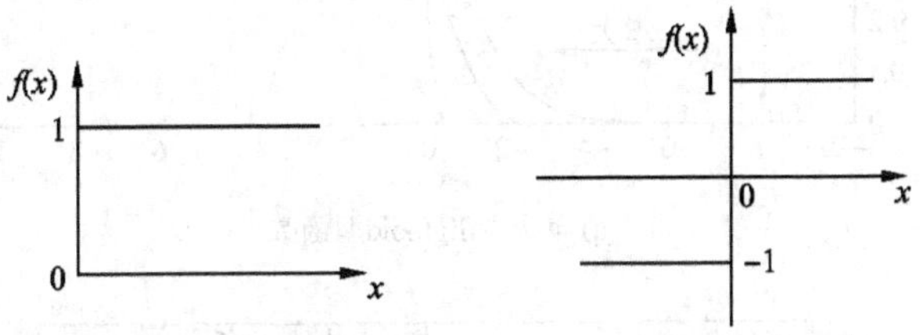

(a) 单极性阈值函数　　(b) 双极性阈值函数

图2.8 阈值函数

2. 分段线性函数

$$f(x)=\begin{cases}1, & x\geqslant +1\\ x, & +1>x>-1\\ -1, & x\leqslant -1\end{cases} \tag{2.6}$$

如图2.9所示，该函数在[－1，＋1]线性区内的斜率是一致的。

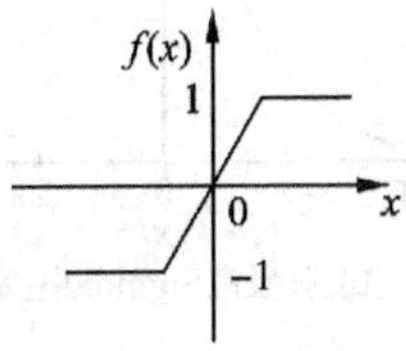

图2.9 分段线性函数

3. Sigmoid型函数

$$f(x)=\frac{1}{1+e^{-\alpha x}},\ \alpha>0 \tag{2.7}$$

其中，α为Sigmoid函数的斜率参数，通过改变参数α，会获取不同斜率的Sigmoid型函数，其变化趋势如图2.10(a)所示。

由图2.10可见：

(1) Sigmoid函数是可微的；

(2) 当斜率参数接近无穷大时，此函数转化为简单的阈值函数，但Sigmoid函数对应0

到 1 的一个连续区域，而阈值函数对应的只是 0 和 1 两点；

（3）图中 Sigmoid 函数值均大于 0，称为单极性 Sigmoid 函数，或非对称 Sigmoid 函数。

（4）双极性 Sigmoid 函数，如图 2.10(b)所示。也称为双曲正切函数或对称 Sigmoid 函数，其表达式为

$$f(x)=\frac{1-e^{-\alpha x}}{1+e^{-\alpha x}} \tag{2.8}$$

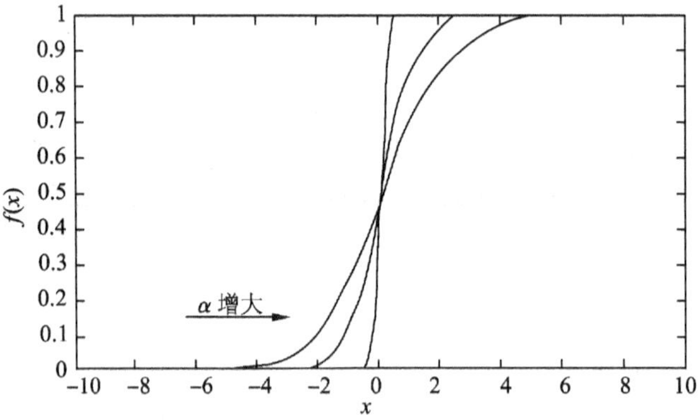

(a) 单极性Sigmoid型函数

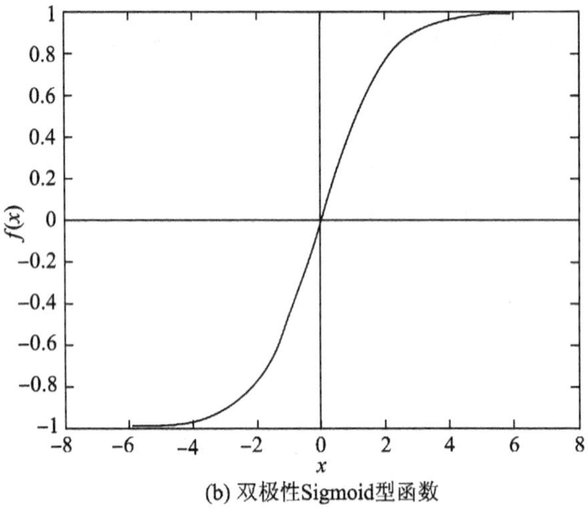

(b) 双极性Sigmoid型函数

图 2.10　Sigmoid 型函数

4. 概率型函数

概率型函数的输入与输出之间的关系是不确定的。概率型神经元模型的输入/输出信号采用 0 与 1 的二值离散信息，它用一个随机函数来描述其输出状态为 1 或 0 的概率。设神经元的输入总和为 x，则输出信号为 y 的概率分布律为

$$\begin{cases} P(y=1)=\dfrac{1}{1+e^{(-x/T)}} \\ P(y=0)=1-\dfrac{1}{1+e^{(-x/T)}} \end{cases} \tag{2.9}$$

式中，T 称为温度参数。由于该状态分布律与热力学中的玻尔兹曼(Boltzmann)分布相类似，因此采用这种概率型激励函数的神经元模型也称为热力学模型。这种神经元模型输入/输出信号采用 0 与 1 的二值离散信息，它是把神经元的动作以概率状态变化的规律模型化。

5. 高斯型函数

高斯函数(钟形函数)是正态分布的密度函数，在自然科学、社会科学等领域处处都有高斯函数的身影。高斯是可微的，分一维和高维。高斯函数是极为重要的一类激活函数，常用于径向基函数神经网络(RBF 网络)中。

一维和二维高斯函数如图 2.11 所示，其表达式为

$$f(x)=\mathrm{e}^{-\frac{(x-\mu)^2}{2\sigma^2}} \tag{2.10}$$

$$f(\boldsymbol{X})=\mathrm{e}^{-\frac{(x_1-\mu_1)^{\mathrm{T}}(x_2-\mu_2)}{2\sigma_j^2}} \tag{2.11}$$

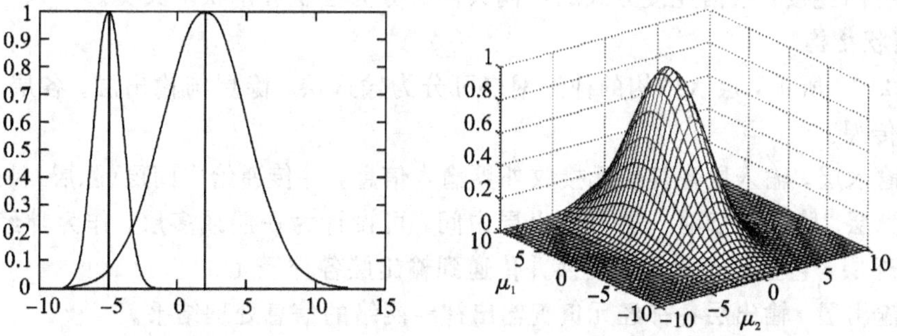

(a) 一维高斯型函数　　(b) 二维高斯型函数

图 2.11　高斯型函数

上述五类非线性函数有的可微，有的不可微，但都具有共同的两个显著特征：突变性和饱和性。利用它可模拟神经细胞兴奋过程所产生的神经冲动以及疲劳等性能。表 2.1 为神经元模型中常用的非线性函数。

表 2.1　神经元模型中常用的非线性函数

名称	阈值函数	双向阈值函数	S 函数	双曲正切函数	高斯函数
公式 $g(x)$	$g(x)=\begin{cases}1, x>0\\0, x\leqslant 0\end{cases}$	$g(x)=\begin{cases}+1, x>0\\-1, x\leqslant 0\end{cases}$	$g(x)=\dfrac{1}{1+\mathrm{e}^{-x}}$	$g(x)=\dfrac{\mathrm{e}^{x}-\mathrm{e}^{-x}}{\mathrm{e}^{x}+\mathrm{e}^{-x}}$	$g(x)=\mathrm{e}^{-(x^2/\sigma^3)}$
图形	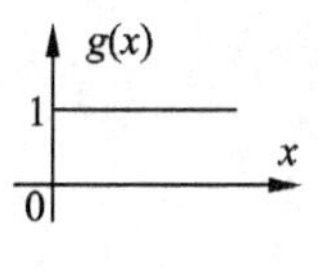	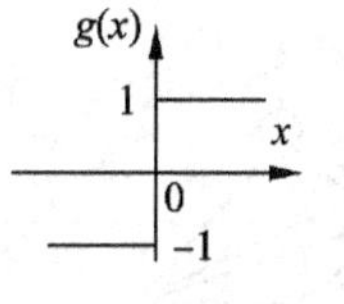	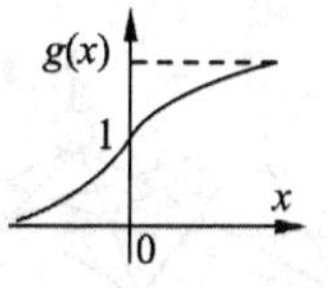	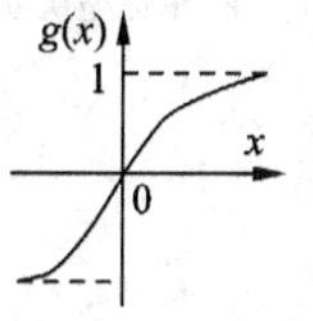	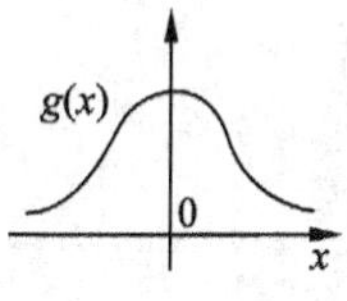
特征	不可微，类阶跃，正值	不可微，类阶跃，零均值	可微，类阶跃，正值	不可微，类阶跃，零均值	可微，类脉冲

2.3 人工神经网络的结构建模

人工神经元实现了生物神经元的抽象、简化与模拟，它是人工神经网络的基本处理单元。大量神经元互连构成庞大的神经网络才能实现对复杂信息的处理与存储，并表现出各种优越的特性。

根据网络互连的拓扑结构和网络内部的信息流向，可以对人工神经网络的模型进行分类。

2.3.1 网络拓扑类型

神经网络的拓扑结构主要指它的连接方式。将神经元抽象为一个节点，神经网络则是节点间的有向连接，根据连接方式的不同大体可分为层状和网状两大类。

1. 层状结构

如图 2.12 所示，层状结构的神经网络可分为输入层、隐层与输出层。各层顺序相连，信号单向传递。

(1) 输入层。输入层各神经元接收外界输入信息，并传递给中间层(隐层)神经元。

(2) 隐层。隐层介于输入层与输出层中间，可设计为一层或多层。作为神经网络的内部信息处理层，它主要负责信息变换并传递到输出层各神经元。

(3) 输出层。输出层各神经元负责输出神经网络的信息处理结果。

进一步细分，层状结构神经网络有三种典型的结合方式：

(1) 单纯层状结构。如图 2.12(a)所示，神经元分层排列，各层神经元接收前一层输入并输出到下一层，层内神经元自身以及神经元之间没有连接。

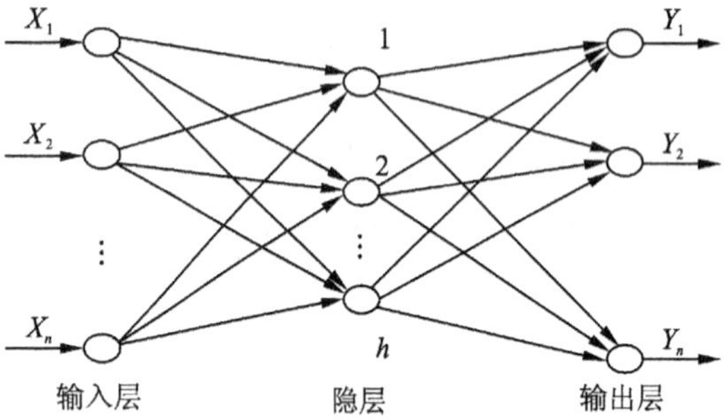

(a) 单纯型层状结构

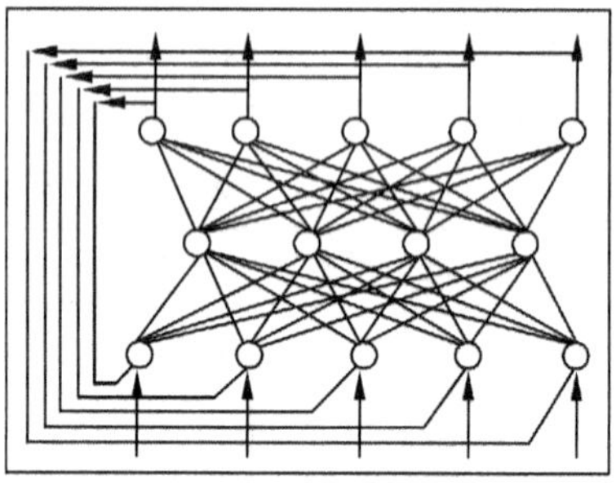

(b) 输出层到输入层有连接的层状结构

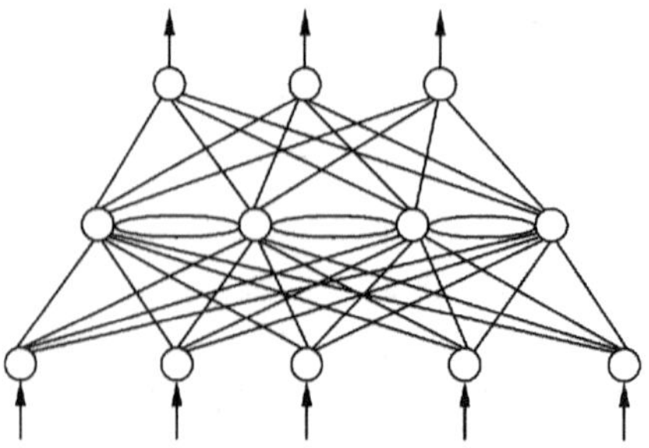

(c) 层内有连接的层状结构

图 2.12 层次型网络结构示意图

(2) 输出层到输入层有连接的层状结构。如图 2.12(b)所示，输出层有信号反馈到输入层。因此输入层既可接收输入，也能进行信息处理。

(3) 层内互连的层状结构。如图 2.12(c)所示，隐层神经元存在互连现象，因此具有侧向作用，通过控制周边激活神经元的个数，可实现神经元的自组织。

2. 网状结构

网状结构神经网络的任何两个神经元之间都可能双向连接。如图 2.13 所示，根据节点互连程度进一步细分，网状结构神经网络有三种典型的结合方式。

(1) 全互连网状结构。网络中的每个节点均与所有其他节点连接，如图 2.13(a)所示。

(2) 局部互连网状结构。网络中的每个节点只与其邻近的节点有连接，如图 2.13(b)所示。

(3) 稀疏网状结构。网络中的节点只与少数相距较远的节点相连。

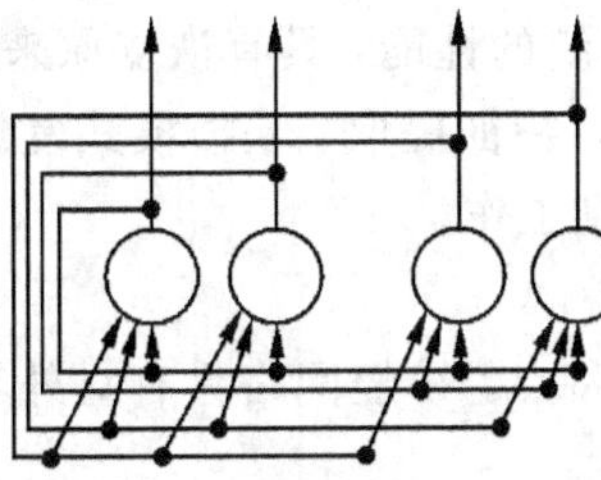

(a) 全互连型网络结构

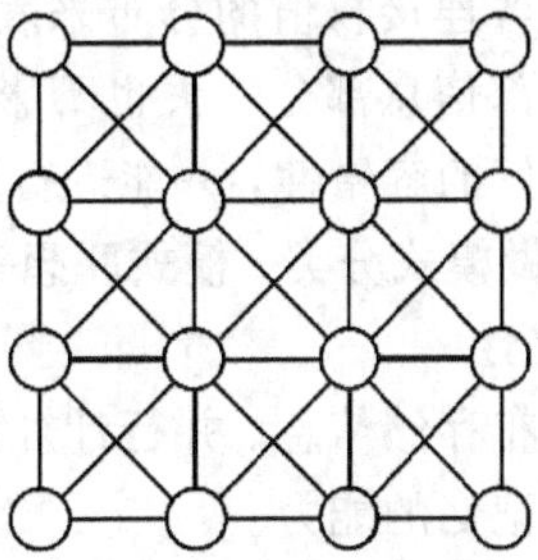

(b) 局部互连型网络结构

图 2.13 网状结构神经网络示意图

2.3.2 网络信息流向类型

神经网络的信息流向类型主要指它的内部信息的传递方向，根据神经网络内部信息的传递方向可分为前馈型网络和反馈型网络两大类。

1. 前馈型网络

前馈型网络的信息处理方向是输入层到输出层逐层前向传递，某一层的输出是下一层的输入，不存在反馈环路。前馈型网络可以很容易串联起来建立多层前馈网络，其结构如图 2.12(a)所示。

2. 反馈型网络

反馈型网络存在信号从输出到输入的反向传播。如图 2.12(b)所示，输出层到输入层有连接，存在信号的反向传播。这意味着反馈网络中所有节点都具有信息处理功能，而且每个节点既可从外界接收输入，同时又可以向外界输出。显然，图 2.13(a)所示的单纯全互连结构网络也是一种典型的反馈型网络。

实际应用的神经网络可能同时兼有其中一种或几种形式。从拓扑结构看，层次网络中可能出现局部的互连；从信息流向看，前馈网络中可能出现局部反馈。进一步细分，神经网络模型通常有前馈层次型、输入/输出有反馈的前馈层次型、前馈层内互连型、反馈全互连型和反馈局部互连型。

2.3.3　人工神经网络结构模型的特点

1. 分布性

神经网络通过大量神经元之间的连接及对各连接权值的分布来表示特定的信息；神经网络存储信息不是存储在一个地方，而是分布在不同的地方；网络的某一部分也不只存储一个信息，它的信息是分布式存储的。

2. 并行性

神经网络的每个神经元都可根据接收到的信息进行独立的运算和处理，然后将输出结果传输给其他神经元进行同时(并行)处理。

3. 容错性

由于神经网络信息的存储是分布式地存在整个网络的连接权值上，它通过大量神经元之间的连接及对各连接权值的分布来表示特定的信息。因此，这种分布式存储方式即使局部网络受损或外部信息部分丢失也不影响整个系统的性能，具有恢复原来信息的优点。这使得网络具有良好的容错性，并能进行聚类分析、特征提取、缺损模式复原等模式信息处理工作，又宜于做模式分类、模式联想等模式识别工作。

4. 联想记忆性

由于具有分布存储信息、并行计算和容错的特点，神经网络具有对外界刺激信息和输入模式进行联想记忆的能力。

对于前馈神经网络，其通过样本信号反复训练，网络的权值将逐次修改并得以保留。神经网络便有了记忆，对于不同的输入信号，网络将分别给出相应的输出。对于反馈神经网络，如果将输出信号反馈到输入端，输入的原始信号被逐步地“加强”或被“修复”，该信号又会引起网络输出的不断变化。如这种变化逐渐减小，并且最后能收敛于某一平衡状态，则网络是稳定的，该状态可设计为一个记忆状态。如果这种变化不能消失，则称该网络是不稳定的。如前所述，神经网络联想记忆有两种基本形式：自联想记忆与异联想记忆。

5. 自适应性

神经网络能够进行自我调节，以适应环境变化。神经网络的自适应性包含三方面的含义，即自学习、自组织、泛化。

(1) 自学习性。当外界环境发生变化时，经过一段时间的训练或感知，神经网络能自动调整网络结构参数。

(2) 自组织(或重构)性。神经网络能在外部刺激下按一定规则调整神经元之间的突触连接，并逐渐构建起新的神经网络。

(3) 泛化。泛化也称推广。它是指网络对以前未曾见过的输入做出反应的能力。泛化本身具有进一步学习和自调节的能力。

2.4　人工神经网络的学习

人工神经网络的学习本质上是对可变权值的动态调整。具体的权值调整方法称为学习规则，详细算法将在后续章节中涉及。

目前人工神经网络的学习方法有多种，按有无导师来分类，可分为无教师学习，有教师学习和强化学习等几大类。

1. 有教师学习

有教师学习，也称监督学习。如图 2.14 所示，教师输出为输入信号 p 的期望输出 t。误差信号为神经网络实际输出与期望输出之差。神经网络的参数根据训练向量和反馈回的误差信号进行逐步、反复地调整，神经网络可实现教师功能的模仿。多层感知器的误差反传给学习算法，即是有监督学习典范之一。

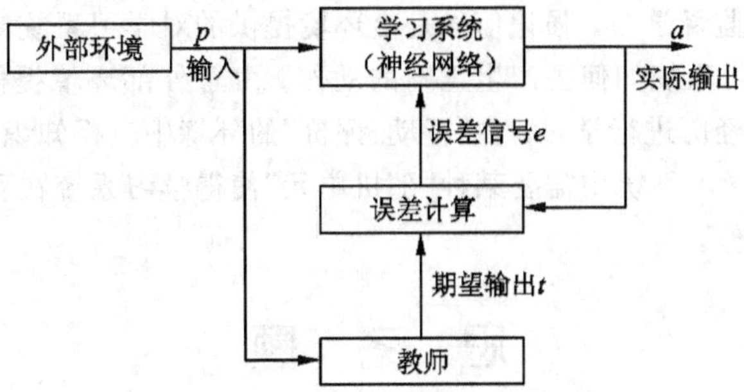

图 2.14　有教师学习方式

2. 无教师学习

无教师学习，也称无监督学习，又称自组织学习。如图 2.15 所示，该模式中没有教师信号，没有任何范例可以学习参考。无教师学习只要求提供输入，学习是根据输入的信息、特有的网络结构和学习规则来调节自身的参数或结构(这是一种自学习、自组织的过程)。网络的输出由学习过程自行产生，它将反映输入信息的某种固有特性(如聚类或某种统计上的分布特征)。竞争性学习规则即是无教师学习典范之一。

无教师学习的主要作用有：

(1) 聚类。聚类是在没有任何先验知识的前提下进行特征抽取，发现原始样本的分布与特性并归并到各自模式类。

(2) 数据压缩与简化。输入数据经无监督学习后维数减少，而信息损失则可以不大。这使得我们可用较小的空间或较简单的方法来解决问题。

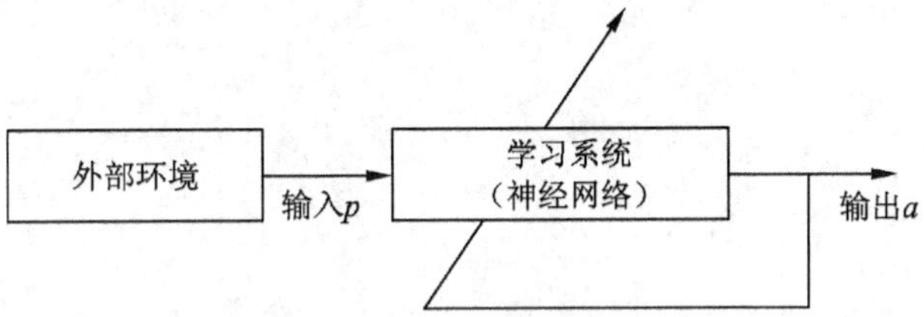

图 2.15　无教师学习方法

3. 强化学习

强化学习从动物学习、参数扰动自适应控制等理论发展而来，也称再励学习或评价学习。如图 2.16 所示，强化学习的学习目标是动态地调整参数，以达到强化信号最大的作用。这是一个试探评价过程：学习系统选择一个动作作用于环境，环境接受该动作后状态发生变化，同时产生一个强化信号(奖或惩)反馈给学习系统，学习系统便根据强化信号和环境当前状态再选择下一个动作。选择的原则是使受到正强化(奖)的概率增大。

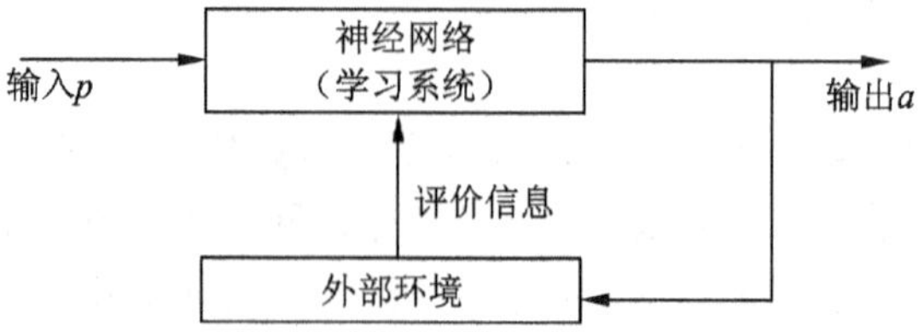

图 2.16 强化学习方式

强化学习不同于监督学习。强化信号是由环境提供的对学习系统产生动作好坏的一种评价，而不是告诉学习系统如何去产生正确的动作。由于外部环境提供了很少的信息，学习系统必须靠自身的经历进行学习，在“行动-评价”的环境中获得知识、改进行动方案，进而适应环境。在强化学习系统中需要某种“随机单元”使得学习系统在可能动作空间中进行搜索并发现正确的动作。

思 考 题

1. 生物神经元内的静息电位大约是多少？
2. 说明生物神经网络神经信息产生的具体经过。
3. 说明生物神经网络电信号通过突触传递的过程。
4. 体会人工神经网络是如何实现生物神经网络的结构模拟的。
5. 分别说明无教师学习、有教师学习和强化学习的基本原理。

第三章 感 知 器

1943 年，心理学家 McCulloch 和数学家 Pitts 发表了他们关于人工神经网络的第一个系统研究成果。1947 年，他们又开发出一个用于模式识别的网络模型——M－P 模型。1957 年，美国学者 Rosenblatt 提出了一种用于模式分类的神经网络模型——感知器（Perceptron）。

3.1 感知器的结构与功能

3.1.1 单层感知器的网络结构

图 2.7 所示的 M－P 模型通常叫做单输出的感知器。按照 M－P 模型的要求，该人工神经元的激活函数是阶跃函数。为了方便表示，图 2.7 可改画为图 3.1 所示的结构。用多个这样的单输出感知器可构成一个多输出的感知器，其结构如图 3.2 所示。

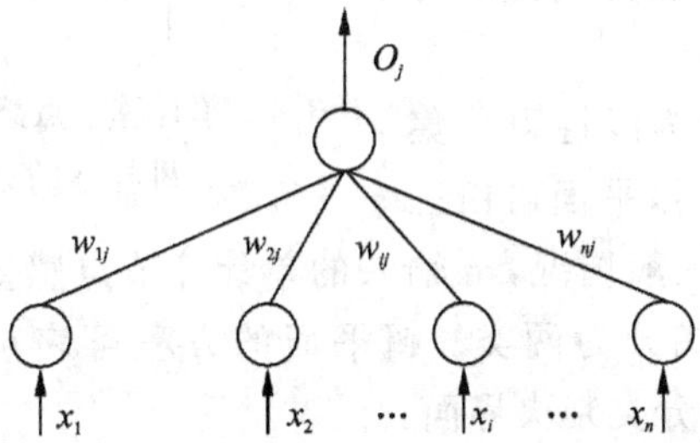

图 3.1 单计算节点的单层感知器

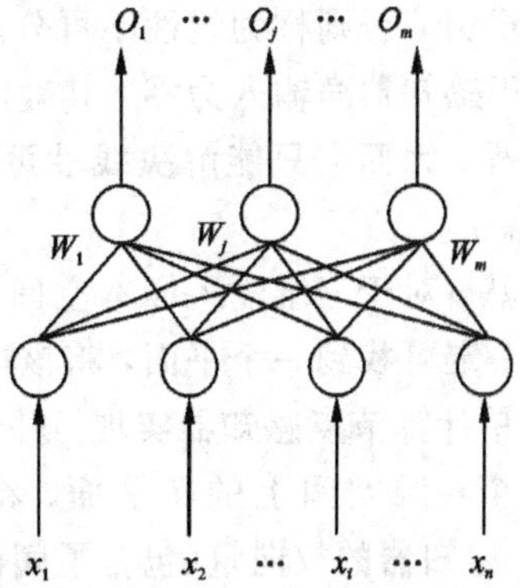

图 3.2 多输出节点的单层感知器

感知层也称为输入层，每个节点只负责接收一个输入信号，其自身并无信息处理能力。

输出层也称为信息处理层，每个节点均具有信息处理能力，并向外部输出处理后的信息，不同的输出节点，其连接权值是相互独立的。

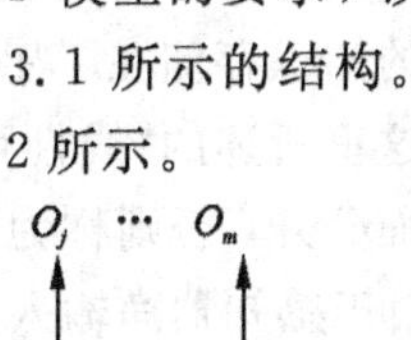

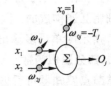

图 3.3 单计算节点感知器的信号处理模型

图 3.3 给出了输出层任一节点 j 的信号处理模型。

如 2.2 节 M－P 模型中所介绍，T_j 为阈值，输出节点 j 的输出信号 O_j 可表示为

$$O_j=\mathrm{sgn}(\mathrm{net}_j'-T_j)=\mathrm{sgn}\left(\sum_{i=1}^{n}w_{ij}x_i-T_j\right)=\mathrm{sgn}\left(\sum_{i=0}^{n}w_{ij}x_i\right)=\mathrm{sgn}(\boldsymbol{W}_j^{\mathrm{T}}X)$$
$$=\begin{cases}1, & \boldsymbol{W}_j^{\mathrm{T}}X>0\\ -1\text{ 或 }0, & \boldsymbol{W}_j^{\mathrm{T}}X\leqslant 0\end{cases}\tag{3.1}$$

式中，净输入 net_j' 为来自输入层各节点信号的加权和，sgn(·)为符号函数，W_j 表示节点 j 与感知层之间的连接权值列向量。对于图 3.2 所示的有 m 个输出节点的单层感知器，这 m 个权向量 $\boldsymbol{W}_j$ 构成单层感知器的权值矩阵 $\boldsymbol{W}$。

3.1.2　单层感知器的功能分析

由式(3.1)不难看出，单节点感知器采用了符号转移函数，具有模式分类与实现逻辑函数的能力。

1. 模式分类

对于二维平面，当输入/输出为线性可分集合时，一定可找到一条直线将该模式分为两类。此时，感知器的结构如图 3.3 所示，显然通过调整感知器的权值及阈值可以修改两类模式的分界线：

$$\omega_{1j}x_1+\omega_{2j}x_2-T_j=0\tag{3.2}$$

二维样本的两类模式分类示意图如图 3.4 所示。完成模式分类的知识存储在了感知器的权向量(包含了阈值)中。

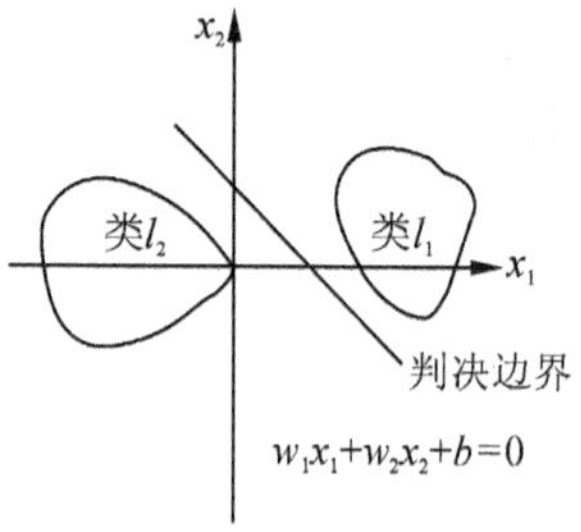

图 3.4　单计算节点感知器对二维样本的分类

这里所述的“线性可分”是指两类样本可以用直线、平面或超平面分开，否则称为线性不可分。由感知器分类的几何意义可知，由于感知器净输入为零，其确定的分类判决方程式(3.2)是线性方程，因而它只能解决线性可分问题而不能解决线性不可分问题。

显然，对于三维输入样本空间，当输入/输出为线性可分集合时，一定可找到一个平面，将该模式分为两类，该平面可由三输入的单计算节点感知器实现。对于 n 维空间的一般情况，n 输入的单计算节点感知器可定义一个 n 维空间上的超平面，将输入样本模式分为两类。超平面的方程可表示为式(3.3)，感知器的权向量(包含了阈值)决定了这个分类判决界面。

$$\omega_{1j}x_1+\omega_{2j}x_2+\cdots+\omega_{nj}x_n-T_j=0\tag{3.3}$$

由图 3.4 可以看出，单个感知器节点只能实现两类分类。如果要进行多于两类的分类将怎么办？生物医学已经证明：生物神经系统是由一些相互联系的，并能互相传递信息的神经细胞互连构成的。因此这就使我们自然地想到单个的感知神经元连成网络形成一个如图 3.2 所示的单层多输出的感知器网络。

2. 部分逻辑函数

单节点感知器可看做一个二值逻辑单元，其实现逻辑代数中某些基本运算。感知器实现“与、或、非”的结构如图 3.5 所示。

图 3.5 给出了实现基本逻辑“与、或、非”功能的单计算节点感知器结构、逻辑真值表及感知器分类结果。

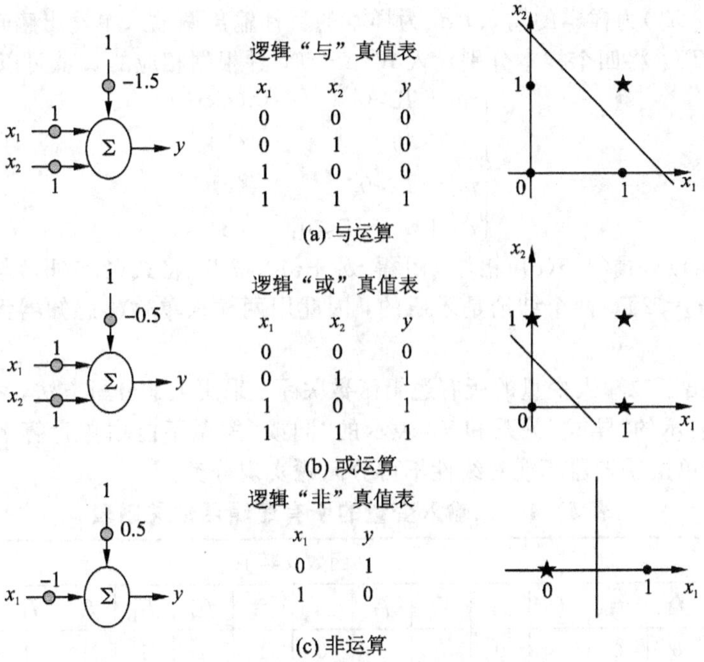

图 3.5 单计算节点感知器实现基本逻辑运算

对于图 3.5(a)所示的逻辑“与”运算，从真值表中可以看出：四个样本的输出有两种情况，一种使输出为 0，另一种使输出为 1。因此逻辑函数的实现实际上也是属于分类问题。采用感知器学习规则进行训练，可得到相应的连接权值。图 3.5(a)给出了一个分类判决直线，其方程为

$$x_1+x_2-1.5=0 \tag{3.4}$$

显然，直线方程将输出为 1 的样本点★和输出为 0 的样本点·正确分开了，但完成该功能的直线并不是唯一的。

此外，并非任意逻辑函数功能都能够采用单计算节点感知器来实现。例如图 3.6 所示的“异或”逻辑运算，四个样本也分为两类，但把它们标在平面坐标系中可以发现任何直线也不可能把这两类样本分开。

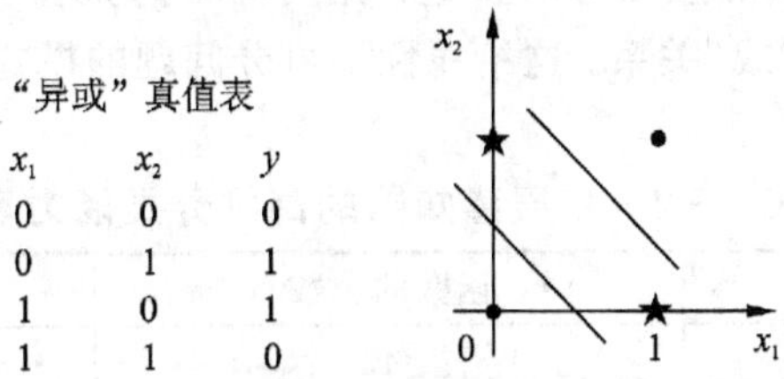

图 3.6 “异或”问题的线性不可分性

两输入单输出感知器不能解决“异或”问题，可证明如下。

基于图 3.6，“异或”关系可用以下四个样本表示：

$$\begin{bmatrix} \boldsymbol{X}^1=\begin{pmatrix}0\\1\end{pmatrix}, \\ d^1=1 \end{bmatrix} \begin{bmatrix} \boldsymbol{X}^2=\begin{pmatrix}0\\0\end{pmatrix}, \\ d^2=0 \end{bmatrix} \begin{bmatrix} \boldsymbol{X}^3=\begin{pmatrix}1\\0\end{pmatrix}, \\ d^3=1 \end{bmatrix} \begin{bmatrix} \boldsymbol{X}^4=\begin{pmatrix}1\\1\end{pmatrix}, \\ d^4=0 \end{bmatrix}$$

其中，$\boldsymbol{X}^i=(\boldsymbol{X}_1^i, \boldsymbol{X}_2^i)$为样本的输入，$d^i$ 为样本的目标输出两输入单输出感知器输出方程为 $o=\mathrm{sgn}(\boldsymbol{W}^{\mathrm{T}}\boldsymbol{X}-T)$，将四个样本分别代入 $\boldsymbol{W}^{\mathrm{T}}\boldsymbol{X}-T$，并根据相应的 d 值可以得到

$$\begin{cases} w_2-T>0 & \text{(a)} \\ -T<0 & \text{(b)} \\ w_1-T>0 & \text{(c)} \\ w_1+w_2-T<0 & \text{(d)} \end{cases} \tag{3.5}$$

将式(3.5(a))与式(3.5(c))相加，可得 $w_1+w_2>2T$，将式(3.5(b))与式(3.5(d))相加，可得 $w_1+w_2<2T$。两个结论是矛盾的，因此用两输入单输出感知器无法解决“异或”问题。

表 3－1 给出了二输入变量的所有逻辑函数关系。采用上述分析方法，考察这些逻辑关系可以发现 f_7 表示的“异或”关系和 f_{10} 表示的“同或”关系不能由单计算节点感知器来表达。其原因是“单层感知器不能对线性不可分问题实现分类。”

表 3－1　二输入变量的所有逻辑函数关系表

变量		函数及其值															
x_1	x_2	f_1	f_2	f_3	f_4	f_5	f_6	f_7	f_8	f_9	f_{10}	f_{11}	f_{12}	f_{13}	f_{14}	f_{15}	f_{16}
0	0	0	0	0	0	0	0	0	0	1	1	1	1	1	1	1	1
0	1	0	0	0	0	1	1	1	1	0	0	0	0	1	1	1	1
1	0	0	0	1	1	0	0	1	1	0	0	1	1	0	0	1	1
1	1	0	1	0	1	0	1	0	1	0	1	0	1	0	1	0	1

单层感知器的高维分类能力如表 3－2 所示。该表由 R. O. Windner 于 1960 年给出，从中可以看出：随着 n 的增大，感知器不能表达的问题数量远远超过了它能够解决的问题数量。所以，当 Minsky 给出这一致命缺陷时，使人工神经网络的研究陷入了漫长的低潮期。

如何解决这一问题？根据数字逻辑知识，复杂逻辑关系可转化为基本的“与、或、非”关系来实现。例如，对于“异或”关系，有

$$y=x_1\oplus x_2=x_1\overline{x_2}+\overline{x_1}x_2 \tag{3.6}$$

显然，可以用多个单节点感知器来表达：先用两个感知器分别表达两个“与非”关系，然后再用一个感知器表达“或”关系。这给线性不可分问题的模式分类提供了解决思路——采用多层感知器。

表 3－2　单层感知器的高维分类能力表

自变量个数	函数的个数	线性可分函数的个数
1	4	4
2	16	14
3	256	104
4	65 536	1882
5	4.3×10^9	94 572
6	1.8×10^{19}	5 028 134

3. 举例

例 3.1 分析图 3.7 所示感知器的功能。

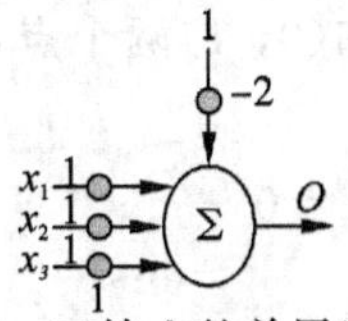

图 3.7 三输入的单层感知器

解 节点输出可表示为

$$O=\operatorname{sgn}\left(\sum_{i=1}^{n}\omega_i x_i - T\right)=\operatorname{sgn}(x_1+x_2+x_3-2)$$

列写真值表如表 3－3 所示。

表 3－3 真值表

x_1	x_2	x_3	O
0	0	0	0
0	0	1	0
0	1	0	0
0	1	1	1
1	0	0	0
1	0	1	1
1	1	0	1
1	1	1	1

由真值表可见，该感知器实现了如下三变量逻辑函数：

$$\begin{aligned}O&=\overline{x_1}x_2x_3+x_1\overline{x_2}x_3+x_1x_2\overline{x_3}+x_1x_2x_3\\&=x_2x_3+x_1x_3+x_1x_2\end{aligned}$$

根据数字逻辑相关知识可知该感知器的功能为三变量多数表决器。

例 3.2 对于如下样本，设计感知器解决分类问题：

$$\begin{bmatrix}\boldsymbol{X}^1=\begin{pmatrix}-1\\2\end{pmatrix},\\ d^1=1\end{bmatrix}\begin{bmatrix}\boldsymbol{X}^2=\begin{pmatrix}-2\\1\end{pmatrix},\\ d^2=1\end{bmatrix}\begin{bmatrix}\boldsymbol{X}^3=\begin{pmatrix}-1\\-1\end{pmatrix},\\ d^3=1\end{bmatrix}\begin{bmatrix}\boldsymbol{X}^4=\begin{pmatrix}1\\1\end{pmatrix},\\ d^4=0\end{bmatrix}\begin{bmatrix}\boldsymbol{X}^5=\begin{pmatrix}1\\2\end{pmatrix},\\ d^5=0\end{bmatrix}\begin{bmatrix}\boldsymbol{X}^6=\begin{pmatrix}2\\-1\end{pmatrix},\\ d^6=0\end{bmatrix}$$

其中，$\boldsymbol{X}^i=(x_1^i, x_2^i)$为样本的输入，为样本的目标输出($i=1$, …, 6)。

(1) 试设计感知器解决分类问题。

(2) 用以上 6 个输入向量验证该感知器分类的正确性。

(3) 对以下两个输入向量进行分类。

$$\boldsymbol{X}^7=\begin{pmatrix}-2\\-2\end{pmatrix},\ \boldsymbol{X}^8=\begin{pmatrix}2\\0\end{pmatrix}$$

解 (1) 首先将 6 个输入样本标在图 3.8 所示的样本平面上，可以找到一条直线将两类样本分开，因此可以用单节点感知器解决该问题。

设分界线方程为

$$\text{net}_i=\sum_{n=1}^{2}w_{ni}x_{in}-T_i=0$$

其中权值和阈值可用求解联立方程的方法得到，也可以采用下一节介绍的感知器学习算法进行训练得出。

对于本例可取直线上的(0.5，0)和(0，1)两个点，得到分界直线方程：

$$\begin{cases}0.5\times w_{1i}-T_i=0\\ w_{2i}-T_i=0\end{cases}$$

此方程可有无穷多组解。取 $w_{1i}=1$，则有 $w_{2i}=0.5$，$T_i=0.5$。

(2) 分别将 6 个输入向量带入感知器的输出表达式 $o=\mathrm{sgn}(\boldsymbol{W}^{\mathrm{T}}\boldsymbol{X}-\boldsymbol{T})$，可得网络的输出分别为 0，0，0，1，1，1。可见：感知器的输出和教师信号相符，其分类是正确的。

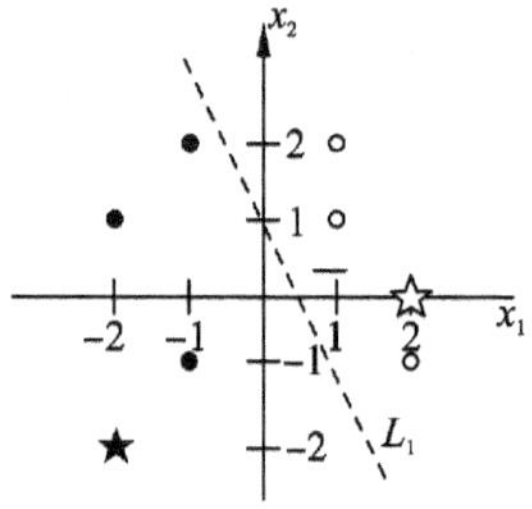

图 3.8　两类样本的分类问题

(3)如图 3.8 所示，7 号和 8 号测试样本分别表示为★和☆，将样本信号输入设计好的感知器可以得到感知器的输出分别为 0 和 1，因此在 8 个样本中，$\boldsymbol{X}^1$，$\boldsymbol{X}^2$，$\boldsymbol{X}^3$，$\boldsymbol{X}^7$ 属于一类，$\boldsymbol{X}^4$，$\boldsymbol{X}^5$，$\boldsymbol{X}^6$，$\boldsymbol{X}^8$ 属于另一类。

例 3.3　上例 8 个样本可进一步细分为 4 类，试设计一种感知器网络求解该问题。

第一类 $\boldsymbol{X}^1=\begin{pmatrix}-1\\2\end{pmatrix}$，$\boldsymbol{X}^2=\begin{pmatrix}-2\\1\end{pmatrix}$　　第二类 $\boldsymbol{X}^3=\begin{pmatrix}-1\\-1\end{pmatrix}$，$\boldsymbol{X}^7=\begin{pmatrix}-2\\-2\end{pmatrix}$

第三类 $\boldsymbol{X}^4=\begin{pmatrix}1\\1\end{pmatrix}$，$\boldsymbol{X}^5=\begin{pmatrix}1\\2\end{pmatrix}$　　第四类 $\boldsymbol{X}^6=\begin{pmatrix}2\\-1\end{pmatrix}$，$\boldsymbol{X}^8=\begin{pmatrix}2\\0\end{pmatrix}$

解　8 个输入样本在平面上的分布如图 3.9(a)所示。图中第一类样本用实心 • 表示，第二类样本用实心★表示，第三类样本用空心○表示，第四类样本用空心☆表示。

显然，两条直线将全部样本分为 4 类：直线 L_1 将 8 个样本分为两组(第一，二类为一组，第三，四类为另一组)，然后再用直线 L_2 将上述四类分开。分类结果如图 3.9(b)所示。

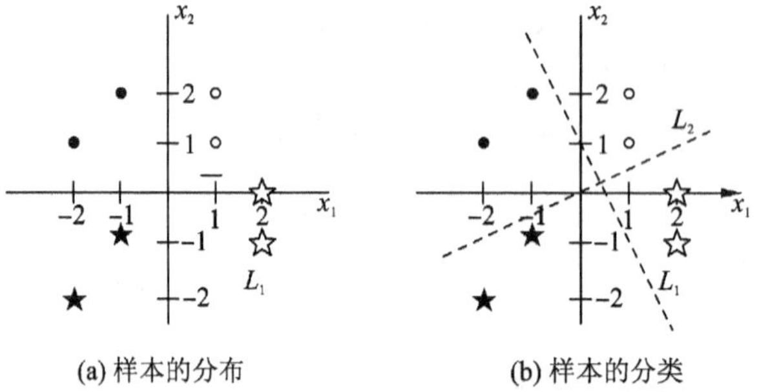

图 3.9　四类样本的分类问题

由于每个感知器中的每个计算节点对应的权值和阈值确定了样本空间的一个线性判决边界，本例中的感知器应有两个节点。显然，进行推广有如下结论：

具有 M 个节点的单层感知器可对 2^M 个线性可分类别进行分类。

3.2　感知器的学习算法

1. 学习目标

感知器的基本功能是对外部信号进行感知与识别，这就是当外部 n 个刺激信号或来自其他n个神经元(的信号)处于一定的状态时，感知器就处于兴奋状态，而当外部n个信号或n个神经元的输出处于另一些状态时，感知器就呈现抑制状态。

如果A、B是$\mathbf{R}^n$中两个互不相交的集合，且方程(3.7)成立，则称集合(A, B)为感知器的学习目标。

$$y = f(\sum_{i=1}^{n} w_i x_i - T) = \begin{cases} 1, & x^n \in A \\ 0, & x^n \in B \end{cases} \tag{3.7}$$

根据感知器模型，学习算法实际是要寻找ω、T满足下述要求：

$$\begin{cases} \sum_{i=1}^{n} w_i x_i - T \geqslant 0, & x^n \in A \\ \sum_{i=1}^{n} w_i x_i - T < 0, & x^n \in B \end{cases} \tag{3.8}$$

2. 学习算法

感知器的训练过程是感知器权值的逐步调整过程，为此，用t表示每一次调整的序号。$t=0$对应于学习开始前的初始状态，此时对应的权值为初始化值。

训练可按如下步骤进行：

(1) 对各权位$w_{1j}(0)$，$w_{2j}(0)$，…，$w_{nj}(0)$，$j=1, 2, \cdots, m$(m为计算层的节点数)赋予较小的非零随机数；

(2) 输入样本对$\{\boldsymbol{X}^p, \boldsymbol{d}^p\}$，其中$\boldsymbol{X}^p=(-1, x_1^p, x_2^p, \cdots, x_n^p)$，$d^p=(d_1^p, d_2^p, \cdots, d_m^p)$的输出向量(教师信号)，上标$p$代表样本对的模式序号，设样本集中的样本总数为$P$，则$p=1, 2, \cdots, P$；

(3) 计算各节点的实际输出$o_j^p(t)=\mathrm{sgn}[\boldsymbol{W}_j^{\mathrm{T}}(t)\boldsymbol{X}^p]$，$j=1, 2, \cdots, m$；

(4) 调整各节点对应的权值$\boldsymbol{W}_j(t+1)=\boldsymbol{W}_j(t)+\eta[d_j^p-o_j^p(t)]\boldsymbol{X}^p$，$j=1, 2, \cdots, m$，其中$\eta$为学习率，用于控制调整速度，但$\eta$值太大会影响训练的稳定性，太小则使训练的收敛速度变慢，一般取$0<\eta\leqslant 1$；

(5) 返回到步骤(2)输入下一对样本。

以上步骤周而复始，直到感知器对所有样本的实际输出与期望输出相等。

理论上已经证明，只要输入向量是线性可分的，感知器就能在有限的循环内训练达到期望值。换句话说，无论感知器的初始权向量如何取值，经过有限次调整后，总能够稳定到一个权向量，该权向量确定的超平面能将两类样本正确分开。应当看到，能将样本正确分类的权向量并不是唯一的，一般初始权向量不同，训练过程和所得到的结果也不同，但都能满足误差为零的要求。

例 3.4　某单计算节点感知器有 3 个输入，试根据以上学习规则训练该感知器。给定 3 对训练样本如下：

$$\boldsymbol{X}^1=(-1, 1, -2, 0)^{\mathrm{T}} \qquad d^1=-1$$
$$\boldsymbol{X}^2=(-1, 0, 1.5, -0.5)^{\mathrm{T}} \qquad d^2=-1$$
$$\boldsymbol{X}^3=(-1, -1, 1, 0.5)^{\mathrm{T}} \qquad d^3=1$$

解　设初始向量$\boldsymbol{W}(0)=(0.5, 1, -1, 0)$，$\eta=0.1$。

第一步，输入$\boldsymbol{X}^1$，得

$$\boldsymbol{W}(0)=(0.5, 1, -1, 0)(-1, 1, -2, 0)^{\mathrm{T}}=2.5$$

$$o^1(0)=\mathrm{sgn}(2.5)=1$$

$$\begin{aligned}\boldsymbol{W}(1)&=\boldsymbol{W}(0)+\eta[d^1-o^1(0)]\boldsymbol{X}^1\\&=(0.5,1,-1,0)^{\mathrm{T}}+0.1(-1,-1)(-1,1,-2,0)^{\mathrm{T}}\\&=(0.7,0.8,-0.6,0)^{\mathrm{T}}\end{aligned}$$

第二步，输入 $\boldsymbol{X}^2$，得

$$\boldsymbol{W}^{\mathrm{T}}(1)\boldsymbol{X}^2=(0.7,0.8,-0.6,0)(-1,0,1.5,-0.5)^{\mathrm{T}}=-1.6$$

$$o^2(1)=\mathrm{sgn}(-1.6)=-1$$

$$\begin{aligned}\boldsymbol{W}(2)&=\boldsymbol{W}(1)+\eta[\mathrm{d}^2-\mathrm{o}^2(1)]\boldsymbol{X}^2\\&=(0.7,0.8,-0.6,0)^{\mathrm{T}}+0.1(-1-(-1))(-1,0,1.5,-0.5)^{\mathrm{T}}\\&=(0.7,0.8,-0.6,0)^{\mathrm{T}}\end{aligned}$$

由于 $d^2=o^2(1)$，所以 $\boldsymbol{W}(2)=\boldsymbol{W}(1)$。

第三步，输入 $\boldsymbol{X}^3$，得

$$\boldsymbol{W}^{\mathrm{T}}(2)\boldsymbol{X}^3=(0.7,0.8,-0.6,0)(-1,-1,1,0.5)^{\mathrm{T}}=-2.1$$

$$o^3(2)=\mathrm{sgn}(-2.1)=-1$$

$$\begin{aligned}\boldsymbol{W}(3)&=\boldsymbol{W}(2)+\eta[d^3-o^3(1)]\boldsymbol{X}^3\\&=(0.7,0.8,-0.6,0)^{\mathrm{T}}+0.1(1-(-1))(-1,-1,1,0.5)^{\mathrm{T}}\\&=(0.5,0.6,-0.4,0.1)^{\mathrm{T}}\end{aligned}$$

继续轮番输入 $\boldsymbol{X}^1$、$\boldsymbol{X}^2$、$\boldsymbol{X}^3$ 进行训练，直到 $d^p-o^p=0$，$p=1,2,3$。

3.3 感知器的局限性与改进方式

1. 感知器的主要局限性

(1) 感知器的激活函数是单向阈值函数(强限幅传递函数)，因此感知器网络的输出值只能取 0 或 1。

(2) 感知器神经网络只能对线性可分的向量集合进行分类。

(3) 单层感知器对权值向量的学习算法是基于迭代思想的，它通常采用纠错学习规则进行学习。当感知器神经网络的所有输入样本中存在奇异样本时，网络训练所花费的时间就很长。

2. 感知器的主要改进方式

(1) 转移函数的改进——神经元内部改造。对不同的人工神经元取不同的非线性函数 F(·)；对人工神经元的输入和输出做不同的限制，可采用离散的(某些离散点)和连续的(整个实数域)非线性转移函数。例如，采用非线性连续函数作为转移函数可以使区域边界线由直线形变成曲线形，从而使整个边界线变成连续光滑的曲线。采用非线性连续函数作为转移函数的感知器可称为连续感知器神经网络。

(2) 神经网络结构上的改进——神经元之间的连接形式上的改造。正如在前面解决"异或"问题中用到的，可以用多个单层网络组合在一起以增强表达能力。

(3) 学习算法的改进——在人工神经网络权值和阈值求取方法上的改造。

(4) 综合改进——上述方法的综合改造。譬如(1)与(2)结合起来改进，(2)与(3)结合起来改进等。

3.4 多层感知器

克服单计算层感知器局限性的有效办法是在输入层与输出层之间引入隐层作为输入模式的“内部表示”，将单计算层感知器变成多计算层感知器。

1. 多层感知器的表达能力

当输入样本为二维向量时，隐层中的每个感知器节点确定了二维平面上的一条分界直线。不难想象：多个节点确定的多条直线经输出节点组合后会构成图 3.10 所示的各种形状。凸域是指其边界上任意两点的连线均在该域内。通过隐层节点的训练可调整凸域的形状，这将两类线性不可分样本分为域内和域外。输出层节点再负责将域内外的两类样本进行分类，从而完成非线性可分问题的集合分类。

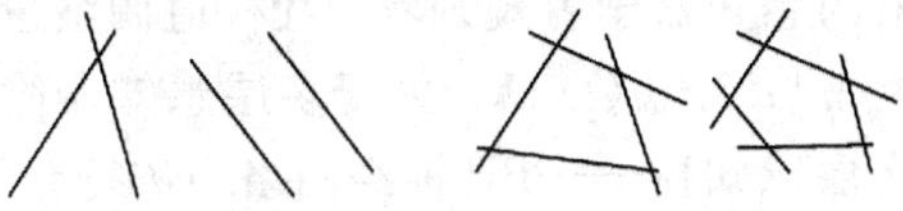

(a) 开域　　(b) 闭域

图 3.10　二维平面上的凸域

由图 3.10 可以看出，单隐层节点数量增加可以使多边形凸域的边数增加，从而在输出层构建出任意形状的凸域。如果在此基础上再增加第二个隐层，则该层的每个节点确定一个凸域，各种凸域经输出层节点组合后成为图 3.11 所示的更加复杂的任意形状域。显然，由凸域组合成任意形状后意味着双隐层的分类能力比单隐层大大提高。

图 3.11　凸域组合的任意形状

表 3-4 给出具有不同隐层数感知器的分类能力对比。

表 3-4　不同隐层数感知器的分类能力

感知器结构	异或问题	复杂问题	判决域形状	判决域
无隐形 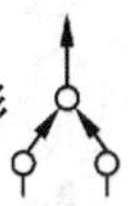	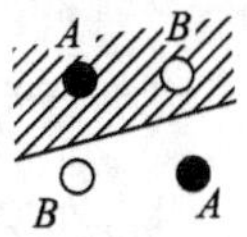	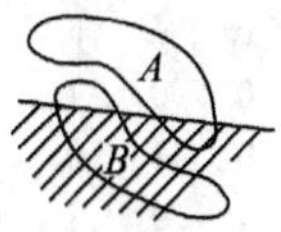		半平面
单隐层 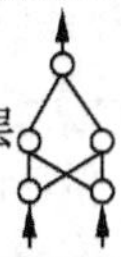	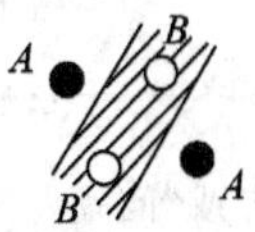	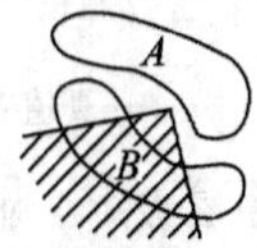		凸域
双隐层 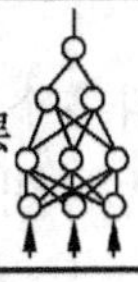	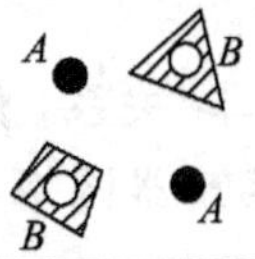			任意复杂形状域

隐层神经元节点数越多，就能够完成越复杂的分类问题。Kolmogorov 理论指出：双隐层感知器足以解决任何复杂的分类问题。

采用非线性连续函数作为神经元节点的转移函数，可以使整个边界线变成连续光滑的曲线，显然这是提高感知器表达能力的另一有效途径。

2. 多层感知器的设计方法

基于表 3-4 可对多层感知器的功能进一步总结如下：

(1) 实现任意的逻辑函数；

(2) 实现复杂的模式分类；

(3) 实现 $\mathbf{R}^n$ 到 $\mathbf{R}^m$ 空间的任意连续映射的逼近。

Minsky 和 Papert 在颇具影响的《Perceptron》一书中指出：简单的感知器只能求解线性问题，能够求解非线性问题的网络应具有隐层。在不限制网络尺寸的情况下，网络节点可能会很多。但从前面介绍的感知器学习规则看，其权值调整量取决于感知器期望输出与实际输出之差，即 $\Delta \boldsymbol{W}_j(t)=\eta\left[d_j-o_j(t)\right]\boldsymbol{X}$。关于多层感知器隐层权值如何进行调节，将在下一章基于误差反传的多层感知器——BP 神经网络中进行介绍。

3. 举例

例 3.5　用两计算层感知器解决“异或”问题。

思路 1： 根据表 3-4，构造两计算层感知器来完成。

如图 3.12(a)所示，适当调整参数，两条分界直线 S_1 和 S_2 构成的开放式凸域可使两类线性不可分样本分别位于该开放式凸域内部和外部。这两条分界直线可有两个感知器节点来完成：

(1) 分界线 S_1 对应隐节点 1。S_1 下面的样本点使节点输出 $y_1=1$，否则 $y_1=0$；

(2) 分界线 S_2 对应隐节点 2。S_2 上面的样本点使节点输出 $y_2=1$，否则 $y_2=0$。

此时，“异或”输出为“0”的节点位于凸域内部(直线 S_1 下方和直线 S_2 上方)，“异或”输出为“1”的节点处于该凸域外部。

据此，将四种输入样本与各节点的输出情况列于图 3.12(b)。

由真值表易见：“异或”求解问题转化为三个单节点感知器设计问题，设计完成的两计算层感知器网络结构如图 3.12(c)所示。

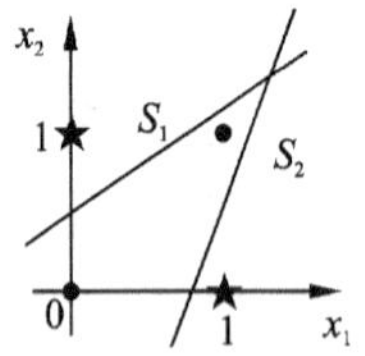

(a) “异或”分类示意图

x_1	x_2	y_1	y_2	y
0	0	1	1	0
0	1	0	1	1
1	0	1	0	1
1	1	1	1	0

(b) 真值表

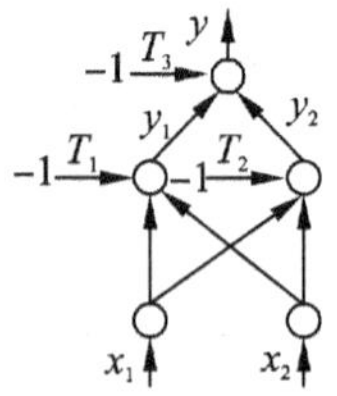

(c) 感知器结构

图 3.12　单隐层感知器网络解决“异或”问题

思路 2： 根据逻辑变换，构造两计算层感知器来完成。

由式(3.4)可知可先用两个感知器分别表达两个“与非”关系，然后再用一个感知器表达“或”关系。这时，仍然是构造一个具有两计算层的感知器网络，其结构与图 3.12(c)一致。

思路 3：根据空间扩展构造两计算层感知器来完成。

根据空间扩展构造两计算层感知器的思路是将低维空间中的线性不可分问题变换到高维空间，使其线性可分。

一条直线不能对二维平面上的异或问题进行分类，但三维空间内的任意四点，总可以用一个平面将它分成任意两类。因此，寻找变换将平面上的四个点映射到三维空间的四个点，则可以用一个平面将变换后的四个点分成两类，从而解决异或问题。

如图 3.13(a)所示，变换的方法可以是在保持其余点不变的情况下(1, 1)点上移(或下移)一个单位。当然，也可以将(1, 1)、(0, 0)点同时上移(或下移)一个单位。图 3.13(b)给出了空间变换后的真值表。图 3.13(c)是根据空间变换后的真值表设计的感知器网络的结构。图中网络结构简单，只有两个节点，但仍然是一个两计算层的感知器网络。隐层节点只有一个，其作用是将 x_1、x_2转换为 x_3，输出节点为 3 输入 1 输出的感知器，其作用是实现图 3.13(a)中的分类超平面。

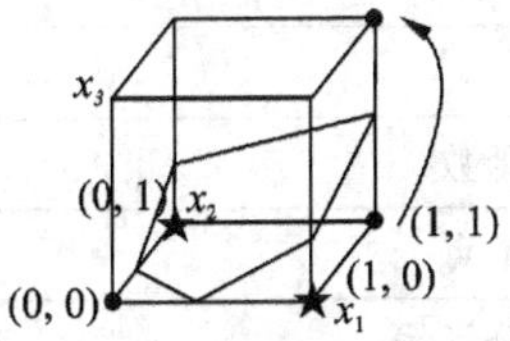

(a) 二维到三维的空间转换

x_1	x_2	x_3	y
0	0	0	0
0	1	0	1
1	0	0	1
1	1	1	0

(b) 转换后的真值表

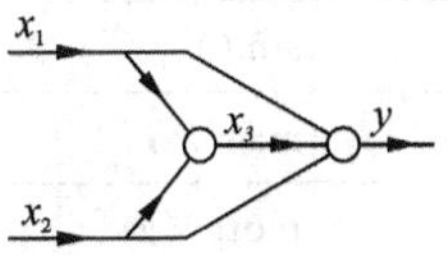

(c) 感知器结构

图 3.13　空间扩展，构造单隐层感知器

可见，如果将许多单个神经元进行组合成复杂的神经网络，将极大地提高神经网络的能力。遗憾的是除了异或等简单问题外，我们对绝大部分问题还没有找到设计最好神经网络结构的方法。

3.5　感知器神经网络的 MATLAB 仿真实例

感知器神经网络的训练是采用由一组样本组成的集合来进行的。在训练期间，将这些样本重复输入，通过调整权值使感知器的输出达到所要求的理想输出。

(1) 确定所需解决问题的输入向量 $\boldsymbol{X}$、目标向量 $\boldsymbol{D}$；确定各向量的维数、网络结构、神经元数目。

(2) 初始化：权值向量 $\boldsymbol{W}$ 和阈值向量 $\boldsymbol{b}$ 分别赋予[−1, +1]之间的随机值，并且给出训练的最大次数。

(3) 根据输入向量 $\boldsymbol{X}$、最新权值向量 $\boldsymbol{W}$ 和阈值向量 $\boldsymbol{b}$，计算网络输出向量 $\boldsymbol{O}$。

(4) 检查感知器输出向量与目标向量是否一致，或者是否达到了最大的训练次数，如果是，则结束训练，否则转入(5)。

(5) 根据感知器学习规则调查权向量，并返回(3)。

3.5.1　常用的感知器神经网络函数

MATLAB 神经网络工具箱中提供了丰富的工具函数，常用的单层感知器函数如表 3－5 所示。

1. newp( )

功能：创建一个感知器神经网络的函数。

格式：net = newp(PR，S，TF，LF)；

说明：net 为生成的感知器神经网络；PR 为一个 R2 的矩阵，由 R 组输入向量中的最大值和最小值组成；S 表示神经元的个数；TF 表示感知器的激活函数，缺省值为硬限幅激活函数 hardlim；LF 表示网络的学习函数，缺省值为 learnp。

表 3-5 MATLAB 中单层感知器常用工具箱函数与功能

函数名	功　能
newp()	生成一个感知器
hardlim()	硬限幅激活函数
learnp()	感知器的学习函数
train()	神经网络训练函数
sim()	神经网络仿真函数
mae()	平均绝对误差性能函数
plotpv()	在坐标图上绘出样本点
plotpc()	在已绘制的图上加分类线

2. hardlim( )

功能：硬限幅激活函数。

格式：A = hardlim(N)；

说明：函数 hardlim(N)在给定网络的输入矢量矩阵 N 时，返回该层的输出矢量矩阵 A。当 N 中的元素大于等于零时，返回的值为 1，否则为 0。也就是说，如果网络的输入达到阈值，则硬限幅传输函数的输出为 1，否则为 0。

3. train( )

功能：神经网络训练函数。

格式：[net，tr，Y，E，Pf，Af] = train(NET，P，T，Pi，Ai，VV，TV)；

说明：net 为训练后的网络；tr 为训练记录；Y 为网络输出矢量；E 为误差；矢量；Pf 为训练终止时的输入延迟状态；Af 为训练终止时的层延迟状态；NET 为训练前的网络；P 为网络的输入向量矩阵；T 表示网络的目标矩阵，缺省值为 0；Pi 表示初始输入延时，缺省值为 0；Ai 表示初始的层延时，缺省值为 0；VV 为验证矢量(可省略)；TV 为测试矢量(可省略)。网络训练函数是一种通用的学习函数，训练函数重复地把一组输入向量应用到一个网络上，并每次都更新网络，直到达到了某种准则，停止准则可能是达到最大的学习步数、最小的误差梯度或误差目标等。

4. sim( )

功能：对网络进行仿真。

格式：

(1) [Y，Pf，Af，E，perf] = sim(NET，P，Pi，Ai，T)；

(2) [Y，Pf，Af，E，perf] = sim(NET，{Q TS}，Pi，Ai，T)；

(3) [Y, Pf, Af, E, perf] = sim(NET, Q, Pi, Ai, T);

说明：Y为网络的输出；Pf表示最终的输入延时状态；Af表示最终的层延时状态；E为实际输出与目标矢量之间的误差；perf为网络的性能值；NET为要测试的网络对象；P为网络的输入向量矩阵；Pi为初始的输入延时状态(可省略)；Ai为初始的层延时状态(可省略)；T为目标矢量(可省略)。式(1)和式(2)用于没有输入的网络，其中Q为批处理数据的个数，TS为网络仿真的时间步数。

5. mae( )

功能：平均绝对误差性能函数。

格式：perf=mae(E, w, pp);

说明：perf表示平均绝对误差和，E为误差矩阵或向量(网络的目标向量和输出向量之差)，w为所有权值和偏值向量(可忽略)，pp为性能参数(可忽略)。

6. plotpv( )

功能：绘制样本点的函数。

格式：

(1) plotpv(P, T);

(2) plotpv(P, T, V);

说明：P定义了n个2或3维的样本，是一个$2n$维或$3n$维的矩阵；T表示各样本点的类别，是一个n维的向量；V=[x_min x_max y_min y_max]为一设置绘图坐标值范围的向量。利用plotpv()函数可在坐标图中绘出给定的样本点及其类别，不同的类别使用不同的符号。如果T只含一元矢量，则目标为0的输入矢量在坐标图中用符号“o”表示：目标为1的输入矢量在坐标图中用符号“+”表示。如果T含二元矢量，则输入矢量在坐标图中所采用的符号分别为：[0 0]用“o”表示；[0 1]用“+”表示：[1 0]用“*”表示；[1 1]用“×”表示。

3.5.2 仿真实例

例3.6 设计一个感知器，将二维的四组输入矢量分成两类。

输入矢量为：$\boldsymbol{P}=[-0.5 \quad -0.5 \quad 0.3 \quad 0; \quad -0.5 \quad 0.5 \quad -0.5 \quad 1]$;

目标矢量为：$\boldsymbol{T}=[1.0\ 1.0\ 0\ 0]$,

解 根据感知器模型，本例中二维四组样本的分类问题，可等价描述为以下不等式组：

$$\begin{cases} t_1=1, & -0.5w_1-0.5w_3+w_3\geqslant 0 \\ t_2=1, & -0.5w_1+0.5w_3+w_3\geqslant 0 \\ t_3=0, & 0.3w_1-0.5w_3+w_3<0 \\ t_4=0, & w_2+w_3<0 \end{cases}$$

经过迭代和约简，可得到解的范围为

$$\begin{cases} w_1<0 \\ 0.8w_1<w_2<-w_1 \\ w_1/3<w_3<-w_1 \\ w_3<-w_2 \end{cases}$$

一组可能的解为

$$\begin{cases} w_1=-1 \\ w_2=0 \\ w_3=-0.1 \end{cases}$$

而当采用感知器神经网络来对此题进行求解时，意味着采用具有阈值激活函数的神经网络。按照问题的要求设计网络的模型结构，通过训练网络权值 **W**=[w11，w12]和阈值 B，并根据学习算法和训练过程进行程序编程，然后运行程序，让网络自行训练其权矢量，直至达到不等式组的要求。

这是一个单层感知器，网络的输入神经元数 r 和输出神经元数 s 分别由输入矢量 **P** 和目标矢量 **T** 唯一确定。网络的权矩阵的维数为 $\boldsymbol{W}s\times r$，$\boldsymbol{B}s\times 1$，权值总数为 $s\times r$ 个，偏差个数为 s 个。

感知器的学习、训练过程可由如下 MATLAB 程序完成：

```
%percep1. m
P=[-0.5 -0.5 0.3 0; -0.5 0.5 -0.5 1];
T=[1, 1, 0, 0];
plotpv(P, T)
%初始化
[R, Q]=size(P);
[S, Q]=size(T);
W=rands(S, R);
B=rands(S, 1);
max_epoch=20;
%表达式
A=hardlim(W*P, B);                %求网络输出
for  epoch=1:max_epoch            %开始循环训练、修正权值过程
%检查
if all(A==T)                      %当A=T时结束
epoch=epoch-1;
break
end
%学习
[dW, dB]=learnp(P, A, T);         %感知器学习公式
W=W+dW;
B=B+dB;
A=hardlim(W*P, B);                %计算权值修正后的网络输出
end
```

本例也可以在二维平面坐标中给出求解过程的图形表示。图 3.14 给出了横轴为 P1，纵轴为 P2 的输入矢量平面，以及输入矢量 **P** 所处的位置。根据目标矢量将期望为 1 输出的输入分量用“+”表示，而目标为 0 输出的输入分量用“○”表示。

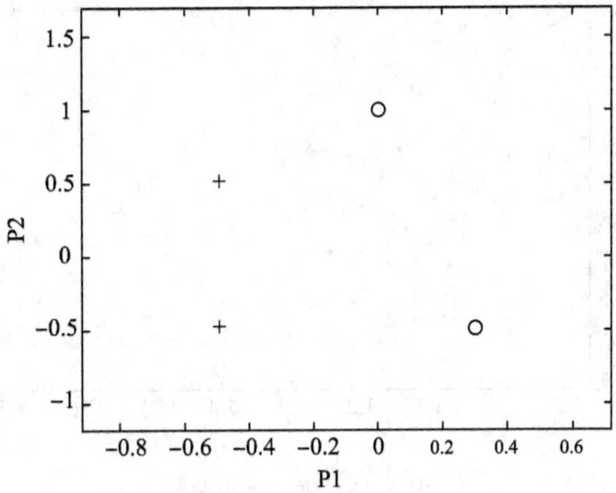

图 3.14 样本图形显示

例 3.7 两种蠓虫 Af 和 Apf 已由生物学家 W. L. Grogan 与 w. w. Wirth(1981 年)根据它们触角长度和翼长加以区分。表 3.6 中有九只 Af 蠓和六只 Apf 蠓的数据。根据给出的触角长度和翼长可识别出一只标本是 Af 还是 Apf。

(1) 给定一只 Af 或者 Apf 族的蠓，如何正确地区分它属于哪一族?

(2) 将上面区分的方法用于触角长和翼长分别为(1.24，1.80)、(1.28，1.84)和(1.40，2.04)的三个标本，区分出这三个标本是属于哪种蠓?

表 3.6 Af 蠓和 Apf 蠓标本数据

Af	触角长	1.24	1.36	1.38	1.378	1.38	1.40	1.48	1.54	1.56
	翼长	1.72	1.74	1.64	1.82	1.90	1.70	1.70	1.82	2.08
Apf	触角长	1.14	1.18	1.20	1.26	1.28	1.30	—		
	翼长	1.78	1.96	1.86	2.00	2.00	1.96	—		

解 (1) 由题知，输入向量为

X=[1.24 1.36 1.38 1.378 1.38 1.40 1.48 1.54 1.56 1.14 1.18 1.20 1.26 1.28 1.30; 1.72 1.74 1.64 1.82 1.90 1.70 1.70 1.82 2.08 1.78 1.96 1.86 2.00 2.00 1.96]

目标向量，即输出向量为

O=[1 1 1 1 1 1 1 1 1 0 0 0 0 0 0]

然后将输入输出向量显示出来，输入命令:

plotpv(X, O);

则得出图形如图 3.15 所示，输出值 1 对应的用“+”、输出值 0 对应的用“○”来表示:

为解决该问题，利用函数 newp 构造输入量在[0, 2.5]之间的感知器神经网络模型:

net=newp([0 2.5; 0 2.5], 1);

初始化网络;

net=init(net);

利用函数 adapt 调整网络的权值和阀值，直到误差为 0 时训练结束:

[net, y, e]=adapt(net, X, O);

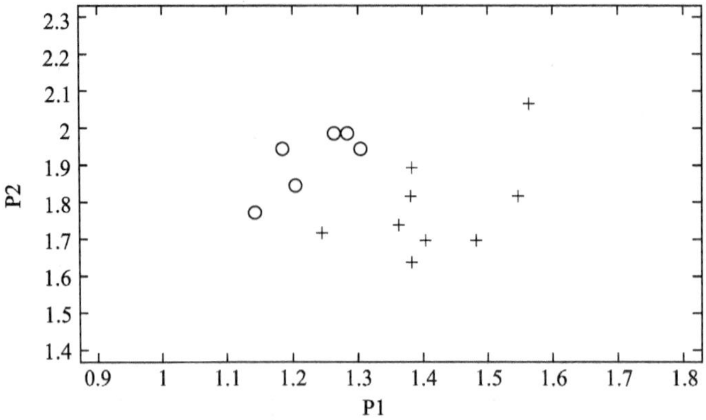

图 3.15　样本图形显示

训练结束后可得如图 3.16 的类方式，可见感知器网络将样本正确地分成两类。

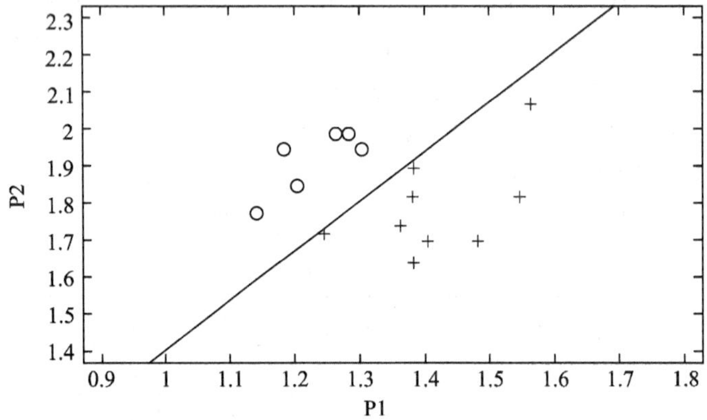

图 3.16　网络训练结果

(2) 感知器网络训练结束后，可以利用函数 sim 进行仿真，解决实际的分类问题。运行以下程序：

```
p1=[1.24; 1.80];
a1=sim(net, p1);
p2=[1.28; 1.84];
a2=sim(net, p2);
p3=[1.40; 2.04];
a3=sim(net, p3);
```

便可得到网络仿真结果为

a1=0 a2=0 a3=0

由该结果可知：(1.24，1.80)、(1.28，1.84)、(1.40，2.04)这三个标本都是属于 Apf 蠓。

可见，单层器神经网络可以很好地解决线性可分类问题，尤其运用 MATLAB 的感知器神经网络函数可以方便且快速地解决此类问题。

思　考　题

1. 说明感知器的主要局限性，并分析提高感知器分类能力的途径有哪些？
2. 采用多层感知器解决“异或”问题。
3. 图 3.17 为一个单层感知器，试说明该感知器实现的功能，写出分类判决方程。

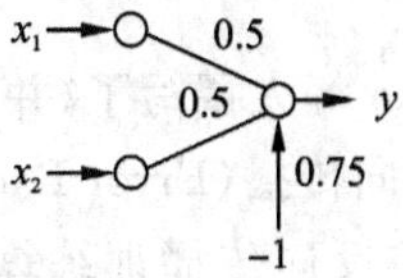

图 3.17

4. 分析两输入单输出感知器能否解决如下分类问题？如不能，应如何解决？（要求给出网络结构与参数）

$$\begin{bmatrix} \boldsymbol{X}^1=\begin{pmatrix}0\\1\end{pmatrix}, \\ d^1=1 \end{bmatrix} \begin{bmatrix} \boldsymbol{X}^2=\begin{pmatrix}0\\0\end{pmatrix}, \\ d^2=0 \end{bmatrix} \begin{bmatrix} \boldsymbol{X}^3=\begin{pmatrix}1\\0\end{pmatrix}, \\ d^3=1 \end{bmatrix} \begin{bmatrix} \boldsymbol{X}^4=\begin{pmatrix}1\\1\end{pmatrix}, \\ d^4=0 \end{bmatrix}$$

第四章 BP 神经网络

1986 年，Rumelhart 与 McCelland 等人撰写了《并行分布式处理》一书，对具有非线性连续转移函数的多层感知器的误差反向传播(Error Back Proragation，BP)算法进行了详尽的讨论。BP 神经网络是一种利用误差反向传播训练算法的前馈型网络，是迄今为止应用最为广泛的神经网络。BP 网络目前广泛应用于函数逼近、模式识别、数据挖掘、系统辨识与自动控制等领域。

4.1 BP 网络的模型

图 4.1 给出了应用最为普遍的单隐层神经网络模型，它包括了输入层、隐层和输出层。因此也通常被称为三层感知器。

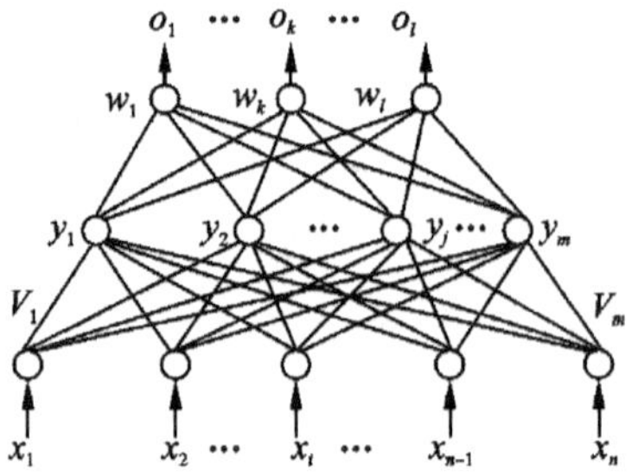

图 4.1 BP 神经网络模型

三层感知器中，输入向量为 $\boldsymbol{X}=(x_1, x_2, \cdots, x_i, \cdots, x_n)^{\mathrm{T}}$；隐层输出向量为 $\boldsymbol{Y}=(y_1, y_2, \cdots, y_j, \cdots, y_m)^{\mathrm{T}}$；输出层输出向量为 $\boldsymbol{O}=(o_1, o_2, \cdots, o_k, \cdots, o_l)^{\mathrm{T}}$；期望输出向量为 $\boldsymbol{d}=(d_1, d_2, \cdots, d_k, \cdots, d_l)^{\mathrm{T}}$。输入层到隐层之间的权值矩阵用 $\boldsymbol{V}$ 表示，$\boldsymbol{V}=(v_1, v_2, \cdots, v_j, \cdots, v_m)$，其中列向量 v_j 为隐层第 j 个神经元对应的权向量；隐层到输出层之间的权值矩阵用 $\boldsymbol{W}$ 表示，$\boldsymbol{W}=(w_1, w_2, \cdots, w_k, \cdots, w_l)$，其中列向量 w_k 为输出层第 k 个神经元对应的权向量。

三层感知器数学模型中各层信号之间的数学关系如下：

对于隐层，有

$$\begin{cases} y_j = f(\mathrm{net}_j), \ j = 1, 2, \cdots, m \\ \mathrm{net}_j = \sum_{i=0}^{n} v_{ij} x_i, \ j = 1, 2, \cdots, m \end{cases} \tag{4.1}$$

对于输出层，有

$$\begin{cases} o_k = f(\text{net}_k), & k = 1, 2, \cdots, l \\ \text{net}_k = \sum_{j=0}^{m} w_{jk} y_j, & k = 1, 2, \cdots, l \end{cases} \tag{4.2}$$

式(4.1)和式(4.2)中，变换函数 $f(x)$ 通常均为单极性 sigmoid 函数：

$$f(x)=\frac{1}{1+e^{-x}} \tag{4.3}$$

sigmoid 函数具有连续、可导的特点，对于式(4.3)，有

$$f'(x)=f(x)[1-f(x)] \tag{4.4}$$

根据需要，也可以采用双极性 Sigmoid 函数(或称双曲线正切函数)：

$$f(x)=\frac{1-e^{-x}}{1+e^{-x}} \tag{4.5}$$

为降低计算复杂度，根据需要，输出层也可以采用线性函数：

$$f(x)=kx \tag{4.6}$$

4.2 BP 网络的学习算法

BP 学习算法实质是求取网络总误差函数的最小值问题，具体采用“最速下降法”，按误差函数的负梯度方向进行权系数修正。具体学习算法包括两大过程：其一是输入信号的正向传播过程，其二是输出误差信号的反向传播过程。

(1) 信号的正向传播。输入的样本从输入层经过隐层单元一层一层进行处理，通过所有的隐层之后，则传向输出层；在逐层处理的过程中，每一层神经元的状态只对下一层神经元的状态产生影响。在输出层把现行输出和期望输出进行比较，如果现行输出不等于期望输出，则进入反向传播过程。

(2) 误差的反向传播。反向传播时，把误差信号按原来正向传播的通路反向传回，并对每个隐层的各个神经元权系数进行修改，以使信号误差趋向最小。网络各层的权值改变量由传播到该层的误差大小来决定。

4.2.1 BP 算法推导

下面以图 4.1 所示的三层 BP 神经网络模型为例，推导 BP 学习算法。

1. 网络的误差

当网络输出与期望输出不等时，存在输出误差 E，定义如下：

$$E=\frac{1}{2}(\boldsymbol{d}-\boldsymbol{O})^2=\frac{1}{2}\sum_{k=1}^{l}(d_k-o_k)^2 \tag{4.7}$$

将以上误差展开至隐层，有

$$E=\frac{1}{2}\sum_{k=1}^{l}[d_k-f(\text{net}_k)]^2=\frac{1}{2}\sum_{k=1}^{l}[d_k-f(\sum_{j=0}^{m}w_{jk}y_j)]^2 \tag{4.8}$$

进一步展开至输入层，有

$$\begin{aligned} E &= \frac{1}{2}\sum_{k=1}^{l}\left\{d_k-f[\sum_{j=0}^{m}w_{jk}f(\text{net}_j)]\right\}^2 \\ &= \frac{1}{2}\sum_{k=1}^{l}\left\{d_k-f[\sum_{j=0}^{m}w_{jk}f(\sum_{i=0}^{n}v_{ij}x_i)]\right\}^2 \end{aligned} \tag{4.9}$$

2. 基于梯度下降的网络权值调整

由式(4.9)可以看出，网络输入误差是关于各层权值 w_{jk} 和 v_{ij} 的函数，因此调整权值就可改变误差 E。调整权值的原则应该使误差不断地减小，因此可采用梯度下降(Gradient Descent，GD)算法，使权值的调整量与误差的梯度下降成正比，即

$$\Delta w_{jk} = -\eta \frac{\partial E}{\partial w_{jk}},\ j=0,\ 1,\ 2,\ \cdots,\ m;\ k=1,\ 2,\ \cdots,\ l \tag{4.10}$$

$$\Delta v_{ij} = -\eta \frac{\partial E}{\partial v_{ij}},\ i=0,\ 1,\ 2,\ \cdots,\ n;\ j=1,\ 2,\ \cdots,\ m \tag{4.11}$$

式中，负号表示梯度下降，常数 $\eta \in (0,\ 1)$ 表示比例系数，在训练中反映了学习速率。显然，BP 算法属于 σ 学习规则。

式(4.10)与式(4.11)仅是对仅值调整思路的数学表达，而不是具体的权值调整计算式。下面推导三层 BP 算法权值调整的计算式。事先约定，在全部推导过程中，对输出层均有 $j=0,\ 1,\ 2,\ \cdots,\ m,\ k=1,\ 2,\ \cdots,\ l$；对隐层均有 $i=0,\ 1,\ 2,\ \cdots,\ n,\ j=1,\ 2,\ \cdots,\ m$。

对于输出层，式(4.10)可写为

$$\Delta w_{jk} = -\eta \frac{\partial E}{\partial w_{jk}} = -\eta \frac{\partial E}{\partial \mathrm{net}_k} \frac{\partial \mathrm{net}_k}{\partial w_{jk}} \tag{4.12}$$

式(4.11)可写为

$$\Delta v_{ij} = -\eta \frac{\partial E}{\partial v_{ij}} = -\eta \frac{\partial E}{\partial \mathrm{net}_j} \frac{\partial \mathrm{net}_j}{\partial v_{ij}} \tag{4.13}$$

对输出层和隐层各定义一个误差信号，令：

$$\delta_k^o = -\frac{\partial E}{\partial \mathrm{net}_k} \tag{4.14}$$

$$\delta_j^y = -\frac{\partial E}{\partial \mathrm{net}_j} \tag{4.15}$$

综合应用式(4.2)和式(4.14)。可将式(4.12)的权值调整式改写为

$$\Delta w_{jk} = \eta \delta_k^o y_j \tag{4.16}$$

综合应用式(4.4)和式(4.15)，可将式(4.13)的权值调整式改写为

$$\Delta v_{ij} = \eta \delta_j^y x_i \tag{4.17}$$

可以看出，只要计算出式(4.14)与式(4.15)中的误差信号 δ_k^o 和 δ_j^y，则权值调整量的计算推导即可完成。

输出层 δ_k^o 可展开为

$$\delta_k^o = -\frac{\partial E}{\partial \mathrm{net}_k} = -\frac{\partial E}{\partial o_k} \frac{\partial o_k}{\partial \mathrm{net}_k} = -\frac{\partial E}{\partial o_k} f'(\mathrm{net}_k) \tag{4.18}$$

隐层 δ_j^y 可展开为

$$\delta_j^y = -\frac{\partial E}{\partial \mathrm{net}_j} = -\frac{\partial E}{\partial y_j} \frac{\partial y_i}{\partial \mathrm{net}_j} = -\frac{\partial E}{\partial y_i} f'(\mathrm{net}_j) \tag{4.19}$$

下面求式(4.18)与式(4.19)中网络误差对各层输出的偏导。

输出层：利用式(4.7)，求偏导可得

$$\frac{\partial E}{\partial o_k} = -(d_k - o_k) \tag{4.20}$$

隐层：利用式(4.8)，求偏导可得

$$\frac{\partial E}{\partial y_j} = -\sum_{k=1}^{l}(d_k - o_k)f'(\text{net}_k)w_{jk} \tag{4.21}$$

以上结果代入式(4.18)和式(4.19)，并应用式(4.6)与 $f'(x)=f(x)[1-f(x)]$求得

$$\delta_k^o = (d_k - o_k)o_k(1-o_k) \tag{4.22}$$

$$\delta_j^y = [\sum_{k=1}^{l}(d_k - o_k)f'(\text{net}_k)w_{jk}]f'(\text{net}_j) = (\sum_{k=1}^{l}\delta_k^o w_{jk})y_j(1-y_j) \tag{4.23}$$

将式(4.22)与式(4.23)代入式(4.16)与式(4.17)，可得三层感知器的 BP 学习算法权值调整的计算公式：

$$\Delta w_{jk} = \eta\delta_k^o y_j = \eta(d_k - o_k)o_k(1-o_k)y_j \tag{4.24}$$

$$\Delta v_{ij} = \eta\delta_j^y x_i = \eta(\sum_{k=1}^{l}\delta_k^o w_{jk})y_j(1-y_j)x_i \tag{4.25}$$

3. BP 学习算法的向量形式

(1) 输出层：设$\boldsymbol{Y}=(y_1, y_2, \cdots, y_j, \cdots, y_m)^{\mathrm{T}}$，$\boldsymbol{\delta}^o=(\delta_1^o, \delta_2^o, \cdots, \delta_k^o, \cdots, \delta_l^o)^{\mathrm{T}}$，则隐层到输出层之间的权值矩阵调整量为

$$\Delta \boldsymbol{W} = \eta(\boldsymbol{\delta}^o \boldsymbol{Y}^{\mathrm{T}})^{\mathrm{T}} \tag{4.26}$$

(2) 隐层：设 $\boldsymbol{X}=(x_1, x_2, \cdots, x_i, \cdots, x_m)^{\mathrm{T}}$，$\boldsymbol{\delta}^y=(\delta_1^y, \delta_2^y, \cdots, \delta_k^y, \cdots, \delta_l^y)^{\mathrm{T}}$，则输入层到隐层之间的权值矩阵调整量为

$$\Delta \boldsymbol{V} = \eta(\boldsymbol{\delta}^y \boldsymbol{X}^{\mathrm{T}})^{\mathrm{T}} \tag{4.27}$$

由式(4.26)与式(4.27)可以看出：

(1) BP 学习算法中，各层权值调整公式形式上都是一样的，均由 3 个因素决定，即学习率 η、本层输出的误差信号 δ 以及本层输入信号 $\boldsymbol{Y}$(或 $\boldsymbol{X}$)。

(2) 输出层误差信号与网络的期望输出和实际输出之差有关，它直接反映了输出误差，而各隐层的误差信号与前面各层的误差信号都有关，是从输出层开始逐层反传过来的。

4.2.2 BP 算法的程序实现

1. 标准 BP 算法

4.2.1 节推导出的 BP 算法称为标准 BP 算法，其算法流程如图 4.2 所示。

(1) 初始化。

对权值矩阵 $\boldsymbol{W}$ 和 $\boldsymbol{V}$ 赋随机数，将样本序号计数器 p 和总训练次数计数器 q 置为 1，误差 E 置 0，学习率设为 $\eta\in(0, 1)$，训练精度要求 $E_{\min}$ 设为一个正小数。

(2) 输入训练样本对，计算各层输出。

用当前样本 $\boldsymbol{X}^p$ 和 $\boldsymbol{d}^p$ 对向量数组 $\boldsymbol{X}$ 和 $\boldsymbol{d}$ 赋值，计算 $\boldsymbol{Y}$ 和 $\boldsymbol{0}$ 中各分量。

(3) 计算网络输出误差。

设共有 P 对训练样本，网络对于不同的样本具有不同的误差 $E^p = \sqrt{\sum_{k=1}^{l}(d_k^p < o_k^p)^2}$，可将全部样本输出误差的平方 $(E^p)^2$ 进行累加再开方，并作为总输出误差 $E_{\max}$ 代表网络的总输出误差，实用中更多采用均方根误差 $E_{\mathrm{RME}} = \sqrt{\frac{1}{P}\sum_{p=1}^{P}E^p}$ 作为网络的总误差。

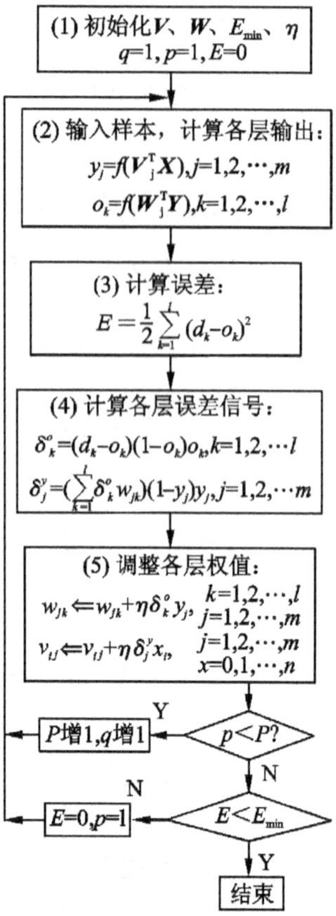

图 4.2　标准 BP 算法程序流程图

(4) 计算各层误差信号。

计算 δ_k^o 和 δ_j^y。

(5) 调整各层权值。

计算 $\boldsymbol{W}$ 和 $\boldsymbol{V}$ 中各分量。

(6) 检查是否对所有样本完成一次轮训。

对于 P 对训练样本，每轮可训练 P 次，为达到精度要求，可能需进行多轮训练，计数器 q 记录总的训练次数。若 $p<P$，计数器 p 和 q 增 1，返回步骤(2)。

(7) 检查网络总误差是否达到精度要求。

若达到给定精度要求，训练结束；否则 E 置 0，p 置 1，返回步骤(2)。

2. 累积误差校正 BP 算法

标准 BP 算法的特点是单样本训练。每输入一个样本，都要回传误差并调整权值。显然，这是一种着眼于眼前局部的调整方法。样本的获取难免有误差，样本间也可能存在矛盾之处。单样本训练难免顾此失彼，导致整个训练的次数增加，收敛速度过慢。

累积误差校正 BP 算法是在所有 P 对样本输入之后，计算累积误差，根据总误差计算各层的误差信号并调整权值。P 对样本输入后，网络的总误差 $E_{总}$ 可表示为

$$E_{总}=\sqrt{\frac{1}{2}\sum_{p=1}^{P}\sum_{k=1}^{l}(d_k^p-o_k^p)^2} \tag{4.28}$$

这种训练方式是一种批处理方式，以累积误差为目标，也可称为批(Batch)训练或周期(Epoch)训练算法。累积误差校正 BP 算法流程如图 4.3 所示，该算法着眼于全局，在样本较多时候，较单样本训练方法收敛速度快。

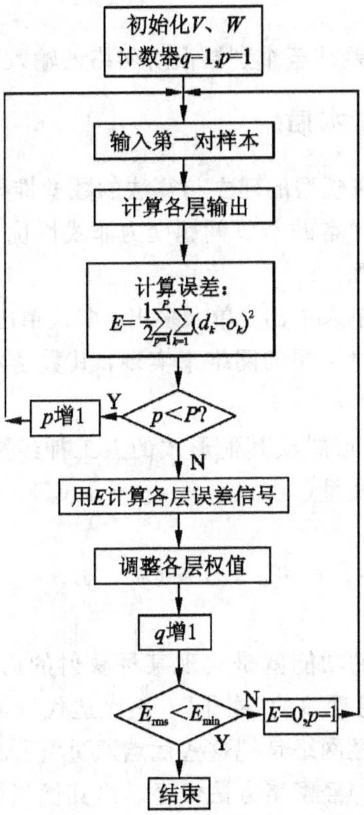

图 4.3　累积误差校正 BP 算法程序流程图

标准 BP 算法与累积误差校正 BP 算法的区别在于权值调整方法。前向型神经网络的相关改进学习算法多是以 BP 算法为基础的。

4.3　BP 网络的功能与数学本质

4.3.1　BP 神经网络的功能特点

通过 BP 神经网络模型的建立与算法的数学推导，可以总结出 BP 神经网络具有以下功能特点：

1) 非线性映射能力

多层前馈网络能学习和存储大量"输入-输出"模式的映射关系，而无需事先了解描述这种映射关系的数学方程。只要能提供足够多的样本模式供 BP 网络进行学习训练，它便能完成由 n 维输入空间到 m 维输出空间的非线性映射。

2) 泛化能力

"泛化"源于心理学术语。某种刺激形成一定条件反应后，其他类似的刺激也能形成某种程度的这一反应。

神经网络的泛化能力是指在向网络输入训练时未曾见过的非样本数据的情况下，网络也能完成由输入空间向输出空间的正确映射。

3）容错能力

输入样本中带有较大的误差甚至个别错误对网络的输入/输出规律影响不大。

4.3.2 BP神经网络的数学本质

基于4.3.1节BP神经网络模型的建立与算法的数学推导可以发现，BP神经网络的实质是采用梯度下降法，把一组样本的I/O问题变为非线性优化问题。隐层的采用使优化问题的可调参数增加，使解更精确。

（1）BP神经网络（无论是单入单出、单入多出、多入单出，还是多入多出）从非线性映射逼近观点来看，均可由不超过4层的网络来实现，其数学本质就是插值，或更一般的是数值逼近。

（2）不仅是BP网络，其反馈式或其他形式的人工神经网络总要有一组输入变量（x_1，x_2，…，x_i…，x_n）和一组输出变量（y_1，y_2，…，y_i…，y_m）。从数学上看，这样的网络不外乎是一个映射：

$$\boldsymbol{f}=\mathbf{R}^n\rightarrow\mathbf{R}^m,\ (x_1,\ x_2,\ \cdots,\ x_i\cdots,\ x_n)\rightarrow(y_1,\ y_2,\ \cdots,\ y_i\cdots,\ y_m)\triangleq\boldsymbol{f}(x_1,\ x_2,\ \cdots,\ x_i,\ \cdots,\ x_n)$$

一般地讲，人工神经网络的功能就是实现某种映射的逼近，其研究方法没有超出“计算数学”（更确切地说是“数值逼近”）的“圈子”。逐次迭代法本来就具有容错功能、自适应性以及某种自组织性，人工神经网络是把这些优点通过“网络”形式予以再现。当常规方法解决不了或效果不佳时，人工神经网络方法便显示出其优越性。

对问题的机理不甚了解或不能用数学模型表示的系统（如故障诊断、特征提取和预测等问题），人工神经网络往往是最有利的工具。另一方面，人工神经网络对处理大量原始数据而不能用规则或公式描述的问题表现出极大的灵活性和自适应性。

4.4 BP网络的问题与改进

4.4.1 BP神经网络存在的缺陷与原因分析

由前面小节可知，BP神经网络的理论依据坚实，推导过程严谨，所得公式对称优美，物理概念清楚，通用性强。但是，BP算法是基于梯度的最速下降法，以误差平方为目标函数，所以不可避免地存在以下缺陷：

1. 网络的训练易陷入局部极小值

如图4.4所示，利用误差对权值、阈值的一阶导数信息来指导下一步的权值调整方向，是一种只会“下坡”而不会“爬坡”的方法。因此常常导致网络陷入局部极小点，而达不到全局最小点。

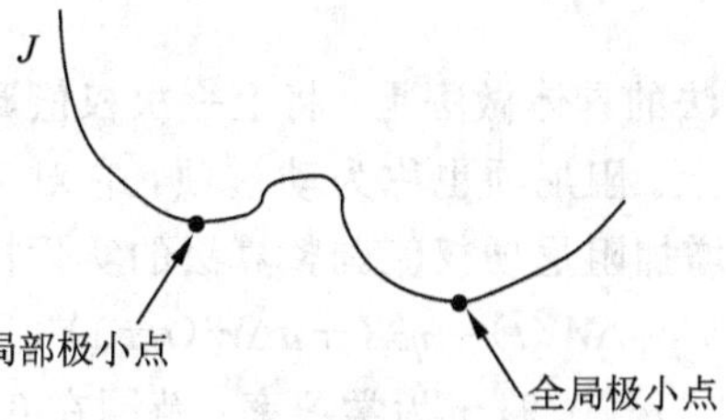

图 4.4　局部极值示意图

2. 网络的学习收敛速度缓慢

为保证算法的收敛性，BP 算法中学习率必须小于某一上界，这就决定了 BP 神经网络的收敛速度不可能快。

误差的梯度可表示为$\dfrac{\partial E}{\partial w_{ik}}=-\delta_k^o y_j$。当误差的梯度变化较小，即误差曲面存在平坦区域时，δ_k^o的值接近于零，而根据前面推导可知 $\delta_k^o=(d_k-o_k)o_k(1-o_k)$，因此存在三种情况：

(1) (d_k-o_k)的值接近于零，这对应着误差接近某个谷点，因此下降比较缓慢；

(2) o_k的值接近于零；

(3) $1-o_k$的值接近于零。

对于第(2)、(3)两种情况：$o_k=f(\text{net}_k)=f(\sum_{j=0}^{m} w_{jk}y_j)$，$f(x)$为单极性 Sigmoid 函数，如图 2.10(a)所示。当各节点的净输入过大，即$\left|\sum_{j=0}^{m} w_{jk}y_j\right|>3$时，势必意味着$o_k$或$1-o_k$的值接近于零，误差曲面存在平坦区域，学习收敛速度缓慢。

3. 网络的结构难以确定

网络的结构难以确定包含两层含义：

(1) 隐层层数难以确定；

(2) 各隐层节点数难以确定。

目前，对于 BP 神经网络隐层层数以及隐层的节点数的确定方法大都靠经验，缺乏充分的理论依据。

4. 网络的泛化能力不能保证

BP 神经网络的结构复杂性、训练样本的数量和质量、网络的初始权值、训练时间、目标函数的复杂性和先验知识等因素都对神经网络的泛化能力有一定影响。这也影响了 BP 神经网络的进一步发展和应用。

4.4.2　传统 BP 算法的改进与优化

针对 BP 算法存在的问题，国内外已提出不少有效的改进算法。

1. 增加阻尼项

1) 改进的原因

标准 BP 算法实质上是一种简单的最速下降静态寻优方法，在修正 $\boldsymbol{W}(k)$时，只按照第 k 步的负梯度方向进行修正，而没有考虑到以前积累的经验(以前时刻的梯度方向)，从而常常使学习过程发生振荡，其收敛也缓慢。

2）改进的方法

增加阻尼项权值调整算法的具体做法是：将上一次权值调整量的一部分迭加到按本次误差计算所得的权值调整量上。阻尼项也称为动量项，它对于本次调整起阻尼作用，它反映了以前积累的调整经验。增加阻尼项权值调整算法的实际权值调整量为

$$\Delta\boldsymbol{W}(t)=\eta\delta\boldsymbol{X}+\alpha\Delta\boldsymbol{W}(t-1) \tag{4.29}$$

其中：α 为动量系数，通常 $0<\alpha<0.9$；η 为学习率，范围在 0.001～10 之间。

3）效果

当误差曲面出现骤然起伏时，阻尼项可减小振荡趋势，提高训练速度。增加阻尼项权值调整算法减小了学习过程中的振荡趋势，降低了网络对于误差曲面局部细节的敏感性，有效地抑制了网络陷入局部极小，从而改善了收敛性。

2. 自适应调节学习率

1）改进的原因

在标准 BP 算法中，学习率 η 为常数，然而在实际应用中，很难确定一个从始至终都合适的最佳学习率：平坦区域内 η 太小会使训练次数增加；在误差变化剧烈的区域 η 太大会因调整量过大而跨过较窄的"坑凹"处，使训练出现振荡，反而使迭代次数增加。

2）改进的方法

改变学习率的办法有很多，其目的都是使其在整个训练过程中得到合理调节：该大时增大，该小时减小。

设一初始学习率，若经过一批次权值调整后使总误差 E 增加，则本次无效。为减小误差、保证收敛，应在下一次学习中减小其学习率。

若经过一批次权值调整后使总误差 E 减少，则本次调整有效。为加快收敛，应在下一次学习中增加其学习率。

3）效果

自适应调节学习率算法进行变步长学习，学习率根据环境变化自适应增大或减小，有效加速了收敛过程。

3. 引入陡度因子

1）改进的原因

误差曲面上存在着平坦区域，而进入平坦区的原因是神经元输出进入了转移函数的饱和区。

2）改进的方法

如果经调整进入平坦区，则设法压缩神经元的净输入，使其输出退出转移函数的不饱和区。

在非线性 Sigmoid 转移函数中引入一个陡度因子 λ，则 $f(x)=\dfrac{1}{1+\mathrm{e}^{-\lambda x}}$。这样，输出层神经元的输出信号 $o_k=\dfrac{1}{1+\mathrm{e}^{-\mathrm{net}_k/\lambda}}$。如图 4.5 所示，当 λ 增大时，o_k 便减小，可避免净输入过大，从而使得误差函数脱离曲面平坦区。

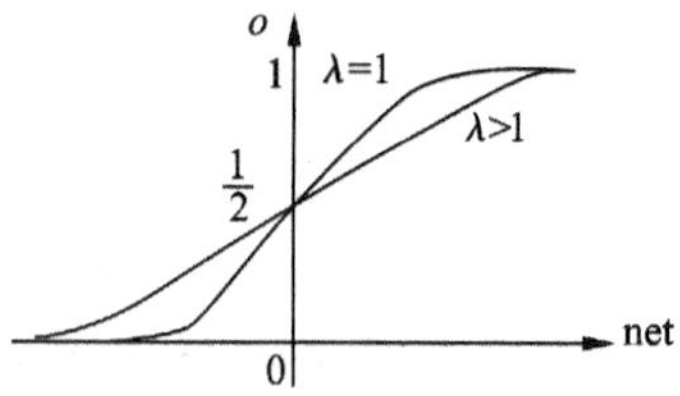

图 4.5 陡度因子作用的示意图

具体改进方法如下：

(1) 当发现 ΔE 接近零而 $d-o$ 仍较大时，可判断其已进入平坦区，此时令 $\lambda>1$。$\lambda>1$ 意味着 net 坐标压缩为原来的 $1/\lambda$，神经元的转移函数曲线的敏感区段变长，从而可使绝对值较大的 net 退出饱和值。

(2) 当退出平坦区后，再令 $\lambda=1$。$\lambda=1$ 表明转移函数恢复原状，对绝对值较小的 net 具有较高的灵敏度。

3) 效果

应用结果表明，该方法对于提高 BP 算法的收敛速度十分有效。

4. L－M 学习算法

1) 改进的原因

高斯-牛顿法在局部或全局最小值附近快速收敛。梯度下降法在步长参数选择正确的情况下能够收敛，但收敛缓慢。

2) 改进的方法

神经网络的 Levenberg－Marquardt(L－M)学习算法是梯度下降法与高斯-牛顿法的结合，用了近似的二阶导数信息，对于过参数化问题不敏感，能有效处理冗余参数问题，代价函数陷入局部极小值的机会大大减小。

3) 效果

就训练次数及准确度而言，L－M 算法明显优于自适应调节学习率的 BP 算法。但对于复杂问题，L－M 算法需要相当大的存储空间。

4.4.3 深度神经网络

1. 浅层学习

图 4.1 所示的 BP 神经网络模型中含有一层隐层节点，称为浅层模型。BP 算法通过梯度下降在训练过程中修正权重使得网络误差最小，但在多隐层情况下性能变得很不理想。随着网络深度的增加，反向传播的梯度值从输出层到网络的最初几层会急剧地减小。因此，最初几层的权值变化将非常缓慢，不能从样本中进行有效的学习。

因此，这种方法只能处理浅层结构(小于等于 3)，当然这也限制了网络的性能。对于浅层模型，样本特征的好坏成为系统性能的瓶颈。这需要人工经验来抽取样本的特征，需要对待解决的问题有很深入的理解，这是很困难的。

2. 深度学习

2006 年以来，深度学习持续升温。加拿大多伦多大学教授、机器学习领域的泰斗 Geoffrey Hinton 提出的如下理论掀起了神经网络深度学习的新浪潮：

(1) 很多隐层的人工神经网络具有优异的特征学习能力，学习得到的特征对数据有更本质的刻画，从而有利于可视化或分类；

(2) 深度神经网络在训练上的难度可以通过"逐层初始化(Layer-wise Pre-training)"来有效克服，逐层初始化可通过无监督学习实现。

深度神经网络模型如图 4.6 所示。它模拟了人脑的深层结构，比浅层神经网络表达能力更强，并能够更准确地"理解"事物的特征。2012 年 6 月，《纽约时报》披露了 Google

Brain 项目，斯坦福大学的吴恩达教授和 Jeff Dean 采用 16 000 个 CPU Core 的并行计算平台，训练含有 10 亿个节点的深度神经网络，实现了对 2 万个不同物体 1400 万张图片的辨识。

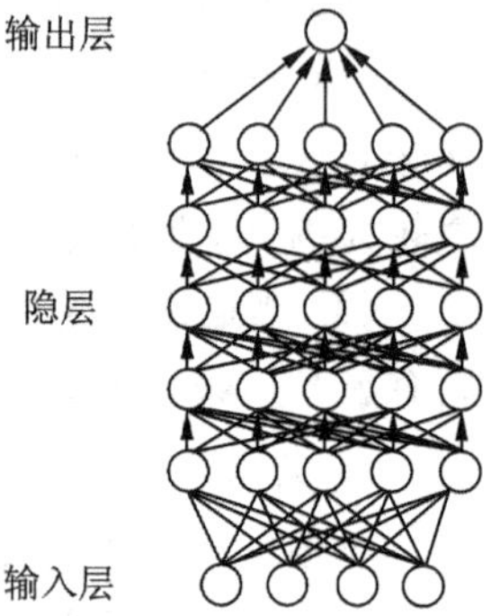

图 4.6　深度神经网络模型

深度学习的实质是通过构建具有很多隐层的机器学习模型和海量的训练数据来学习更有用的特征，从而最终提升分类或预测的准确性。因此，“深度模型”是手段，“特征学习”是目的。

区别于传统的浅层学习，深度学习的不同在于：

(1) 强调了模型结构的深度，通常有 5 层、6 层，甚至 10 多层的隐层节点。

(2) 明确突出了特征学习的重要性。也就是说，通过逐层特征变换将样本在原空间的特征表示变换到一个新特征空间，从而使分类或预测更加容易。与人工规则构造特征的方法相比，利用大数据来学习特征，更能够刻画数据的丰富内在信息。

深度学习得益于大数据和计算机速度的提升。大规模集群技术、GPU 的应用与众多优化算法使得耗时数月的训练过程可缩短为数天甚至数小时。这样，深度学习才在实践中有了用武之地。

4.5　BP 网络的设计

BP 神经网络的设计包含以下几个方面：

1) 输入/输出变量的确定与训练样本集的准备

输出量代表系统要实现的功能目标，可以是系统的性能指标、类别归属或非线性函数的函数值等。对于具体问题，输入量必须选择那些对输出影响大且能够检测或提取的相关性很小的输入变量。产生数据样本集是成功开发神经网络的关键一步，训练数据的产生包括数据的收集、数据分析、变量选择以及数据的预处理。

2) 神经网络结构的确定(网络的层数、每层节点数)

确定了输入和输出变量后，网络输入层和输出层的节点个数也就确定了。剩下的问题是考虑隐含层和隐层节点。从原理上讲，只要有足够多的隐含层和隐层节点，BP 神经网络就可实现复杂的非线性映射关系，但另一方面基于计算复杂度的考虑，应尽量使网络简单，即选取较少的隐层节点。

3) 神经网络参数的确定(通过训练获得阈值、传输函数及参数等)

如果样本集能很好地代表系统输入/输出特征，并且神经网络进行了有效的学习与训练，神经网络将具有较好的映射性能。

4.5.1　输入/输出变量的确定与训练样本集的准备

1. 输出量的确定

输出量实际上是为网络训练提供的期望输出。一个网络可以有多个输出变量，输出量可以是数值变量，也可以是语言变量。例如，分类问题的输出变量多用语言变量类型，质量可分为优、良、中、差等类别，相应地，可用0001、0010、0100和1000表示，也可以用000、001、010和100表示。对于有些渐进式的分类，可以将语言值转化为二值之间的数值表示。例如，质量的差与好可以用0和1表示，而较差和较好这样的渐进类别可用0和1之间的数值表示，如用0.25表示较差，0.5表示中等，0.75表示较好。

2. 输入量的确定

神经网络的输入量必须选择那些对输出影响大且便于检测或提取的相关性很小的特征变量。缩减输入向量的长度可以有效地降低网络体系结构，而且往往能够获得比直接采用原始信号作为输入信号更好的结果。

1）输入量变换

输入量通常无法直接获得，所以需要用信号处理与特征提取技术从原始数据中提取。一个前端的“特征提取器”可以用来完成显著性数据特征，其输出可以用来作为神经网络的输入量。

（1）傅立叶变换。傅立叶变换是数字信号处理领域一种很重要的算法。傅立叶原理表明：任何连续测量的时序或信号，都可以表示为不同频率的正弦波信号的无限叠加。傅立叶变换是将一个函数转换为一系列周期函数来处理的。从物理效果看，傅立叶变换是从空间域转换到频率域。例如，图像的傅立叶变换的物理意义是将图像的灰度分布函数变换为图像的频率分布函数。如果信号相位不重要，可以采用FFT的幅度样本作为训练模式的特征向量。

（2）小波变换。小波变换是对傅立叶变换的一种延伸与补充，它通过对信号进行平移和伸缩进行多尺度分析，并在时间与频率两个方向上对信号进行局部变换，可有效地从信号中抽取有用信息。小波变换在微弱信号信息提取方面非常有优势，它能够有效提高信号时频描述并压缩供神经网络训练的数据。

2）输入量降维主成分分析

对于图像数据而言，相邻的像素高度相关，因此输入数据是有一定冗余的。假如处理一个16×16的灰度值图像，输入量将是一个256维向量$x\in \mathbf{R}^{256}$，其中特征值x_j对应每个像素的亮度值。由于相邻像素间的相关性，可以将输入向量转换为一个维数低很多的近似向量(例如64)。这时误差非常小，不影响处理结果，但计算量降低很多。

主成分分析(Principal Component Analysis，PCA)是一种掌握事物主要矛盾的统计分析方法，它可以从多元事物中解析出主要影响因素，揭示事物的本质，简化复杂的问题。计算主成分的目的是寻找$r(r<n)$个新变量，每个新变量是原有n个变量的线性组合。它们反映了原来n个变量的影响，并且这些新变量是互不相关的。这就将高维数据投影到了较低维空间，它是一种能够极大提升无监督特征学习速度的数据降维算法。

3. 输入/输出数据的预处理

1）尺度归一化

尺度归一化是一种线性变换，它通过对数据的每一个输入分量的值进行重新调节(这些维度可能是相互独立的)，使得最终的数据向量落在[0，1]或[−1，1]的区间内。

进行尺度归一化的主要原因有：

（1）BP网络的各个输入数据常常具有不同的物理意义和不同的量纲，尺度变换使所有分量都在[0，1]或[－1，1]之间变化，从而使网络训练一开始就给各输入分量同等的地位。

(2) BP网络的神经元采用Sigmoid作为转移函数，尺度变换可防止因净输入的绝对值过大而使神经元输出饱和，继而使权值调整进入误差曲面的平坦区。

例如，在处理自然图像时获得的像素值在[0，255]区间，常用的处理是将这些像素值除以255，使它们缩放到[0，1]中。将输入/输出数据变换为[0，1]区间的值常用以下变换式：

$$x_i'=\frac{x_i-x_{\min}}{x_{\max}-x_{\min}} \tag{4.30}$$

其中，x_i代表输入或输出数据，$x_{\min}$代表数据变化的最小值，$x_{\max}$代表数据变化范围的最大值。

将输入/输出数据变换为[－1，1]区间的值常用以下变换式：

$$x_{\text{mid}}=\frac{x_{\max}+x_{\min}}{2} \tag{4.31}$$

$$x_{\text{i}}'=\frac{x_i-x_{\text{mid}}}{\frac{1}{2}(x_{\max}-x_{\min})} \tag{4.32}$$

其中，x_{mid}代表数据变化范围的中间值。按上述方法变换后，处于中间值的原始数据转化为零，而最大值和最小值分别转换为1和－1。当输入或输出向量中的某个分量取值过于密集时，对其进行以上预处理可将数据点拉开距离。

2) 消减归一化

消减归一化是对每一个数据点都减去它的均值，也称为移除直流分量。如果数据是平稳的，即数据每一个维度的统计都服从相同分布，那么可以考虑逐样本减去数据的统计平均值。对于图像，这种归一化可以移除图像的平均亮度值。因为，在很多情况下我们对图像的照度并不感兴趣，而更多地关注其内容，这时对每个数据点移除像素的均值是有意义的。

3) 特征标准化

特征标准化对特征的每个分量独立地使用标准化处理，使得数据的每一个维度具有零均值和单位方差，其目的在于平衡各个分量的影响。具体做法是：首先计算每一个维度上数据的均值(使用全体数据计算)；之后在每一个维度上都减去该均值；最后在数据的每一维度上除以该维度上数据的标准差。

4. 训练样本集

神经网络训练中抽取的规律蕴涵于样本中。高质量的数据样本集是成功的关键一步。因此样本一定要有代表性，样本的选择要注意剔除无效数据和错误数据，要注意统一样本类别和样本数量。一般地，训练样本数越多，训练结果越能正确反映其内在规律。但样本数多到一定程度时，网络的精度也很难再提高。通常，训练样本数取网络连接权总数的5～10倍。

4.5.2 BP网络结构设计

训练样本确定了网络的输入层和输出层的节点数，BP网络的结构设计主要是确定隐层数量、每一隐层的节点数及每一节点神经元激活函数。

1. 隐层数的确定

理论分析证明，具有单隐层的前馈网络可以映射所有连续函数，只有当学习不连续函数(如锯齿波等)时才需要两个隐层，所以 BP 网络最多只需两个隐层。在设计多层 BP 网络时，一般先考虑设计一个隐层。当一个隐层的隐节点数很多仍不能改善网络性能时，才考虑再增加一个隐层。

深度神经网络的研究表明：多隐层的人工神经网络具有优异的特征学习能力，学习得到的特征对数据有更本质的刻画，其在训练上的难度可通过“逐层初始化”来有效克服。

2. 隐层节点数的确定

隐节点的作用是从样本中提取并存储其内在规律。确定最佳隐节点数的一个常用方法称为试凑法。常用的确定隐节点数的经验公式如下：

$$m=\sqrt{n+l}+\alpha \tag{4.33}$$

$$m=\mathrm{lb}\ n \tag{4.34}$$

$$m=\sqrt{nl} \tag{4.35}$$

式中，m 为隐层节点数；n 为输入层节点数；l 为输出节点数；α 为 1～10 之间的常数。可先设置较少的隐节点训练网络，然后逐渐增加隐节点数，用同一样本集进行训练，选择确定网络误差最小时对应的隐节点数。

3. 节点激活函数的确定

只要激活函数是非线性函数，那么它对网络的性能影响不大。神经网络性能的关键在于隐层的数量和隐层节点数。

4. 逼近与泛化的考虑

权值和阈值的总数体现了网络的信息容量，它决定了网络的逼近能力。对于给定的问题与样本集，网络参数太少则不足以表达样本中蕴涵的全部规律；而网络参数太多又将徒增网络的规模与计算复杂度。

隐节点数量的“过设计”可能导致“过拟合”，样本中的噪声也被记住，反而降低了泛化能力。

上述设计采用的是经验与试探相结合的方法。可见，神经网络设计的理论指导仍需完善。研究表明，训练样本数 P、给定训练误差 ε 与网络信息容量 n_w 之间应满足如下匹配关系：

$$P=\frac{n_w}{\varepsilon} \tag{4.36}$$

4.5.3 网络训练与测试

1. 网络权值的初始化

网络权值的初始化决定了网络的训练从误差曲面的哪一点开始，因此初始化方法对缩短网络的训练时间至关重要。S 型激活函数是关于零点对称的，如果节点净输入在零点附近，则其输出在激活函数的中点。这个位置远离饱和区，且变化最为灵敏，会使得网络学习速度较快。

2. 训练样本的组织

网络对所有样本正向输入一轮计算误差并反向修改一次权值称为一次训练，通常训练过程需要成千上万次。训练样本的组织要注意将不同类别的样本交叉输入，或从训练集中随机选择输入样本。这样可以避免同类样本太集中而使网络训练时倾向于只建立与其匹配的映射关系，而当另一类样本集中输入时，权值的调整又转向对前面训练结果的否定。因此，每一轮最好不要按固定的顺序取样本集数据。

3. 泛化测试

泛化能力的测试不能用训练集的数据进行，而要用训练集以外的测试数据来进行检验。一般的作法是将可用样本随机地分为训练集和测试集两部分。如果网络对训练集样本的误差很小，而对测试集样本的误差很大，说明网络已被训练得过度吻合，其泛化能力变差。

用×代表训练集数据，用○代表测试集数据，图 4.7 显示了良好的泛化能力，图 4.8 由于训练过度，失去了相近输入模式间进行泛化的能力。

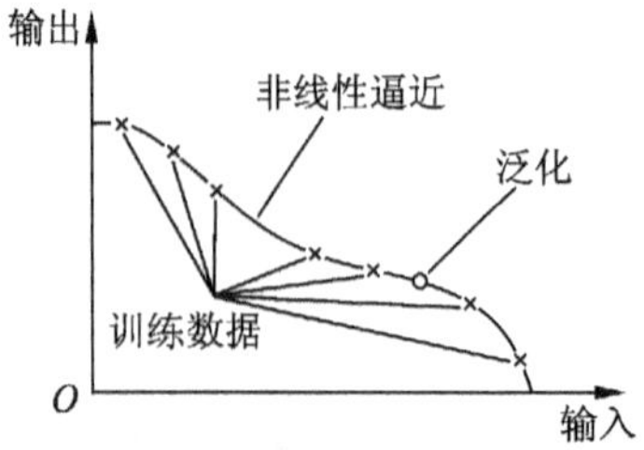

图 4.7　恰当训练获得良好的泛化能力

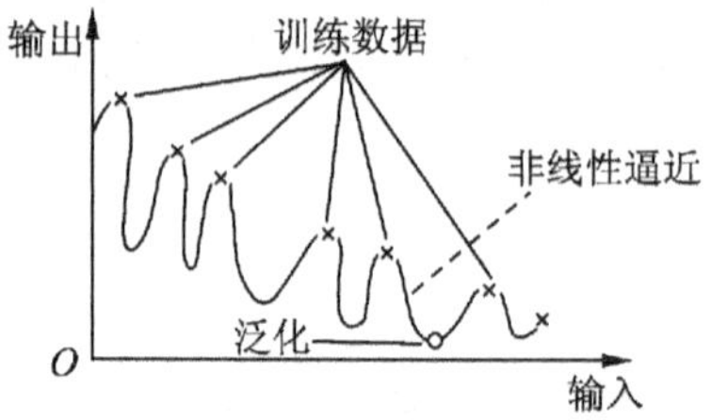

图 4.8　过训练导致失去泛化能力

在隐节点数一定的情况下，为获得好的泛化能力，存在着一个最佳训练次数。当超过这个训练次数时，训练误差继续减小而测试误差开始上升，即出现"过训练"。

4.6　BP 网络的 MATLAB 仿真实例

4.6.1　BP 神经网络的 MATLAB 工具箱

MATLAB 神经网络工具箱提供了 BP 网络分析和设计函数，如表 4－1 所示。在 MATLAB 的命令行中利用 help 命令可得到相关函数的详细介绍。

表 4－1　MATLAB 中 BP 神经网络的重要函数和基本功能

函数名	功　能
newff()	生成一个前馈 BP 网络
tansig()	双曲正切 S 型(Tan－Sigmoid)传输函数
logsig()	对数 S 型(Log－Sigmoid)传输函数
purelin()	纯线性函数
learngd()	基于梯度下降法的学习函数
learngdm()	梯度下降动量学习函数
traingd()	梯度下降 BP 训练函数

1. newff( )

newff()的功能是建立一个前向 BP 网络，其调用格式为

net ＝ newff(PR，[S1 S2…SN1]，{TF1 TF2…TFN1}，BTF，BLF，PF)；

其中：net 为创建的新 BP 神经网络；PR 为网络输入取向量取值范围的矩阵；[S1 S2…SN1]表示网络隐含层和输出层神经元的个数；{TF1 TF2…TFN1}表示网络隐含层和输出

层的传输函数，默认为 tansig；BTF 表示网络的训练函数，默认为 trainlm；BLF 表示网络的权值学习函数，默认为 learngdm；PF 表示性能数，默认为 mse。该函数可以建立一个 N 层前向 BP 网络。各神经元权值和阈值的初始化函数为 initnw，网络的自适应调整函数为 trains，并根据指定的学习函数对权值和阈值进行更新，网络的训练函数由用户指定。

2. tansig( )与 logsig( )

tansig()为 Tan - Sigmoid 激活函数，logsig()为 Log - Sigmoid 激活函数。它们是可导函数，把神经元的输入范围从(−∞，+∞)映射到(−1，1)。

3. learngd( )、learngdm( )与 traingd( )

learngd()函数为梯度下降权值/阈值学习函数，它通过神经元的输入和误差，以及权值/阈值的学习效率来计算权值/阈值的变化率。

learngdm()函数为梯度下降动量学习函数，它利用神经元的输入和误差、权值/阈值的学习速率和动量常数来计算权值/阈值的变化率。

traingd 函数为梯度下降 BP 算法函数。traingdm 函数为梯度下降动量 BP 算法函数。traingd 有 7 个训练参数：epochs，show，goal，time，min_grad，max_fail 和 lr。这里 lr 为学习速率。训练状态将每隔 show 次显示一次。其他参数决定训练什么时候结束。如果训练次数超过 epochs，性能函数低于 goal，梯度值低于 min_grad 或者训练时间超过 time，训练就会结束。

4.6.2 BP 网络仿真实例

例 4.1 设计一 BP 网络实现对非线性函数 $f(x)=\sin(\pi/4*x)$的逼近。

(1) 建立 BP 神经网络。

应用 newff()函数建立 BP 网络结构，隐层神经元数目 n 可以改变，暂设为 $n=3$。输出层有一个神经元。选择隐层和输出层神经元传递函数分别为 tansig 函数和 purelin 函数，网络训练的算法采用 Levenberg - Marquardt 算法 trainlm。

```
n=3;
net = newff(minmax(p), [n, 1], {'tansig' 'purelin'}, 'trainlm');
```

对于未经训练初始网络，可以应用 sim()函数观察网络输出。神经网络的输出曲线与原函数的比较如图 4.9 所示。newff()函数初始化网络时，权值/阈值是随机的，而且运行的结果也时有不同。

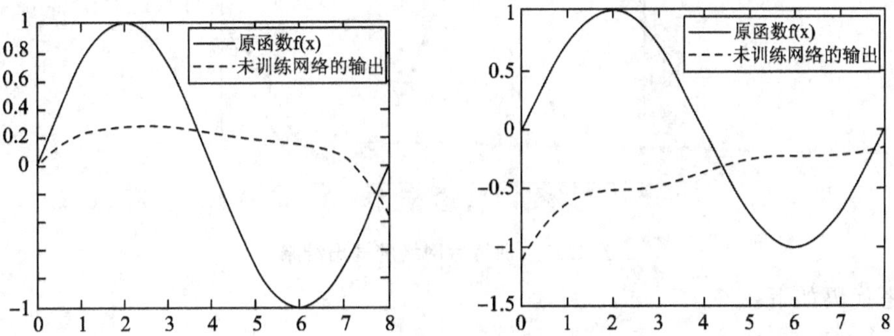

图 4.9　未训练网络的输出结果

(2) 训练 BP 神经网络。

应用 trainlm 函数进行训练，网络训练参数设置为：训练时间为 50，训练精度为 0.01，其余参数使用缺省值。

```
net.trainParam.epochs=50;
net.trainParam.goal=0.01;
```

训练 5 步达到了性能要求 0.01，误差下降曲线如图 4.10 所示。

```
TRAINLM, Epoch 0/50, MSE 0.452166/0.01, Gradient 46.9434/1e-010
TRAINLM, Epoch 5/50, MSE 0.00783094/0.01, Gradient 11.4114/1e-010
TRAINLM, Performance goal met.
```

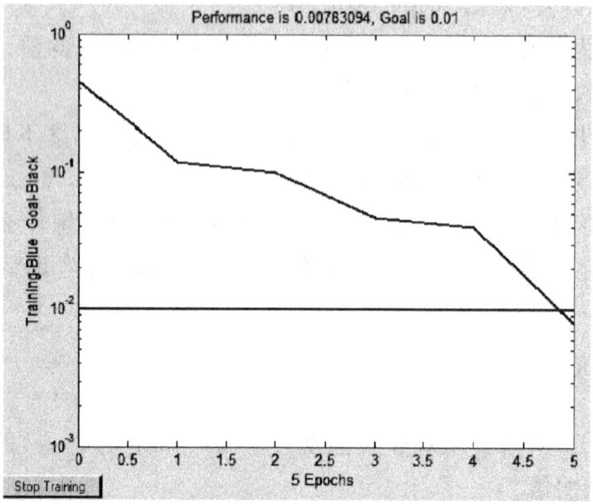

图 4.10　训练过程

(3) 网络测试。

图 4.11 给出了对训练好的神经网络仿真结果与原函数、未训练网络仿真结果的比较。可以看出，训练后的 BP 神经网络对非线性函数的逼近取得了较好的效果。

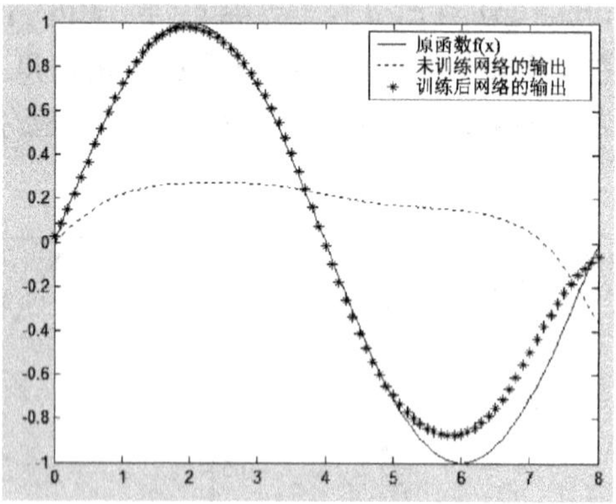

图 4.11　训练后网络的输出结果

参考代码如下：

```
k=1;
p=[0:.1:8];
```

```
t=sin(k * pi/4 * p);
n=3;
net = newff(minmax(p),[n, 1], {'tansig' 'purelin'}, 'trainlm');
y1=sim(net, p);
plot(p, t,' -' , p, y1 ,':')
legend('原函数 f(x)','未训练网络的输出')
net.trainParam.epochs=50;
net.trainParam.goal=0.01;
net=train(net, p, t);
y2=sim(net, p);
figure;
plot(p, t, '-', p , y1 ,':' , p, y2 , '*')
legend('原函数 f(x)','未训练网络的输出','训练后网络的输出')
```

(4) 讨论。

这里讨论非线性逼近能力和隐层神经元的关系。图 4.12 和图 4.13 给出了当隐层神经元数目分别取 $n=3$ 和 $n=6$ 时对非线性函数 $f(x)=\sin(2*\pi/4*x)$ 的逼近效果。显然，函数 $f(x)=\sin(2*\pi/4*x)$ 相对于 $f(x)=\sin(\pi/4*x)$ 非线性程度高。

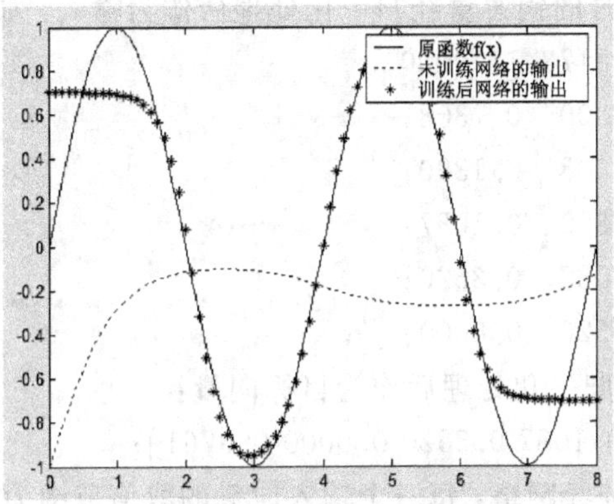

图 4.12 当 $n=3$ 时，训练 5000 步网络的输出结果

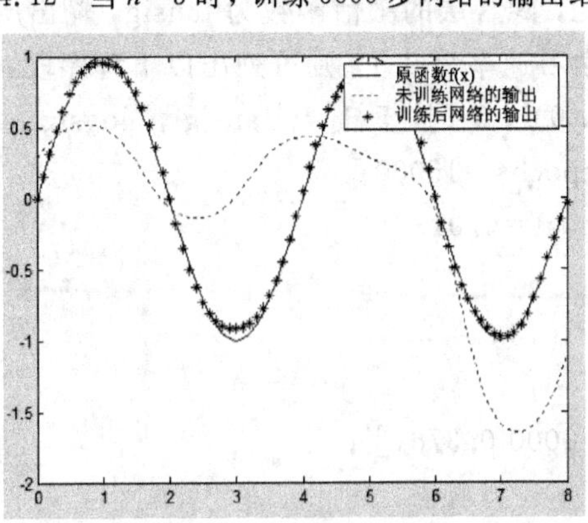

图 4.13 当 $n=6$ 时，训练 5 步网络的输出结果

当 $n=3$ 时，网络训练 5000 步尚未达到 0.01 的精度要求，神经网络的逼近情况如图 4.12所示。图 4.13 给出了当 $n=6$ 时，训练 5 步，网络的输出结果。

由此可见，隐层神经元的数目对于网络逼近效果有一定影响。网络非线性程度越高，对于 BP 网络的要求越高。一般来说，隐层神经元数目越多，则 BP 网络逼近非线性函数的能力越强。

例 4.2　表 4-2 为某药品的销售情况，现构建一个三层 BP 神经网络对药品的销售进行预测：输入层有 3 个结点，隐含层结点数为 5，隐含层的激活函数为 tansig；输出层结点数为 1 个，输出层的激活函数为 logsig。并利用此网络对药品的销售量进行预测，预测方法采用滚动预测方式，即用前三个月的销售量来预测第四个月的销售量，如用 1、2、3 月的销售量为输入预测第 4 个月的销售量，用 2、3、4 月的销售量为输入预测第 5 个月的销售量。

表 4-2　药品销售情况表

月份	1	2	3	4	5	6
销量	2056	2395	2600	2298	1634	1600
月份	7	8	9	10	11	12
销量	1873	1478	1900			

解　首先，将每三个月的销售量经归一化处理后作为输入，如下所示：

```
P=[0.5152   0.8173   1.0000;
   0.8173   1.0000   0.7308;
   1.0000   0.7308   0.1390;
   0.7308   0.1390   0.1087;
   0.1390   0.1087   0.3520;
   0.1087   0.3520   0.0000; ]';
```

以第四个月的销售量归一化处理后作为目标向量：

```
T=[0.7308 0.1390 0.1087 0.3520 0.0000 0.3761];
```

然后，创建一个 BP 神经网络，每一个输入向量的取值范围为[0, 1]，隐含层有 5 个神经元，输出层有 1 个神经元，隐含层的激活函数为 tansig，输出层的激活函数为 logsig，训练函数为梯度下降函数，学习速率为 0.1，则可列出以下程序段：

```
net=newff([0 1; 0 1; 0 1],[5,1],{'tansig', 'logsig'}, 'traingd');
net.trainParam.epochs=15000;
net.trainParam.goal=0.01;
LP.lr=0.1;
net=train(net, P, T);
y=sim(net, P);
P1=[0.3520   0.0000 0.3761]';
y1=sim(net, P1);
```

以上是神经网络的训练过程。当训练结束后，输入前三个月销量的归一化值，通过训练好的神经网络预测第四个月的销量，可得预测结果如图 4.14 所示。由图可以看出，预测效果与实际存在一定误差，但基本接近。y1 通过 7、8、9 月数据实现了第 10 月的预测。图中也给出了基于前 3 季度数据对 10～12 月的销量预测情况。

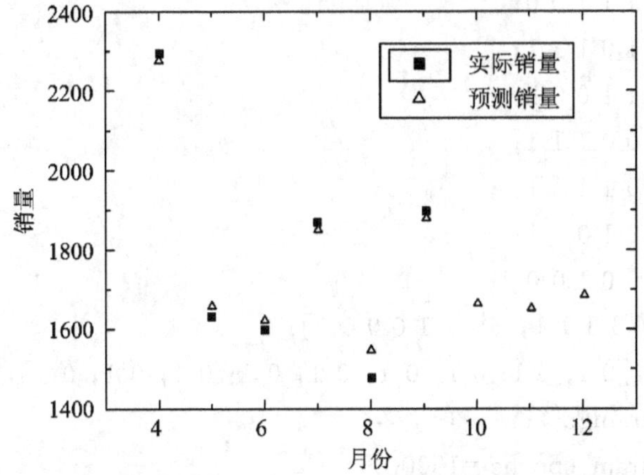

图 4.14 实际与预测效果对比

例 4.3 考虑旋转的可能，字母 T 与 L 分别有如图 4.15 所示的四种可能出现的图像，试设计一前馈型神经网络识别字母 T 与 L。要求：① 画图说明所设计神经网络的网络结构；② 写出训练样本集；③ 编写 MATLAB 程序，解决该问题。

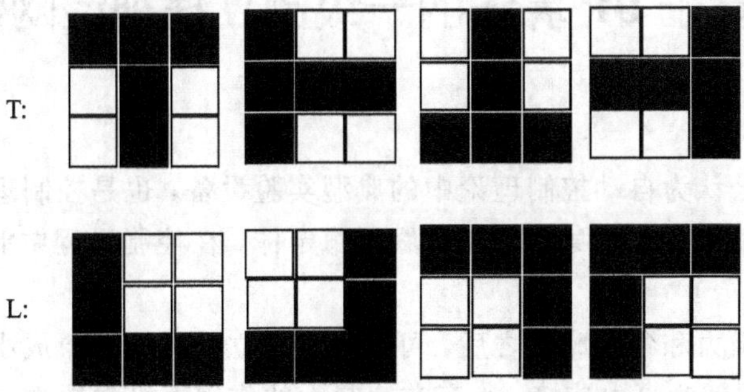

图 4.15 待识别的 T 与 L 可能出现的图像

根据实际求解问题，可确定神经网络结构：输入层有 9 个神经元，隐层有若干个神经元，输出层有 1 或两个神经元。选取不同数目的神经元，后续程序代码将有所不同，这里以输出两个神经元为例说明。

按从上到下、从左至右的顺序编码，黑用 1 表示，白用 0 表示。输出层采用两个神经元，输出 01 代表 T，10 代表 L。相应的 8 个训练样本为

X1=[111010010]　O1=[01]；
X2=[100111100]　O2=[01]；
X3=[010010111]　O3=[01]；
X4=[001111001]　O4=[01]；
X5=[100100111]　O5=[10]；
X6=[001001111]　O6=[10]；
X7=[111001001]　O7=[10]；
X8=[111100100]　O8=[10]；

参考代码如下：

```
P=[1 1 1 0 1 0 0 1 0 ;
   1 0 0 1 1 1 1 0 0;
   0 1 0 0 1 0 1 1 1;
   0 0 1 1 1 1 0 0 1;
   1 0 0 1 0 0 1 1 1;
   0 0 1 0 0 1 1 1 1;
   1 1 1 0 0 1 0 0 1;
   1 1 1 1 0 0 1 0 0]';
T=[0 0 0 0 1 1 1 1; 1 1 1 1 0 0 0 0];
net=newff([0 1; 0 1; 0 1; 0 1; 0 1; 0 1; 0 1; 0 1; 0 1],[5, 2], {'tansig', 'logsig'}, 'traingd');
net.trainParam.epochs=15000;
net.trainParam.goal=0.01;
LP.lr=0.1;
net=train(net, P, T);
```

4.7 基于BP算法的一级倒立摆神经网络控制

4.7.1 倒立摆系统

倒立摆系统被公认为自动控制理论中的典型实验设备，也是控制理论教学和科研中不可多得的典型物理模型，它本身是一个自然不稳定体，在控制过程中能够有效地反映控制中的许多关键问题。

在忽略了空气阻力和各种摩擦之后，可将一级倒立摆系统抽象成小车和匀质杆组成的系统，摆杆与小车之间为自由连接，小车在控制力的作用下沿滑轨在 x 方向运动，控制目的是使倒立摆能够尽可能稳定在铅直方向，同时小车的水平位置也能得到控制。一级倒立摆系统结构如图 4.16(a)所示，系统控制原理如图 4.16(b)所示。

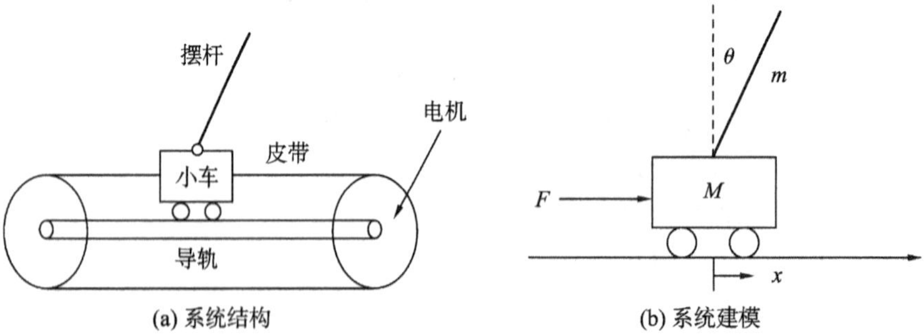

图 4.16　一级倒立摆系统

一级倒立摆系统可由如下非线性微分方程描述：

$$\begin{cases}\ddot{\theta}=\dfrac{(M+m)g\sin\theta-\cos\theta(f+ml\,\dot{\theta}^2\sin\theta)}{4/3\cdot(M+m)l-ml\cos^2\theta}\\ \ddot{x}=\dfrac{f+ml(\dot{\theta}\sin\theta-\ddot{\theta}\cos\theta)}{M+m}\end{cases}\tag{4.37}$$

式中参数的意义说明如下：M 为小车质量；m 为摆杆质量；l 为摆杆转动轴心到杆质心的长度；F 为加在小车的力；x 为小车位移，小车在轨道正中为 0；θ 为摆杆偏离竖直方向的角度，顺时针方向为正。

4.7.2 仿真模型的建立

基于 Simulink 环境，一级倒立摆神经网络控制仿真模型如图 4.17 所示，它可由 MATLAB 6.5 自带的一个模糊控制仿真模型 slcp.mdl 进行修改得到，它主要包括一级倒立摆动力学模型子系统和神经控制器子系统。仿真的具体参数为：摆杆的质心到对应转轴的距离 $l=0.5$ m；轨道长为 4 m。小车质量 $M=1$ kg，摆杆质量 $m=0.1$ kg。

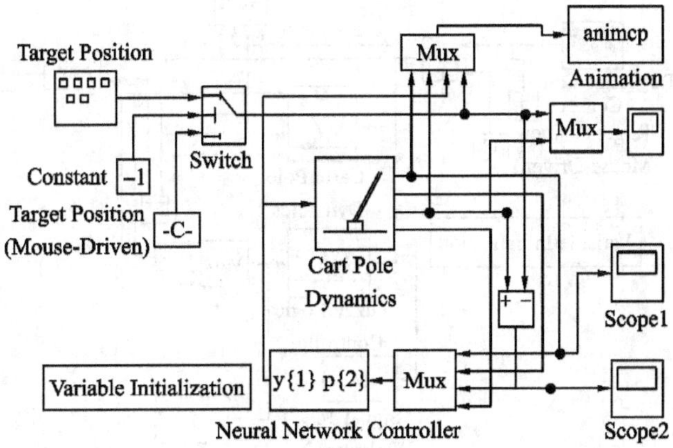

图 4.17 一级倒立摆神经网络控制仿真模型

4.7.3 BP 神经网络控制器的设计

BP 神经网络控制器的设计包含几个方面：

(1) 输入、输出变量的确定；

(2) 神经网络结构的确定(网络的层数、每层节点数)；

(3) 神经网络参数的确定(通过训练获得阈值、传输函数及参数等)。

1. BP 神经网络初始化

训练神经网络之前，首先应确定所选用的网络类型，并进行初始化。这可利用神经网络工具箱中 BP 神经网络初始化函数 newff( )来完成。初始化内容包括选择网络的层数、每层节点数、初始权值、阈值、节点传输函数及参数等。

这里，BP 神经网络控制器的四个输入分别对应了一级倒立摆系统的四个控制参量：小车的位移(仿真中为小车位移与设定位移之差)和速度、摆杆的角度和角速度。根据倒立摆模型的特点，四个量的阈值分别设定为[−0.35 0.35]、[−1 1]、[−3 3]、[−3 3]。定义网络为两层 BP 网络，输出层有 1 个节点。输入层到隐层传递函数为 tansig，隐层到输出层的传递函数为 purelin，训练函数使用 trainlm，学习函数使用 learndm，性能函数为 mse。由输入层节点数为 4，输出层节点数为 1，隐层节点数根据经验公式计算如下：

$$n=\sqrt{n_i+n_o}+a=\sqrt{4+1}+10\approx 12 \tag{4.38}$$

其中，a 为[1，10]间的任意常数。

针对一级倒立摆仿真，初始化 BP 神经网络控制器的命令为

```
net=newff([-0.35 0.35; -11; -33; -33], [12 1], {'tansig', 'purelin'},
'trainlm', 'learngdm');
```

2. 训练数据的提取和 BP 神经网络的训练

神经网络训练数据来源于 MATLAB 6.5 自带的一阶 T-S 型模糊控制 slcp. mdl。如图4.18 所示，分别提取摆角、角速度、位移、速度初始条件为[0.5rad，1rad/s，0，0]的输出响应，并使用函数 trainlm()训练。

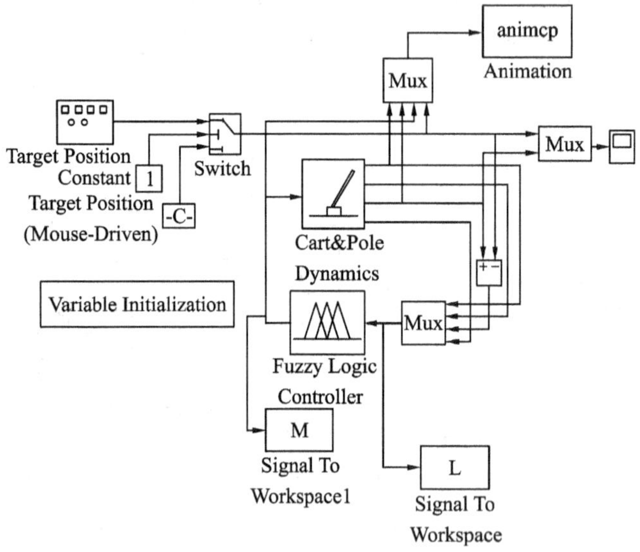

图 4.18　数据提取

具体步骤为：利用 Signal To Workspace 模块获取一阶 T-S 型模糊控制仿真过程的控制器输入/输出数据对，并保存到工作区中。图中输入部分是一个形式为输入个数×训练数据个数的矩阵，这里输入个数为 4。目标输出为一个输出个数×训练数据个数的矩阵，这里输出个数为 1。而经 signal to workspace 模块提取出的数据为一个训练数据个数×输入(或输出)个数的矩阵，因此应分别将 ***I***、***O*** 转置后就得到标准训练数据 ***P***、***T***。

接着选择要训练的步数，训练步数可定义为 250 步：

```
net.trainParam.epochs=250
```

在没有输入延迟和输出延迟的条件下，设训练后的网络名为 NET，便可对网络进行训练：

```
[net, tr]=train(net, P, T, [], []);
```

完整的程序为

```
P=L';
```

```
T=M';
net=newff([-0.35 0.35; -11; -33; -33],[12 1],{'tansig','purelin'},
'trainlm','learngdm');
net.trainParam.show=25;
net.trainParam.epochs=250;
[net, tr]=train(net, P, T, [], []);
```

命令行窗口显示的训练过程如下：

```
TRAINPSO, Epoch 0/250, MSE 7.83354/0, Gradient 25332.1/1e-010
TRAINPSO, Epoch 25/250, MSE 0.00101132/0, Gradient 161.901/1e-010
TRAINPSO, Epoch 50/250, MSE 1.64839e-005/0, Gradient 11.931/1e-010
TRAINPSO, Epoch 75/250, MSE 8.73611e-006/0, Gradient 2.34095/1e-010
TRAINPSO, Epoch 100/250, MSE 6.35234e-006/0, Gradient 0.759865/1e-010
TRAINPSO, Epoch 125/250, MSE 2.83285e-006/0, Gradient 7.79206/1e-010
TRAINPSO, Epoch 150/250, MSE 1.57915e-006/0, Gradient 3.65028/1e-010
TRAINPSO, Epoch 175/250, MSE 1.21574e-006/0, Gradient 1.75607/1e-010
TRAINPSO, Epoch 200/250, MSE 1.05538e-006/0, Gradient 0.912357/1e-010
TRAINPSO, Epoch 225/250, MSE 9.64929e-007/0, Gradient 0.474744/1e-010
TRAINPSO, Epoch 250/250, MSE 9.05201e-007/0, Gradient 0.238605/1e-010
```

误差下降曲线如图 4.19 所示。从图中可以看出，经过 250 步训练，控制器输出与期望输出间的误差已经很小了。

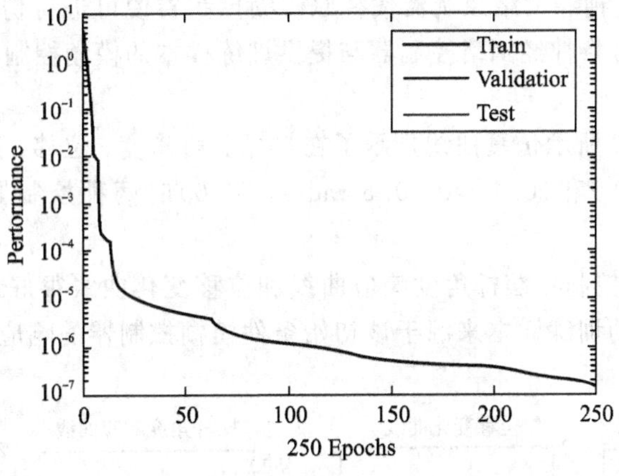

图 4.19　训练误差曲线

训练完以后，用语句 gensim(net, -1)可以在 Simulink 里生成控制器并使用其进行控制，其中-1 的意思是系统是实时的。生成的神经网络控制器结构如图 4.20 所示。

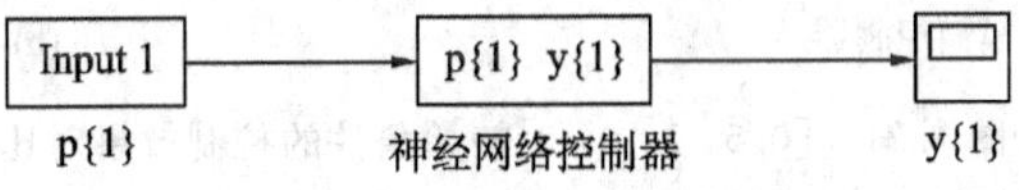

(a) 外部结构

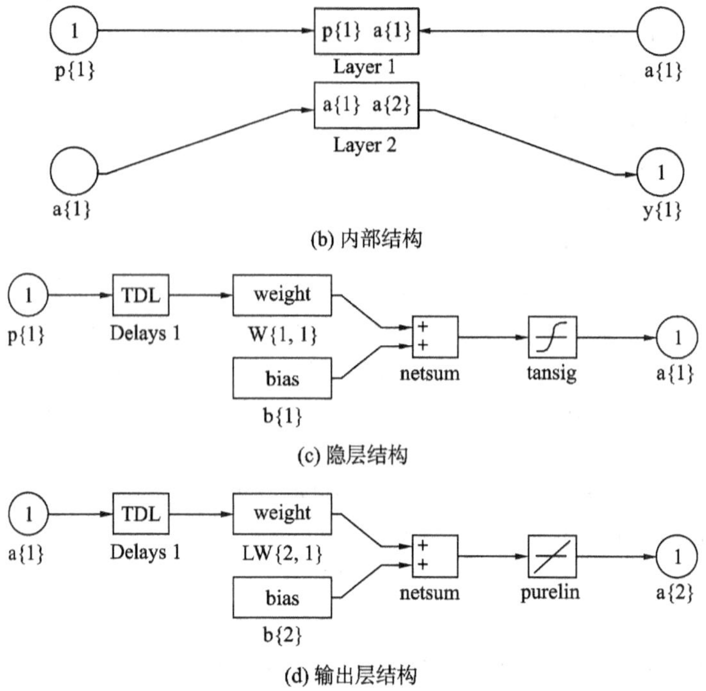

图 4.20　BP 神经网络结构

4.7.4　神经网络控制器控制仿真实验

使用训练后的 BP 神经网络控制器代替原模糊控制器便可进行仿真试验。为分析上述方法设计的控制器，可将神经网络控制器与提供训练样本的模糊控制器在不同初始条件下进行比较。

图 4.21 和图 4.22 所示仿真曲线显示了在摆角、角速度、位移、速度初始条件分别为(0.5rad，1rad/s，0，0)和(0.1 rad，0.5 rad/s，0，0)时两种控制器的摆角和位移的响应曲线。

图 4.21 中，神经控制器摆杆角度响应曲线和位移变化曲线很好地逼近了原模糊控制器。因为神经控制器的训练样本来源于该初始条件模糊控制器的响应，神经网络实现了对样本数据的逼近。

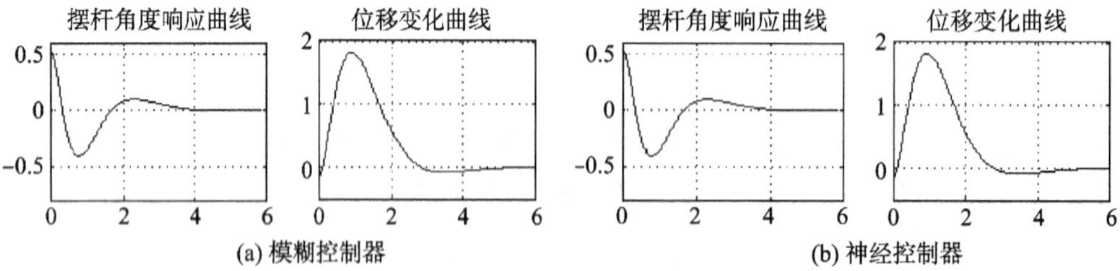

图 4.21　[0.5，1，0，0]初始条件的控制效果对比

图 4.22 中，神经控制器的性能优于原模糊控制器，调节时间明显比模糊控制器的短。这体现了神经网络一定的泛化能力。

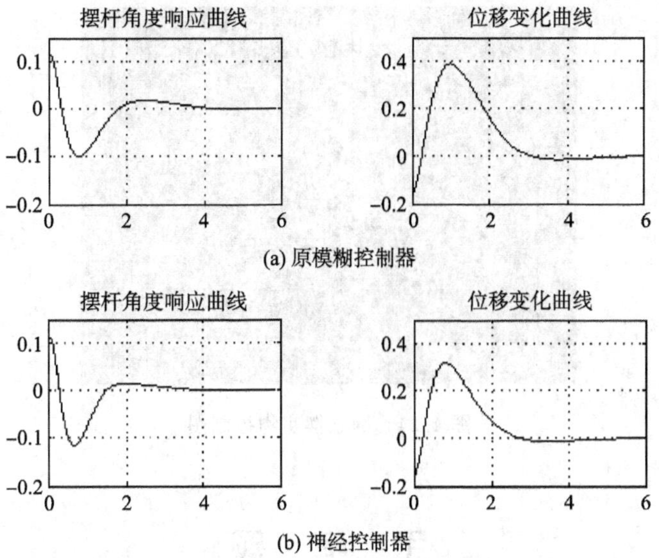

图 4.22　[0.1，0.5，0，0]初始条件的控制效果对比

4.7.5　神经网络实物控制实验

上述仿真实验简单易行，不要求硬件设备，结果也比较直观。基于固高倒立摆系统，可进一步进行实物控制。

一级倒立摆硬件框图如图 4.23 所示，软件环境基于 MATLAB/Simulink。运动控制卡的接口函数利用 S - Function 封装，即可在 Simulink 环境中用这些模块搭建成控制系统，从而实现在 Simulink 环境下倒立摆的实时控制。这种方法通过模块化搭建，简单方便，添加 scope 模块可以保存系统实时控制时的各种中间数据，方便实验结果的分析处理。神经控制器可通过采集和分析实物系统其他控制器的数据训练得到，也可利用仿真实验中的控制器得到，但要注意模型参数是否匹配。

倒立摆系统包含倒立摆本体、电控箱及由控制卡和普通 PC 组成的控制平台等三大部分。

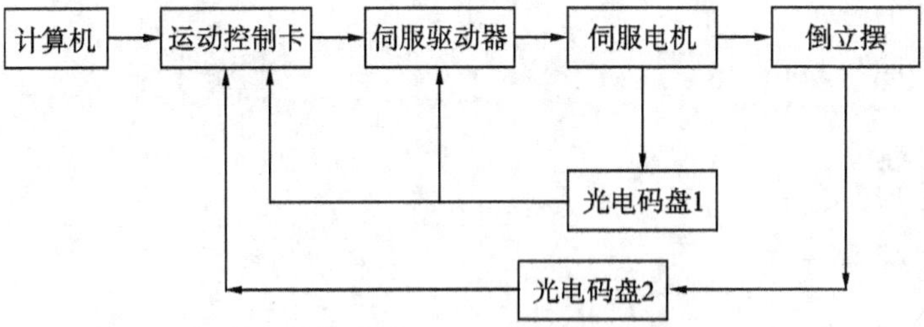

图 4.23　固高倒立摆系统硬件框图

采用上述方法设计的神经控制器成功地将一级倒立摆非常平稳地控制在摆体初始位置附近，如图 4.24 所示。用小棒敲击摆杆施加较大扰动，一级倒立摆偏离摆体初始位置后立即被调整回初始位置。

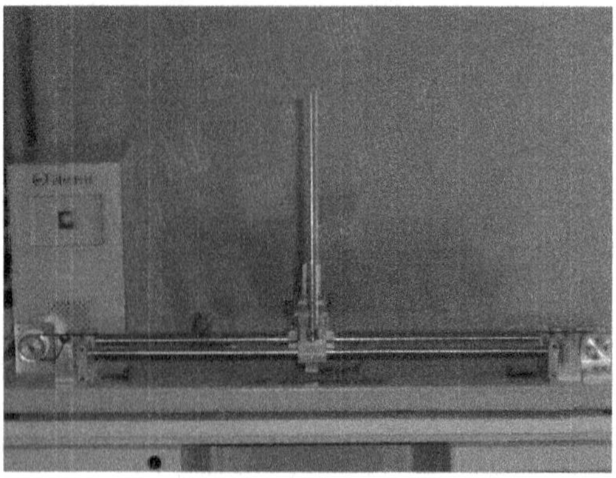

图 4.24 倒立摆实物控制图

思 考 题

1. 试说明标准 BP 算法容易形成局部极小的原因。
2. 试说明神经网络的有导师学习和无导师学习方式，对于每种方式再各举两例。
3. BP 神经网络设计中输入/输出数据归一化的原因是什么？
4. 试说明 BP 神经网络的训练过程。BP 神经网络的训练次数越多越好么？为什么？
5. 参见 6.5.1 节，试设计一前馈型神经网络预测第七天的负荷情况。画图说明所设计神经网络的网络结构；写出训练样本集；编写 MATLAB 程序，解决该问题，要求给出代码注释。

第五章　径向基神经网络

BP 神经网络是一种全局逼近网络，其学习算法对每一个样本数据对网络的权值均需调整。因此，全局逼近网络学习速度较慢，难以满足实时性要求。而局部逼近网络对于每个样本数据对只有少量的连接权值需要进行调整，故其学习速度快、实时性强。

径向基函数(Radial Basis Function，RBF)网络正是一种前馈型局部逼近神经网络。RBF 神经网络与 BP 神经网络一样都是通用逼近器，都是非线性多层前向网络。RBF 神经网络广泛应用于非线性函数逼近、时间序列分析、模式识别、信号处理、系统建模、控制和故障诊断等领域。

5.1　径向基网络的模型

1985 年，Powell 提出了多变量值的径向基函数方法。1988 年，Broomhead 和 Lowe 首先将 RBF 应用于神经网络设计，构成了径向基函数神经网络，即 RBF 神经网络。

RBF 网络是单隐层的前向网络，它由三层构成：第一层是输入层，第二层是隐含层，第三层是输出层。图 5.1 给出了 RBF 网络的结构表达，该网络只有一个隐层，且隐层神经元与输出层神经元的模型不同。其隐层节点激活函数为径向基函数，输出层节点激活函数为线性函数。

RBF 神经网络的基本思想是：用径向基函数作为隐单元的“基”，构成隐含层空间，隐含层对输入矢量进行变换，将低维的模式输入数据变换到高维空间内，使得在低维空间内的线性不可分问题在高维空间内线性可分。

根据隐节点的个数，RBF 网络有两种模型：正规化网络(Regularization Network)和广义网络(Generalized Network)。

5.1.1　正规化 RBF 网络

正规化网络隐单元的个数与训练样本的个数相同。图 5.1 中正规化网络的输入层有 M 个神经元，其中任一神经元用 m 表示；若训练样本有 N 个，则隐层有 N 个神经元，任一神经元用 i 表示，$\phi_i(\cdot)$表示第 i 个隐节点的激活函数；输出层有 J 个神经元，其中任一神经元用 j 表示。隐层与输出层连接权值用 w_{ij} $(i=1, 2, \cdots, N, j=1, 2, \cdots, J)$表示。

隐层节点激活函数为径向基函数，对于 n 维空间的一个中心点它具有径向对称性。若神经元的输入离该中心点越远，则神经元的激活程度就越低，隐节点的这个特性常被称为“局部特性”。

径向基函数 $\phi(\cdot)$可取多种形式，式(5.1)～式(5.3)给出了几种常见函数，其曲线形状如图 5.2 所示。式中，$\delta>0$ 称为该基函数的扩展常数或宽度。δ 越小，则径向基函数的扩展宽度就越小，其选择性也越强。图 5.2 中各曲线的扩展常数均为 1。

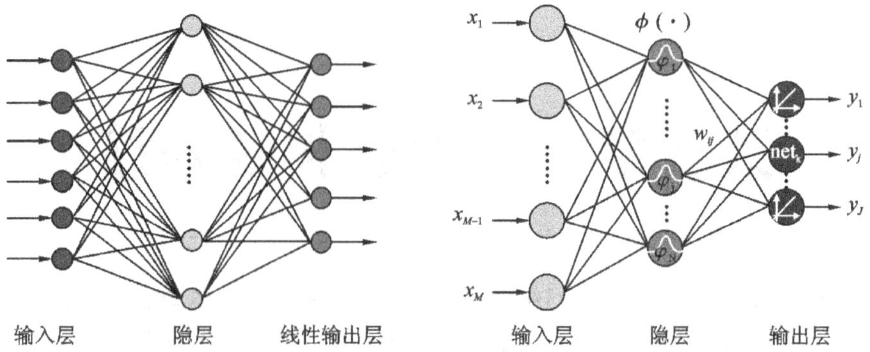

图 5.1　正规化网络

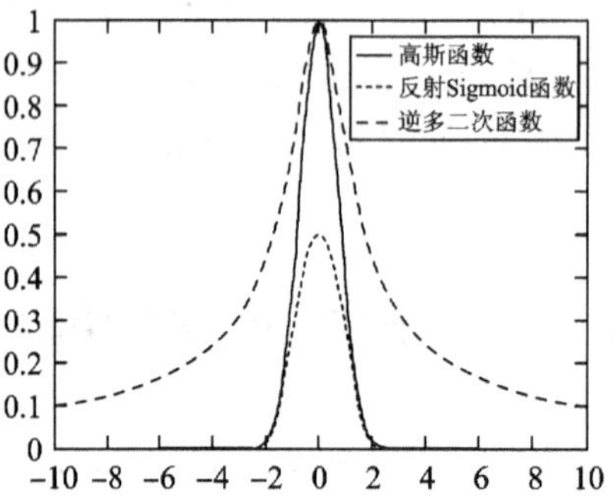

图 5.2　几种径向基函数

（1）高斯函数：

$$\phi(u)=\mathrm{e}^{-\frac{u^2}{\delta^2}} \tag{5.1}$$

（2）反射 Sigmoid 函数

$$\phi(u)=\frac{1}{1+\mathrm{e}^{\frac{u^2}{\delta^2}}} \tag{5.2}$$

（3）逆多二次函数

$$\phi(u)=\frac{1}{(u^2+\delta^2)^{\frac{1}{2}}} \tag{5.3}$$

设训练样本集 $X=[X_1, X_2, \cdots, X_k, \cdots, X_N]^{\mathrm{T}}$，任一训练样本 $X_k=[x_{k1}, x_{k2}, \cdots, x_{km}, \cdots, x_{kM}]$，其中$(k=1, 2, \cdots, N)$，对应的实际输出为 $Y_k=[y_{k1}, y_{k2}, \cdots, y_{kj}, \cdots, y_{kJ}]$，其中$(k=1, 2, N)$。

当 RBF 网络输入训练样本为 X_k时，网络第 j 个输出神经元的实际输出为

$$y_{kj}(X_k)=\sum_{i=1}^{N} w_{ij}\phi_{ki}(\|x_{ki}-c_i\|),\quad j=1, 2, \cdots, J \tag{5.4}$$

其中，c_i表示网络中第 i 个隐节点的数据中心值，$\phi_{ki}(\|x_{ki}-c_i\|)$表示该节点的输出。输出层节点激活函数为线性函数，它完成隐层节点输出加权。一般而言，基函数非线性形式对网络性能影响不大，函数中心的选取才是影响网络性能的关键。

由式(5.4)可见：只要隐单元足够多，它就可以逼近任意 M 元连续函数。换言之，对任一未知的非线性函数，总存在一组权值使得 RBF 网络对该函数的逼近效果最好。

5.1.2　广义 RBF 网络

正规化网络的训练样本 X_K 与基函数 $\phi_k(\cdot)$是一一对应的。当 N 很大时隐层节点增多，计算量将大得惊人，在求解网络的权值时容易产生病态问题。为解决这一问题可以用 Galerkin 方法来减少隐层神经元的个数。

如图 5.3 所示。广义网络的输入层有 M 个神经元，其中任一神经元用 m 表示；假设训练样本有 N 个，隐层有 $I(I<N)$个神经元，任一神经元用 i 表示，第 i 个隐单元的激励输出为基函数 $\phi(X, c_i)$，其中 $c_i=[c_{i1}, c_{i2}, \cdots, c_{im}, \cdots, c_{iM}](i=1, 2, \cdots, l)$为基函数的中心；输出层有 J 个神经元，其中任一神经元用 j 表示。隐层与输出层连接权值用 $w_{ij}(i=1, 2, \cdots, N, j=1, 2, \cdots, J)$表示。

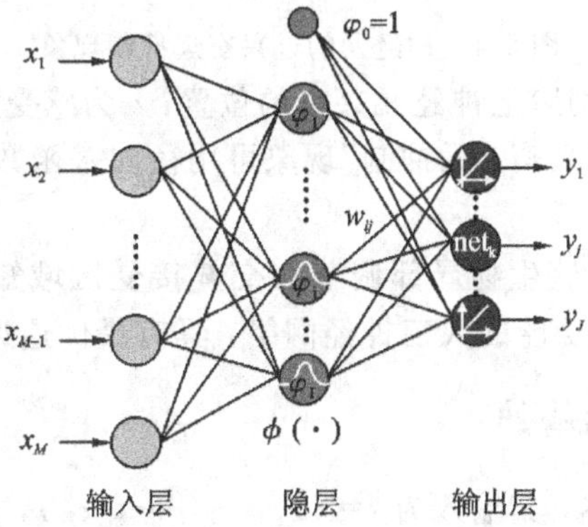

图 5.3　广义网络

图 5.3 中，输出单元还设置了阈值 b。其做法是令隐含层的一个神经元 G_0 的输出 ϕ_0 恒为"1"，而令输出单元与其相连的权值为 $w_{0j}(j=1, 2, \cdots, J)$，这样 b 可表示为 $b=w_{0j}*\phi_0$。设置了阈值参数 b 的目的是补偿样本平均值与目标平均值间的差别。

当网络输入训练样本为 X_k 时，网络第 j 个输出神经元的实际输出为

$$y_{kj}(X_k)=w_{0j}+\sum_{i=1}^{N}w_{ij}\phi(X_k, c_i),\quad j=1, 2, \cdots, J \tag{5.5}$$

广义 RBF 网络与正规化 RBF 网络的不同在于：

(1) 径向基函数的个数 M 与样本的个数 N 不相等，且 M 常常远小于 N；

(2) 径向基函数的中心不再限制在数据点上，而是由训练算法确定；

(3) 各径向基函数的扩展常数不再统一，其值由训练算法确定；

(4) 输出函数的线性中包含阈值参数，用于补偿基函数在样本集的平均值与目标值的平均值之间的差别。

5.1.3　RBF 网络的生理学基础

RBF 网的隐节点的局部特性主要是模仿了某些生物神经元的"近兴奋、远抑制"(On-center Off-surround)功能。灵长类动物视网膜上的感光细胞通过光生化反应产生的光感受器电位和神经脉冲就是沿着视觉通路传播到视皮层。每个视皮层，外侧膝状体的神经元或视网膜元细胞在视网膜上均有其特定的感受野。感受野是指能影响某一视神经元反应

的视网膜或视野的区域。如图 5.4 所示，感受野呈圆形，具有“近兴奋、远抑制”或“远兴奋、近抑制”的特点。

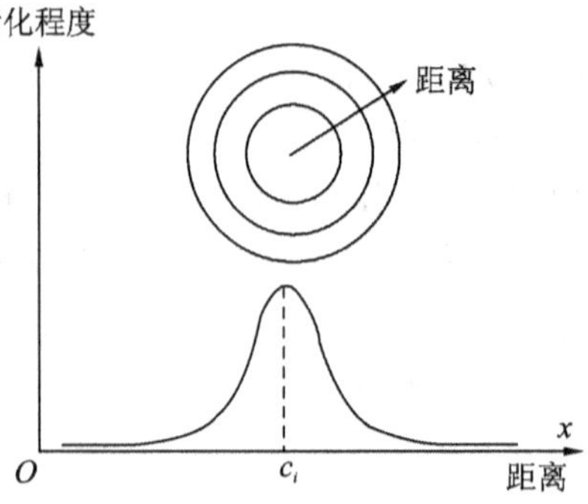

图 5.4　神经元的近兴奋远抑制现象

图中，x 为光束引起视网膜上神经元兴奋的位置；c_i为感受野的中心，对应于神经元最兴奋的位置。显然，这种“近兴奋、远抑制”现象可用径向基函数 $\phi_i(x)=\phi(\|x_{ki}-c_i\|)$进行建模。

RBF 神经网络正是在借鉴生物局部调节和交叠接受区域知识的基础上提出的一种采用局部权值修正来实现映射功能的人工神经网络，具有最优逼近和全局逼近的特点。

5.1.4　RBF 网络的数学基础

假定共有 N 个学习样本，其输入为 $s=(x_1, x_2, \cdots, x_N)$，相应的样本输出，即教师信号(单输出)为 $t=(y_1, y_2, \cdots, y_N)$。

所谓的多变量内插问题是指寻找函数 F 使得满足以下的内插条件：

$$y_i=F(x_i) \tag{5.6}$$

这是一个非常经典的数学问题，可以有多种解决方案。

1. Lagrange 基函数

设函数 $y=f(x)$在区间$[a, b]$上有定义，且给出一系列点上的函数值 $y_i=f(x_i)(i=0, 1, 2, \cdots, n)$，求作 n 次多项式 $pn(x)$ 使得

$$p_n(x_i)=y_i \quad (i=0, 1, 2, \cdots, n)$$

函数 $p_n(x)$为 $f(x)$的插值函数；$x_0, x_1, \cdots, x_n$ 称为插值节点或简称节点。插值节点所在的区间$[a, b]$称为插值区间。$P_n(x_i)=y_i$称为插值条件。

构造的 n 次多项式可表示为

$$P_n(x)=a_0+a_1x+a_2x^2+\cdots+a_nx^n \tag{5.7}$$

1）当 $n=1$ 时，为线性插值

插值问题可描述为：已知(x_0, y_0)，(x_1, y_1)两点，求 $P_1(x)=a_0+a_1x$ 使得 $P_1(x_0)=y_0$，$P_1(x_1)=y_1$。

该问题是过两点求一直线，直线方程为

$$L_1(x)=\frac{x-x_1}{x_0-x_1}y_0+\frac{x-x_0}{x_1-x_0}y_1=\sum_{i=0}^{1}l_i(x)y_i \tag{5.8}$$

2）当 $n=2$ 时，为抛物线插值

插值问题可描述为：已知(x_i, y_i)，$i=0, 1, 2$，求 $P_2(x)=a_0+a_1x+a_2x^2$ 使得

$P_2(x_0)=y_0$，$P_2(x_1)=y_1$，$P_2(x_2)=y_2$。

该问题是过三点求一抛物线，抛物线方程为

$$L_2(x)=\frac{(x-x_1)(x-x_2)}{(x_0-x_1)(x_0-x_2)}y_0+\frac{(x-x_0)(x-x_2)}{(x_1-x_0)(x_1-x_2)}y_1+\frac{(x-x_0)(x-x_1)}{(x_2-x_0)(x_2-x_1)}y_2$$
$$=\sum_{i=0}^{2}l_i(x)y_i \tag{5.9}$$

式(5.8)与式(5.9)中，$l_i(x)=\prod_{\substack{j\neq i\\ j=0}}^{n}\frac{(x-x_j)}{(x_i-x_j)}$称为 Lagrange 基函数。插值函数 $P_n(x)$可表达为 Lagrange 基函数的线性组合。

2. 径向基函数

内插问题也可采用径向基网络来解决。径向基函数是指某种沿径向对称的标量函数，通常定义为空间中任一点 X 到某一中心 c_i之间欧氏距离的单调函数。

设有 P 个输入样本 X_p(插值条件)，在输出空间相应目标为 d_p。需要找到一个非线性映射函数 $F(x)$，使得

$$F(x_p)=d_p,\ p=1,\ 2,\ \cdots,\ P \tag{5.10}$$

选择 P 个基函数，每个基函数对应一个训练数据，各基函数的形式为

$$\varphi(\|X-X_p\|),\ p=1,\ 2,\ \cdots,\ P$$

X_p是函数的中心。$\varphi(\cdot)$以输入空间的点 X 与中心 X_p的距离为自变量，故称为径向基函数。插值函数 $F(X)$为基函数的线性组合

$$F(X)=\sum_{p=1}^{P}w_p\varphi(\|X-X_p\|) \tag{5.11}$$

将插值条件代入，得到 P 个关于未知 w_p的方程。求解方程组可得到相应的参数 w_p。

如图 5.5 所示，使用 RBF 网络前必须确定其隐节点的数据中心(包括数据中心的数目、值、扩展常数)及相应的一组权值。RBF 网络解决内插问题时，使用 P 个隐节点，并把所有的样本输入 X_p并选为 RBF 网络的数据中心，且各基函数取相同的扩展常数。于是 RBF 网络从输入层到隐层的输出便是确定的。网络在样本输入点的输出就等于教师信号，此时网络对样本实现了完全内插，即对所有样本误差为 0。但上式方案存在以下问题：

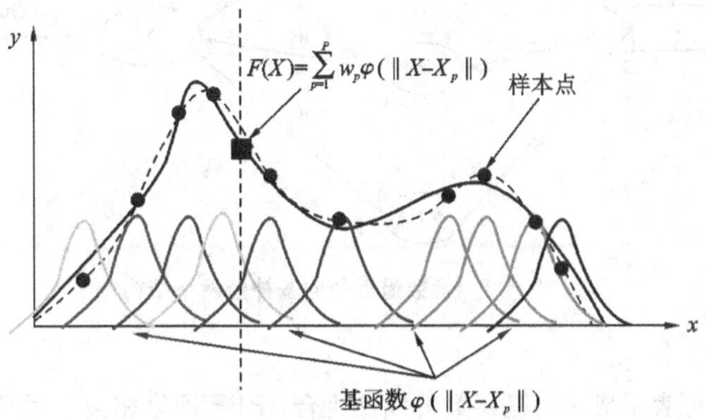

图 5.5　径向基函数插值示意图

（1）通常情况下样本数据较多，即 N 数值较大，求逆时导致不稳定的可能性就较大。

（2）如果样本输出含有噪声，此时由于存在过学习的问题，做完全内插是不合适的，而对数据作逼近可能会合理。

5.1.5　函数逼近与模式分类问题举例

1. 径向基神经网络解决函数逼近问题

每一层神经元的权值和阈值都与径向基函数的位置和宽度有关系，输出层的线性神经元将这些径向基函数的权值相加。如果隐含层神经元的数目足够，且每一层的权值和阈值正确，那么径向基函数网络就完全能够精确的逼近任意函数。

图 5.6 给出了径向基神经网络对非线性函数逼近的演示。图中 3 个径向基函数分别为 $a_1=\phi_1(x)=e^{-x^2}$，$a_2=\phi_2(x)=e^{-(x-1.5)^2}$，$a_3=\phi_3(x)=e^{-(x+2)^2}$；$y_1$、$y_2$、$y_3$ 分别给出了基于上述径向基函数线性组合的曲线，它们逼近了不同的非线性函数，其隐层到输出层对应的权系数分别为：（1，1，0.5）、（1.5，1，0.3）、（1.5，1，1）。径向基神经网络的结构如图 5.7 所示。

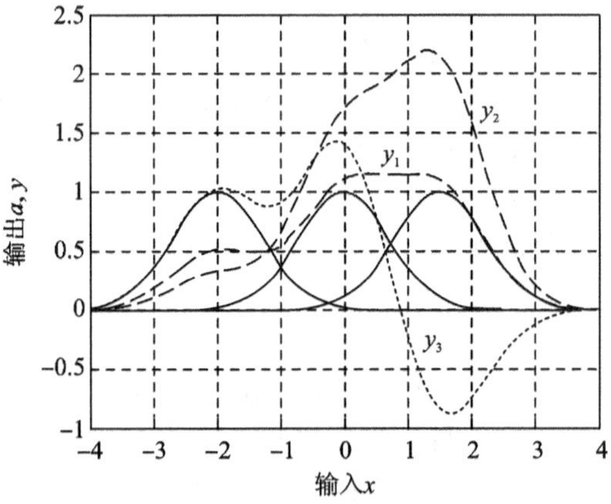

图 5.6　径向基神经网络对非线性函数逼近

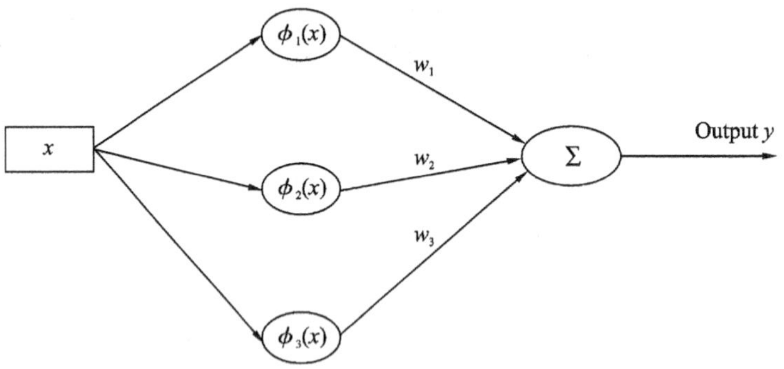

图 5.7　函数逼近径向基神经网络结构

本例说明：

一般函数都可表示成一组基函数的线性组合，RBF 网络相当于用隐层单元的输出构成一组基函数，然后用输出层来进行线性组合，以完成逼近功能。反过来讲，对径向基神经网络预先设定基函数参数，并根据输入向量和期望值进行权值调整，则能够进行函数逼近。

进一步分析，还可有以下结论：

(1) 一般而言，基函数非线性形式对网络性能影响不大，关键是函数中心的选取。基函数一般选取高斯函数，其优点为：表示形式简单，即使对于多变量输入也不增加太多的复杂性；光滑性好，任意阶导数均存在；表示简单、解析性好，便于进行理论分析。

(2) 输入与高斯基函数中心越近，隐节点的响应就越大；高斯基函数径向对称，即对于与中心径向距离相同的输入，隐节点输出相同。当中心确定后，分布就确定了基函数对输入的响应效果。高斯函数的分布越大，函数逼近就越平滑。但是如果分布太大，就意味着需要很多隐节点来逼近一个曲折的函数，此时通用性变差；若分布太小，这意味着需要很多隐节点来逼近一个平滑的函数，此时网络的通用性较差。因为，此时一个隐单元函数仅对应样本集中的一个样本点，训练数据的过度拟合会降低测试数据泛化能力。

2. 径向基神经网络解决逻辑模式分类问题

如表 5-1(a)所示，XOR 问题中的 4 个模式在二维输入空间的分布是非线性可分的。设计一个单隐层 RBF 神经网络，隐节点的激活函数采用 Gauss 函数 $\phi(X_k, X_i)=\exp\left(-\frac{1}{2\sigma_i^2}\|X_k-X_i\|^2\right)$，RBF 网络结构如图 5.8 所示。

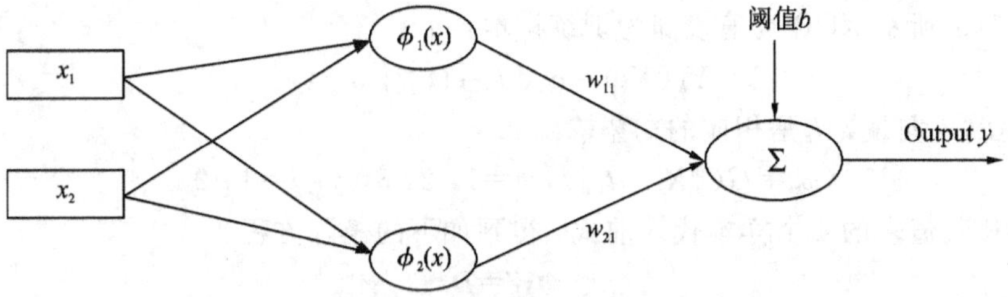

图 5.8　解决 XOR 问题的径向基神经网络结构

定义图中两个隐节点的激活函数为

$$\phi_1(x)=\mathrm{e}^{-\|x-u_1\|^2},\ u_1=[1,\ 1]^{\mathrm{T}}$$

$$\varphi_2(x)=\mathrm{e}^{-\|x-u_2\|^2},\ u_2=[0,\ 0]^{\mathrm{T}}$$

XOR 问题的真值表如表 5-1(a)所示，轮流以 XOR 问题的 4 个模式作为两个隐节点激活函数的输入，其对应的隐层节点映射关系如表 5-1(b)所示，映射后隐层空间的模式分布见图 5.9(b)。

表 5-1　XOR 问题的模式空间变换真值表

(a)XOR 异或关系真值表

x_1	x_2	y
0	0	0
0	1	1
1	0	1
1	1	0

(b)变换映射关系表

x_1	x_2	$\varphi_1(x)$	$\varphi_2(x)$	y
0	0	0.1353	1	0
0	1	0.3678	0.3678	1
1	0	0.3678	0.3678	1
1	1	1	0.1353	1

可以看出，隐节点的上述非线性映射将模式(0, 1)和(1, 0)映射为隐空间中的同一个点(0.3678, 0.3678)。图 5.9(a)的输入空间中非线性可分的点映射到图 5.9(b)的隐空间后

成为线性可分的点。

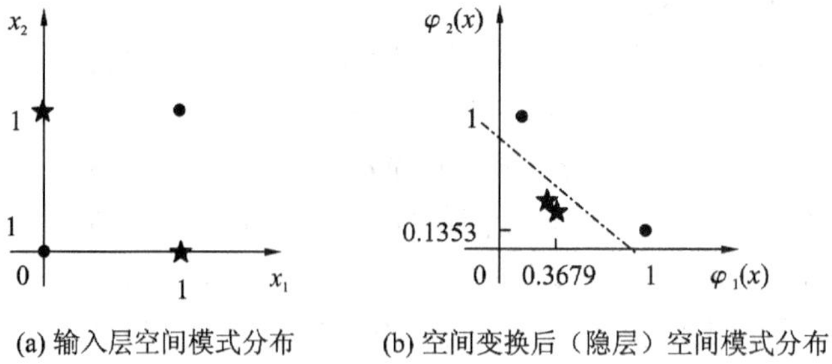

图 5.9　XOR 问题的 4 个模式在输入空间和隐空间的分布对比

下面考虑用广义网络，求解 XOR 问题。根据输出单元的特点，以下两点需要注意：

(1) 基于 XOR 问题的对称性，可令输出单元的两个权值相等，这样隐单元就只有一个权值 w 待定。

(2) 与正规化网络不同的是，广义网络的输出单元还有一个阈值参数 b。

根据图 5.6 所示 RBF 网络结构，实际输出可表达为

$$Y_k(X_k) = b + \sum_{i=1}^{2} w\,\Phi(X_k,\ t_i),\ k = 1,\ 2,\ 3,\ 4 \tag{5.12}$$

表 5-1(a)所示 XOR 真值表即为训练样本：

$$Y_k(X_k)=d_k,\ k=1,\ 2,\ 3,\ 4 \tag{5.13}$$

式中，X_k是输入向量，d_k是相应的期望输出。令

$$\varphi_{ki}=G(\| X_k-t_i \|),\ k=1,\ 2,\ 3,\ 4;\ i=1,\ 2 \tag{5.14}$$

将 XOR 真值表的 4 个样本代入前式，得到如下的矩阵方程：

$$\boldsymbol{\Phi W}=\boldsymbol{D} \tag{5.15}$$

式中，

$$\boldsymbol{\Phi}=\begin{bmatrix} 0.1353 & 1 & 1 \\ 0.3678 & 0.3678 & 1 \\ 0.3678 & 0.3678 & 1 \\ 1 & 0.13531 & 1 \end{bmatrix} \tag{5.16}$$

$$\boldsymbol{D}=[0\quad 1\quad 1\quad 0]^{\mathrm{T}} \tag{5.17}$$

$$\boldsymbol{W}=[w\quad w\quad b]^{\mathrm{T}} \tag{5.18}$$

隐单元数小于训练样本数，可用最小二乘法求 Φ 的伪逆：

$$\boldsymbol{\Phi}^{+}=(\boldsymbol{\Phi}^{\mathrm{T}}\boldsymbol{\Phi})^{-1}\boldsymbol{\Phi}^{\mathrm{T}}=\begin{bmatrix} 0.6727 & -1.2509 & -1.2509 & 1.8292 \\ 1.8292 & -1.2509 & -1.2509 & 0.6727 \\ -0.9202 & 1.4202 & 1.4202 & -0.9202 \end{bmatrix} \tag{5.19}$$

据式(5.15)，求解 RBF 网络的权值矩阵参数：

$$\boldsymbol{W}=\boldsymbol{\Phi}^{+}\boldsymbol{D}=\begin{bmatrix} -2.5019 \\ -2.5019 \\ 2.8404 \end{bmatrix} \tag{5.20}$$

RBF 网络的测试结果如表 5-2 所示。

表 5-2　RBF 网络的 XOR 测试结果

序号	输入	期望输出	实际输出
1	(0, 0)	0	-0.0005
2	(0, 1)	1	0.9995
3	(1, 0)	1	0.9995
4	(1, 1)	0	-0.0005

本例说明：

将复杂的模式分类问题非线性地投射到高维空间将比投射到低维空间更可能做到线性可分。这正是 Cover 定理所描述的内容。RBF 网络用径向基函数作为隐单元的"基"，将低维空间的模式变换到高维空间内，使得在低维空间内的线性不可分问题在高维空间内线性可分。

在 RBF 中隐含层与输入层间是一种非线性(高斯)函数关系，而输出层与隐含层间是线性关系。RBF 网络首先将原始的非线性可分的特征空间变换到另一线性可分的空间(通常是高维空间)，然后在输出层来解决线性分类问题。

5.2　径向基网络的学习算法

对于一个实际问题，径向基神经网络的设计包括结构设计和参数设计。结构设计主要是确定网络的隐节点数。当采用正规化 RBF 网络结构时，隐节点数即样本数，基函数的数据中心即为样本本身，参数设计只需考虑扩展常数和输出节点的权值。当采用广义 RBF 网络结构时，如果给定了训练样本，那么该网络的学习算法应该解决的问题包括：

(1) 如何确定网络隐节点数；

(2) 如何确定各径向基函数的数据中心及扩展常数；

(3) 如何修正输出权值。

一般情况下，如果知道了网络的隐节点数、数据中心和扩展常数，RBF 神经网络从输入到输出就成了一个线性方程组，此时，输出层权值学习可采用最小二乘法等方法求解。因此，确定 RBF 神经网络的数据中心和扩展常数是设计 RBF 神经网络的重要方面。

5.2.1　数据中心的确定

1. 固定法

当隐层节点数和训练数据的数目相等时(正规化网络)，每一个训练数据就充当这一隐节点的数据中心。因此，隐层的中心为输入数据的向量。

2. 随机固定法

当隐层节点数小于训练数据的数目时，隐节点的数据中心可以使用某种具有随机性的方法来选取。

3. Kohonen 中心选择法

从 n 个模式中选择 k 个模式作为隐节点的数据中心向量的初始值，这一方法包括两个方面：

(1) 对中心向量归一化，将一个训练模式和每个中心的内积作为评价两个向量距离的尺度；

(2) 与当前训练模式距离最近的中心可以得到确定，即内积最大的中心，这一中心要向这个训练模式的方向做微小修改。

以上过程要对所有训练模式重复多次，直到中心向量体现训练数据的统计特性。

4. K-means 聚类方法

聚类方法是最经典的 RBF 神经网络学习算法，它由 Moody 与 Darken 在 1989 年提出。其思路是先用无监督学习(用 K-means 算法对样本输入进行聚类)方法确定 RBF 神经网络中 h 个隐节点的数据中心，并根据各数据中心之间的距离确定隐节点的扩展常数，然后用有监督学习(梯度法)训练各隐节点的输出权值。

假设 k 为迭代次数，第 k 次迭代时的聚类中心为 $c_1(k)$，$c_2(k)$，…，$c_h(k)$，相应的聚类域为 $\theta_1(k)$，$\theta_2(k)$，…，$\theta_h(k)$。K-means 聚类算法确定 RBF 神经网络数据中心 c_i 的步骤如下：

(1) 算法初始化。随机选择 h 个不同初始聚类中心，并令 $k=1$。选择初始聚类中心的方法很多，如从样本输入中随机选取，或者选择前 h 个样本输入，但这 h 个初始数据中心必须取不同值。

(2) 计算所有样本输入与聚类中心的距离 $\|X_j-c_i(k)\|$，$i=1, 2, \cdots, h$，$j=1, 2, \cdots, N$。

(3) 对样本输入 X_j 按最小距离原则进行分类，即当 $i(X_j)=\min\|X_j-c_i(k)\|$，$(i=1, 2, \cdots, h)$时，$X_j$ 被归为第 i 类。即 $X_j\in\theta_i(k)$。

(4) 重新计算各类新的聚类中心：

$$c_i(k+1)=\frac{1}{N_i}\sum_{X\in\theta_i(k)}X, \quad i=1, 2, \cdots, h \tag{5.21}$$

式(5.21)中，N_i 为第 i 个聚类域 $\theta_i(k)$ 中包含的样本数。

(5) 如果 $c_i(k+1)\neq c_i(k)$，转到步骤(2)，否则，聚类结束。

5.2.2 扩展常数的确定

1. 固定法

当数据中心由训练数据确定后，RBF 神经网络的扩展常数由 $\delta=d/\sqrt{2h}$ 确定，其中，d 是所有选择的数据中心间的最大欧氏距离，h 为 RBF 神经网络数据中心的数目。

2. 平均距离

RBF 神经网络扩展常数的一个合理估计是 δ_j 为 $\|c_i-c_j\|$ 的平均值。δ_j 表示第 j 类与它的最邻近的第 i 类的欧式距离。

也可将隐节点的扩展常数确定为 $\delta_i=\kappa d_i$。其中 d_i 为第 i 个数据中心与其最近的数据中心之间的距离，即 $d_i=\min\|c_j-c_i(k)\|$，κ 称为重叠系数。

5.2.3 输出权向量的确定

当各隐节点的数据中心和扩展常数确定之后，输出权矢量 $\boldsymbol{w}=[w_1, w_2, \cdots, w_h]^{\mathrm{T}}$ 就可

以用监督学习方法(梯度下降法)训练得到，但更简洁的方法是使用最小二乘(Least Mean Square，LMS)算法直接计算。假定当输入为 X_j ($j=1, 2, \cdots, N$)时，第 i 个隐节点的输出为

$$h_{ji}=\phi_i(\|X_j-c_i\|) \tag{5.22}$$

则隐层输出矩阵为

$$\hat{\boldsymbol{H}}=[h_{ji}] \tag{5.23}$$

则 $\hat{\boldsymbol{H}}\in\mathbf{R}^{N\times h}$。如果 RBF 神经网络的当前权值为 $\boldsymbol{w}=[w_1, w_2, \cdots, w_n]^{\mathrm{T}}$(待定)，则对所有样本，网络输出矢量为

$$\hat{\boldsymbol{y}}=\hat{\boldsymbol{H}}\boldsymbol{w} \tag{5.24}$$

令 $\boldsymbol{\varepsilon}=\|\boldsymbol{y}-\hat{\boldsymbol{y}}\|$ 为逼近误差，则如果给定了教师信号 $\boldsymbol{y}=[y_1, y_2, \cdots, y_N]^{\mathrm{T}}$ 并确定了 $\hat{\boldsymbol{H}}$，便可通过最小化求网络的输出权值：

$$\boldsymbol{\varepsilon}=\|\boldsymbol{y}-\hat{\boldsymbol{y}}\|=\|\boldsymbol{y}-\hat{\boldsymbol{H}}\boldsymbol{w}\| \tag{5.25}$$

通常，$\boldsymbol{w}$ 可用最小二乘法求得：

$$\boldsymbol{w}=\hat{\boldsymbol{H}}^{+}\mathrm{y} \tag{5.26}$$

式中，$\hat{\boldsymbol{H}}^{+}$ 为 $\hat{\boldsymbol{H}}$ 的伪逆，即

$$\hat{\boldsymbol{H}}^{+}=(\hat{\boldsymbol{H}}^{\mathrm{T}}\hat{\boldsymbol{H}})^{-1}+\hat{\boldsymbol{H}}^{\mathrm{T}} \tag{5.27}$$

5.2.4　梯度下降法同时获取数据中心、扩展系数与权向量

通过训练样本用误差纠正算法进行监督学习，同时逐步获取数据中心、方差与权值三个参数。即计算总的输出误差对各参数的梯度，再用梯度下降法修正待学习的参数。下面给出一种带遗忘因子的单输出 RBF 神经网络的学习方法，此时，神经网络学习的目标函数为

$$E=\frac{1}{2}\sum_{j=1}^{N}e_j^2 \tag{5.28}$$

式中：N 为样本数；e_j 为输入第 j 个样本时的误差信号，定义为

$$e_j=y_j-\sum_{i=1}^{h}w_i\phi_i(\|X_j-c_i\|) \tag{5.29}$$

式中：h 为 RBF 神经网络数据中心的数目，$\phi_i(\|X_j-c_i\|)$ 为第 i 个隐节点对 X_j 的输出。为使目标函数最小化，c_i、δ_i 和 w_i 的调节量应与其负梯度成正比，因此有

$$\Delta c_i=\eta\frac{w_i}{\delta_i^2}\sum_{j=1}^{N}e_j\phi_i(\|X_j-c_i\|)\|X_j-c_i\| \tag{5.30}$$

$$\Delta \delta_i=\eta\frac{w_i}{\delta_i^3}\sum_{j=1}^{N}e_j\phi_i(\|X_j-c_i\|)\|X_j-c_i\|^2 \tag{5.31}$$

$$\Delta w_i=\eta\sum_{j=1}^{N}e_j\phi_i(\|X_j-c_i\|) \tag{5.32}$$

5.3 径向基网络的特性分析

5.3.1 RBF 神经网络的特点

RBF 神经网络的特点如下：

(1) RBF 神经网络是单隐层的。

(2) RBF 神经网络用于函数逼近时，隐节点为非线性激活函数，输出节点为线性函数。隐节点确定后，输出权值可通过解线性方程组得到。

(3) RBF 神经网络具有“局部映射”的特性，是一种有局部响应特性的神经网络。如果神经网络有输出，必定激活了一个或多个隐节点。由插值特性可知，神经网络的输出与数据中心离输入量较近的隐节点关系较大，而与较远的隐节点关系较小。

(4) RBF 神经网络隐节点的非线性变换(高斯函数)将低维空间的输入拓展到了高维空间，把线性不可分问题转化为线性可分问题。

5.3.2 RBF 神经网络与 BP 神经网络的比较

RBF 神经网络与 BP 神经网络都是非线性多层前向网络，它们都是通用逼近器。对于任一个 BP 神经网络，总存在一个 RBF 神经网络可以代替它。

RBF 神经网络与 BP 神经网络的不同在于以下 3 点。

1. 网络结构

(1) BP 神经网络各层之间采用权连接，而 RBF 神经网络输入层到隐层单元之间为直接连接，隐层到输出层之间实行权连接。

(2) BP 神经网络隐层单元转移函数一般选择 S 型函数，RBF 神经网络隐层单元的转移函数是关于中心对称的径向对称函数。

2. 训练算法

BP 神经网络需要确定的参数是连接权值和阈值，主要的训练算法为 BP 算法和改进 BP 算法，其不足之处主要表现为易限于局部极小值，收敛速度慢，隐层和隐节点数难以确定。

RBF 神经网络的训练算法支持在线和离线训练，可以动态确定网络结构和隐层单元的数据中心和扩展常数，学习速度快，通常比 BP 算法表现出更好的性能。

3. 局部逼近与全局逼近

BP 神经网络的隐节点采用输入模式与权向量的内积作为激活函数的自变量，而激活函数则采用 Sigmoid 函数。各个隐节点对 BP 网络的输出均具有同等地位的影响，因此 BP 神经网络是对非线性映射的全局逼近。

RBF 神经网络的隐节点采用输入模式与中心向量的距离(如欧氏距离)作为函数的自变量，并使用径向基函数(如 Gaussian 函数)作为激活函数。神经元的输入离径向基函数中心点越远，神经元的激活程度就越低。RBF 网络的输出与数据中心离输入模式较近的“局部”隐节点关系较大，RBF 神经网络因此具有“局部映射”特性。

5.3.3 RBF 神经网络应用的关键问题

RBF 神经网络可以根据具体问题确定相应的网络拓扑结构，它具有自学习、自组织、自适应能力，它对非线性连续函数具有一致逼近性，学习速度快，可以进行大范围的数据融合，可以并行高速地处理数据。

RBF 网络广泛用于非线性系统辨识与控制中，显示出比 BP 网络更强的生命力。但对于一组样本，如何选择适合的 RBF，确定隐节点数，使网络学习达到要求的精度等问题尚未解决。

5.4　其他径向基网络

5.4.1　广义回归神经网络

广义回归神经网络(Generalized Regression Neural Network，GRNN)是美国学者 Donald F. Specht 在 1991 年提出的，它是径向基函数网络的一种。

回归分析是对具有因果关系的影响因素(自变量)和预测对象(因变量)所进行的数理统计分析处理。

GRNN 网络最后收敛于样本量集聚最多的优化回归面。只要学习样本确立，则相应的网络结构和神经元之间的连接权值也随之确定，网络训练过程实际上是确定光滑因子的过程，其人为调节的参数少。

1. GRNN 网络的结构

GRNN 结构如图 5.10 所示，输入层、模式层、求和层与输出层构建形成了前馈型网络结构。

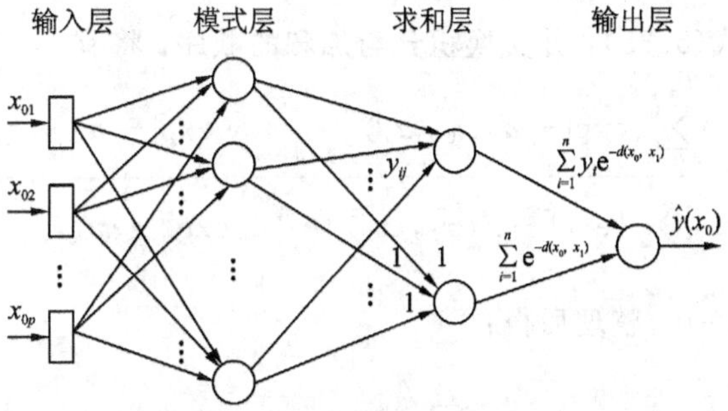

图 5.10　广义回归神经网络的结构

设输入向量 $\boldsymbol{X}$ 为 p 维，输出向量 $\boldsymbol{Y}$ 为 q 维，样本数目为 n。

(1) 输入层直接将输入信号传递给模式层。

(2) 模式层(隐回归层)各节点对应不同学习样本。神经元数目等于学习样本数目 n，激活函数为径向基函数 $R_i(x)=\exp\left(-\frac{\|\boldsymbol{X}-\boldsymbol{X}_i\|^2}{2\sigma_i^2}\right)$，其中，$\boldsymbol{X}$ 为网络输入变量，$\boldsymbol{X}_i$ 为神经元 i 对应的学习样本，σ 为平滑参数。

(3) 求和层包括两类神经元。其中一类神经元(数目为 1)对所有模式层神经元的输出进行算术求和，即该神经元与模式层各神经元的连接权值为 1；另一类神经元(数目为 q 个)对所有模式层神经元的输出进行加权求和。y_{ij} 表示求和层第 j 个节点与模式层第 i 个节点的权值，其值为第 i 个样本输出 Y_i 的第 j 个元素。

(4) 输出层神经元(数目为 q 个)数目等于学习样本输出向量的维数 q。每一个节点执行除法运算，将对应的求和层节点加权求和值与算术和相除。求和层与输出层完成加权计算，可统称为加权层。

2. GRNN 网络原理

广义回归神经网络的理论基础是非线性(核)回归分析。

设自变量为 x，因变量为 y，定义 x、y 的联合概率密度为 $f(x, y)$。

条件概率密度可表示为

$$f(y \mid x_0)=\frac{f(x_0, y)}{\int_{-\infty}^{\infty} f(x_0, y)\mathrm{d}y} \tag{5.33}$$

若 x 取值为 x_0，y 为 x_0 的回归值，即 y 在 x_0 条件下的平均值为

$$E(y \mid x)=\hat{Y}(x_0)=\frac{\int_{-\infty}^{\infty} yf(x, y)\mathrm{d}y}{\int_{-\infty}^{\infty} f(x, y)\mathrm{d}y} \tag{5.34}$$

应用 Parzen 非参数估计，可由样本数据集 $\{x_i, y_i\}_{i=1}^{n}$ 按下式估算密度函数 $f(x_0, y)$：

$$f(x, y)=\frac{\sum_{i=1}^{n}\exp[-d(x_0, x_i)]\cdot\exp[-d(y, y_i)]}{n(2\pi)^{\frac{p+1}{2}}\sigma^{p+1}} \tag{5.35}$$

式中，n 为样本容量，p 为 x 的维数。σ 为高斯函数的宽度函数(光滑因子)，且有

$$d(x_0, x_i)=\sum_{i=1}^{n}\left[\frac{(x_{0j}-x_{ij})}{\sigma}\right]^2,\ d(y, y_i)=[(y-y_j)]^2 \tag{5.36}$$

将式(5.36)代入式(5.35)，并交换积分与加和的顺序，将有

$$\hat{y}(x_0)=\frac{\sum_{i=1}^{n}\{\exp[-d(x_0, x_i)]\cdot\int_{-\infty}^{\infty} y\exp[-d(y, y_i)]\mathrm{d}y\}}{\sum_{i=1}^{n}\{\exp[-d(x_0, x_i)]\cdot\int_{-\infty}^{\infty}\exp[-d(y, y_i)]\mathrm{d}y\}} \tag{5.37}$$

由于 $\int_{-\infty}^{\infty} z\,\mathrm{e}^{-z^2}\,\mathrm{d}z=0$，整理后得：

$$\hat{y}(x_0)=\frac{\sum_{i=1}^{n} y_i\exp[-d(x_0, x_i)]}{\sum_{i=1}^{n}\exp[-d(x_0, x_i)]} \tag{5.38}$$

可见，估计值 $\hat{y}(x_0)$ 为所有训练样本的因变量值 y 的加权和，其权值为 $\exp[-d(x_0, x_i)]$。

从上述分析可进一步得出如下结论：

(1) 当样本容量趋于无穷大时($n\rightarrow\infty$)，GRNN 能以任意高的精度拟合任何复杂的连续函数。

(2) 当光滑因子 σ 取得非常大时，$d(x_0, x_i)$ 趋向于 0，估计值 $\hat{y}(x_0)$ 为所有样本观测值的均值；当平滑因子 $\sigma\rightarrow 0$ 时，估计值为与输入变量 X 之间欧几里德(Euclid)距离最近的样本观测值；当平滑因子适中时，所有样本观测值均进行加权计算，但与 x_0 之间欧几里得距离较近的样本观测值的权重因子较大。

3. GRNN 网络的特点

(1) 作为径向基神经网络的一个重要分支，隐含层结点中的作用函数(基函数)采用高斯函数，GRNN 网络具有局部逼近能力，学习速度较快。

(2) 建模需要样本数量少。对于样本数据缺乏时的预测问题，采用 GRNN 模型能更好地满足预测结果的精度要求。有资料表明 GRNN 只需要 1.0%的样本量就可以获得与 BP 网络同样的预测效果。

(3) GRNN 通过执行 Parzen 非参数估计，从观测样本里求得自变量和因变量之间的联合概率密度函数之后，直接计算出因变量对自变量的回归值。GRNN 网络中人为调节的参数少，网络的学习全部依赖数据样本，这个特点决定了网络得以最大限度避免人为主观假定对预测结果的影响。

(4) GRNN 对所有隐层单元的核函数采用同一个光滑因子，网络的训练过程实质上是一个一维寻优过程，训练极为方便快捷，而且便于硬件实现。

5.4.2　概率神经网络

1989 年，D. F. Specht 博士提出一种基于 Bayes 分类规则与 Parzen 窗概率密度函数估计方法的四层前向型人工神经网络——概率神经网络 PNN (Probabilistic Neural Networks)。

PNN 结构简单、训练简洁、应用广泛，尤其在模式分类应用问题中，它能用线性学习算法来完成以往非线性学习算法不能完成的问题，同时又不需要训练，实时处理性能好。

1. 概率神经网络模型

PNN 的层次模型如图 5.11 所示。

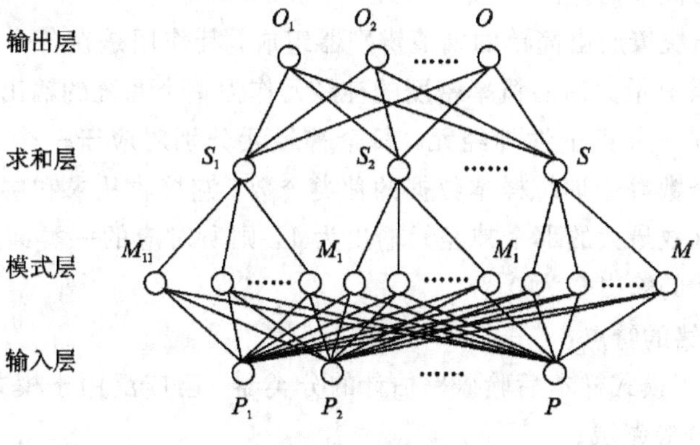

图 5.11　概率神经网络的结构

(1) 输入层接收来自训练样本的值，将特征向量传递给网络，其神经元数目和样本矢量的维数相等。

(2) 模式层计算输入特征向量与训练集中各个模式的匹配关系，模式层神经元的个数等于各个类别训练样本数之和。

模式层神经元结构如图 5.12 所示，$\boldsymbol{W}$ 为输入层到模式层连接的权值矩阵，该层每个模式单元生成输入模式向量 $\boldsymbol{X}$ 与权向量 $\boldsymbol{W}_i$ 的标量积 $\boldsymbol{Z}_i=\boldsymbol{X}\cdot\boldsymbol{W}_i$，然后，在把其激活水平输出到求和单元之前，对 $\boldsymbol{Z}_i$ 进行非线性运算，非线性运算是 $\exp[(\boldsymbol{Z}_i-1)/\sigma^2]$。

若 $\boldsymbol{X}$ 和 $\boldsymbol{W}$ 均标准化成单位长度，模式层每个模式单元的输出可表示为

$$f(\boldsymbol{X}, \boldsymbol{W}_i) = \exp\left[-\frac{(\boldsymbol{X}-\boldsymbol{W}_i)^{\mathrm{T}}(\boldsymbol{X}-\boldsymbol{W}_i)}{2\sigma^2}\right] \tag{5.39}$$

其中，$\boldsymbol{W}_i$ 为输入层到模式层连接的权值；σ 为扩展系数(平滑因子)。

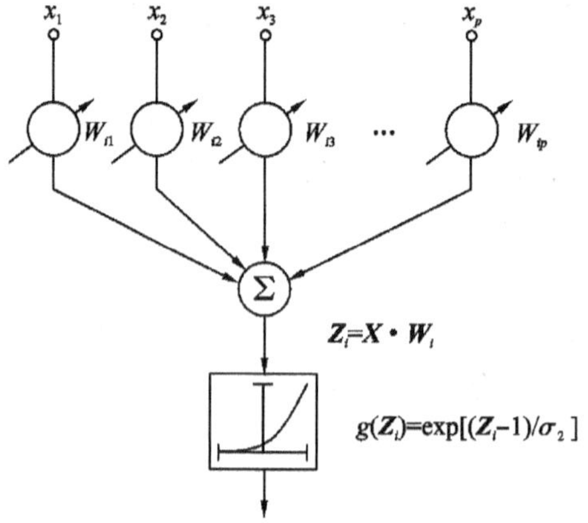

图 5.12　模式层神经元结构

(3) 求和层将属于某类的概率累计，从而得到故障模式的估计概率密度函数。

每一类只有一个求和层单元，求和层单元与只属于自己类的模式层单元相连接，而与模式层中的其他单元没有连接。因此求和层单元简单地将属于自己类的模式层单元的输出相加，而与属于其他类别的模式层单元的输出无关。

求和层单元的输出与各类基于内核的概率密度的估计成比例，通过输出层的归一化处理，就能得到各类的概率估计。

(4) 网络的输出决策层由简单的阈值辨别器组成，其作用是在各个故障模式的估计概率密度中选择一个具有最大后验概率密度的神经元作为整个系统的输出。

输出层神经元是一种竞争性神经元，每个神经元分别对应于一个数据类型即故障模式，输出层神经元个数等于训练样本数据的种类个数，它接收从求和层输出的各类概率密度函数。概率密度函数最大的那个神经元输出为 1，则所对应的一类即为待识别的样本模式类别，其他神经元的输出全为 0。

2. 概率神经网络的特点

PNN 网络是基于模式样本后验概率估计的分类器，已广泛用于模式识别、故障诊断、专家系统与回归拟合等领域。

它与 BP 网络、RBF 网络等传统的前馈神经网络相比，具有以下几个特点：

(1) 网络学习过程简单，训练速度快。它根据模式样本的特征及网络的外监督信号(期望输出)直接获得网络隐层单元的连接权值，无需反复训练网络。

(2) 网络的容错性好，模式分类能力强，收敛性较好。网络模式层采用径向基的非线性映射函数，考虑了不同类别模式样本的交错影响，而模式的输出层又消除了不同类别模式样本的交错影响，这样构成的各个类别模式间的判决分界面是满足 Bayes 规则的最优解。

(3) 网络的扩充性能好，结构设计灵活方便。由于网络学习过程简单且稳定性高，允

许增加或减少新的类别模式样本而无需重新进行长时间的训练学习。

5.5　径向基网络的 MATLAB 仿真实例

5.5.1　RBF 网络的 MATLAB 工具箱

因为径向基网络设计函数 newrbe 和 newrb 在创建径向基网络的过程中就以不同的方式完成了权值和阈值的选取和修正，所以径向基网络没有专门的训练和学习函数，下面分别予以说明。

MATLAB 神经网络工具箱提供的与算法相关的径向基神经网络的工具函数如表 5-3 所示。在 MATLAB 的命令行窗口中输入"help radbasis"，便可得到与径向基神经网络相关的函数，进一步利用 help 命令又能得到相关函数的详细介绍。

表 5-3　径向基网络的重要函数和基本功能

函数名	功　能
newrb()	新建一个径向基神经网络
newrbe()	新建一个严格的径向基神经网络
newgrnn()	新建一个广义回归径向基神经网络
newpnn()	新建一个概率径向基神经网络

下面将对表 5-3 中工具函数的使用进行说明。

1. newrbe()

功能：建立一个正规化径向基神经网络；

格式：net＝newrbe(P，T，SPREAD)；

说明：P 为输入向量；T 为目标向量；SPREAD 为径向基函数的扩展常数，其缺省时为 1。

newrbe 用来精确设计 RBF 网络。精确是指该函数产生的网络对于训练样本数据达到了 0 误差。隐层神经元个数与 P 中输入矢量个数相等(正规化网络)，隐层神经元阈值取 0.8632/ SPREAD。显然，当输入矢量个数过多时，生产的网络过于庞大，实时性变差。实际更有效的设计是用 newrb()函数。

2. newrb()

功能：建立一个径向基神经网络；

格式：net＝newrb(P，T，GOAL，SPREAD，MN，DF)；

说明：P 为输入向量；T 为目标向量；GOAL 为均方误差，默认为 0；SPREAD 为径向基函数的扩展常数，默认为 1；MN 为神经元的最大数目；DF 为两次显示之间所添加的神经元数目。

newrb()用迭代方法设计 RBF 网络。当以 newrb 创建径向基网络时，开始是没有径向基神经元的，每迭代一次就增加一个神经元，直到平方和误差下降到目标误差以下或神经元个数达到最大值时停止。迭代设计的具体步骤如下：

(1) 以所有的输入样本对网络进行仿真；

(2) 找到误差最大的一个输入样本；

(3) 增加一个径向基神经元：其权值等于该样本输入向量的转置，spread 的选择与 newrbe 一样，阈值的选择为 $b=[-\mathrm{lb}\ (0.5)]^{1/2}/\mathrm{spread}$；

(4) 以径向基神经元输出的点积作为线性网络层神经元的输入，重新设计线性网络层，使其误差最小；

(5) 当均方误差未达到规定的误差性能指标且神经元的数目未达到规定的上限值时，重复以上步骤，直至网络的均方误差达到规定的误差性能指标或神经元的数目达到规定的上限值时为止。

可以看出：创建径向基网络时，newrb 是逐渐增加径向基神经元数的，所以可以获得比 newrbe 更小规模的径向基网络。

3. newgrnn()

功能：建立一个广义回归径向基神经网络；

格式：net=newgrnn(P, T, SPREAD)；

说明：各参数含义见 newrb。

4. newpnn()

功能：建立一个概率径向基神经网络；

格式：net=newpnn(P, T, SPREAD)；

说明：各参数含义见 newrb。

5.5.2 仿真实例

例 5.1 RBF 网络实现函数逼近。

今有如下的输入输出样本：输入向量为[−1 1]区间上等间隔的数组成的向量 ***P***，相应的期望值向量为 ***T***。试设计 RBF 网络实现满足这 21 个数据点的输入/输出关系的函数逼近。

P=−1:0.1:1；

T=[−0.9602 −0.5770 −0.0729 0.3771 0.6405 0.6600 0.4609 0.1336 −0.2013 −0.4344 −0.5000 −0.3930 −0.1647 0.0988 0.3072 0.3960 0.3449 0.1816 −0.0312 −0.2189 −0.3201]。

以输入向量为横坐标，期望值为纵坐标，绘制训练样本的数据点如图 5.13(a)所示。预先设定均方差精度 eg 为 0.02，扩展系数 sc 为 1，应用 newb()函数可以快速构建一个径向基神经网络，该网络将自动根据输入向量和期望值进行调整，从而完成函数逼近。对于样本输入，RBF 网络实际输出与样本期望输出如图 5.13 所示。

程序参考代码如下：

```
eg=0.02; sc=1;
net=newrb(P, T, eg, sc);
figure; plot(P, T,'+'); xlabel('输入');
X=-1:0.01:1; Y=sim(net, X); hold on;
plot(X, Y); hold off;
legend('目标期望输出','网络实际输出') grid on;
```

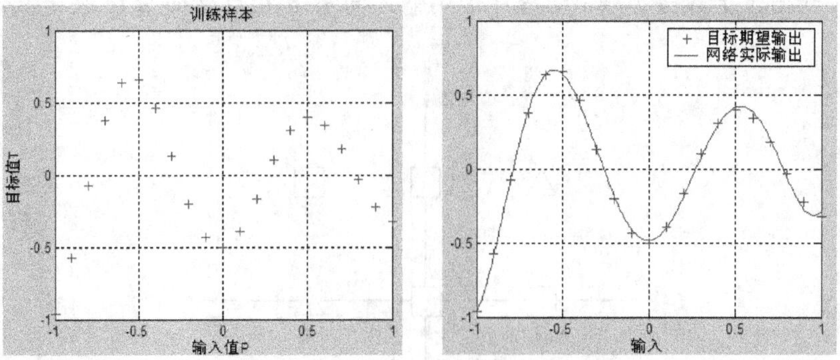

图 5.13　RBF 网络函数逼近示意图

上述 RBF 网络设计中合理选择扩展系数 sc 的值很重要，sc 默认值为 1.0，图 5.14 给出了不同 sc 值对逼近效果的影响。

如果 sc 的值越小，径向基函数之间欠交叠，为达到误差要求，需要网络节点数目太多，图 5.14 (a)与图 5.14 (b)显示了逼近的“过适性”。sc 的值越大，其输出结果越光滑，但太大的 sc 值会导致数值计算上的困难。若在设计网络时出现“Rank deficient”警告，应考虑减小 sc 的值，重新进行设计。sc 值越大，径向基函数的交叠越多，这意味着每个神经元都基本相同了。一般情况下，扩展系数 sc 值应大于输入向量之间的最小距离、小于最大距离。

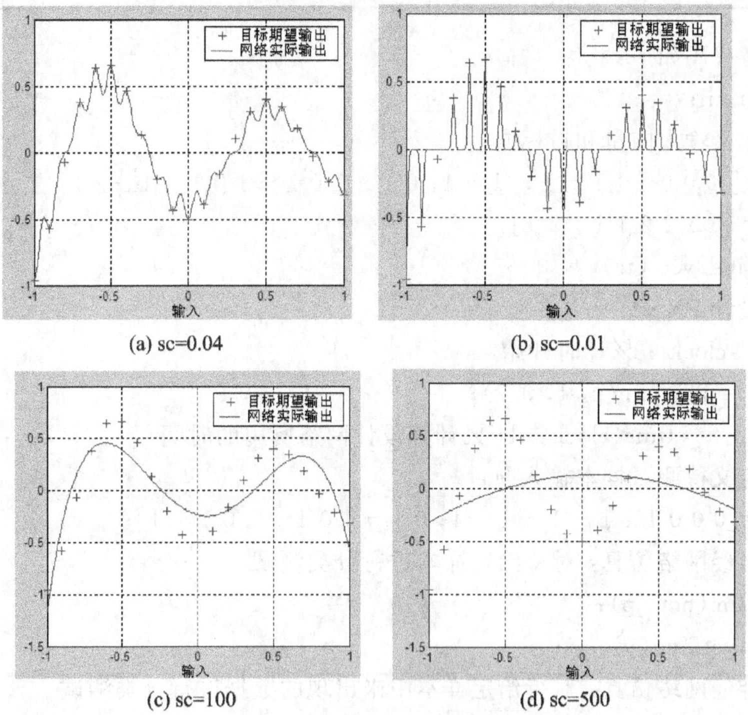

(a) sc=0.04　　(b) sc=0.01

(c) sc=100　　(d) sc=500

图 5.14　扩展系数 sc 对逼近效果的影响

例 5.2　采用 PNN 完成图 5.15 所示的正方形与三角形两类模式的分类。

将正方形规定为第一类模式，三角形规定为第二类模式。以(p_1，p_2)代表各模式样本的位置，形成相应的输入向量。

表 5-4 给出了上述分类模式，程序中用输入向量 **p** 和目标向量 **tc** 来定义了这种模式关系。

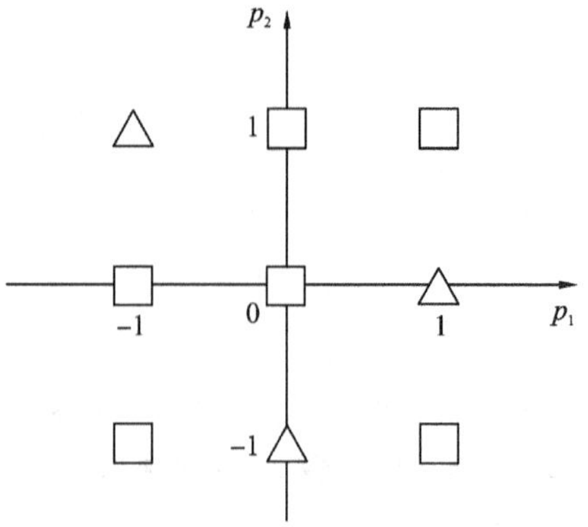

图 5.15　待分类的正方形与三角形模式

表 5-4　例 5-2 正方形与三角形两类模式分类关系

p_1	0	0	0	1	1	1	−1	−1	−1
p_2	0	1	−1	0	1	−1	0	1	−1
模式	1	1	2	2	1	1	1	2	1

程序参考代码如下：

```
clear all;
%定义输入向量和目标向量
p =[ 0 0 0 1 1 1 -1 -1 -1; 0 1 -1 0 1 -1 0 1 -1];
tc= [1 1 2 2 1 1 1 2 1];
t =ind2vec (tc);
%设计 PNN
tl = clock ; %计时开始
net = newpnn(p, t, 0.7);
datat = etime(clock, tl) %计算设计网络所用的时间
%定义待测试样本输入向量
p =[0 0 0 1 1 1 -1 -1 -1; 0 1 -1 0 1 -1 0 1 -1];
%神经网络仿真，对待给定样本进行分类测试
y=sim(net, p);
yc=vec2ind(y)
%神经网络仿真，对待给定样本中未出现的数据进行分类测试
p1=[0 0 0 1 1 1 -1 -1 -1.5;
0.2 1.5 -2 0.5 0.8 -0.85 0.1 5 -1.5];
y1=sim(net, p1);
yc1=vec2ind(y1)
```

程序运行结果如下：

```
datat =
    0.2500
yc =
    1  1  2  2  1  1  1  2  1
yc1 =
    1  1  2  1  1  1  1  2  1
```

程序中采用“datat = etime(clock, tl)”来计算了网络设计所用的时间。本例运行结果显示：“datat =0.2712s”，这表明径向基函数网络的优势在于其创建和训练网络的速度较快。

程序中采用的径向基扩展常数 spread 为 0.7，对原样本输入向量 $\boldsymbol{p}$ 与样本未出现过的输入向量 $\boldsymbol{p}_1$ 的测试，其结果表明 PNN 很好地完成了分类。

当 spread 选用 0.2 或 0.5 等都能很好地完成分类。当 spread 选用 0.9 和 2 等值时，其结果为：

```
yc=
    1  1  1  1  1  1  1  1  1
yc1=
    1  1  2  1  1  1  1  2  1
yc =
    1  1  1  1  1  1  1  1  1
yc1 =
    1  1  1  1  1  1  1  1  1
```

这说明径向基扩展常数 spread 相对于模式间的间距过大，PNN 对于原样本也不能完成分类。这说明设计径向基网络时选用适当的扩展常数对结果是非常重要的。

思 考 题

1. 阐明径向基神经网络的结构特点。
2. 阐明径向基神经网络的数学本质。
3. 径向基神经网络基函数的扩展系数对结果有何影响？
4. 广义径向基神经网络对正规化网络进行了哪些改进？其改进的基本思想是什么？
5. 广义回归网络作为径向基神经网络的一个重要分支，说明其基本特点。
6. 比较概率神经网络与 BP 网络、RBF 网络等传统的前馈神经网络，说明其基本特点。

第六章　反馈式神经网络

根据运行过程中的信息流向神经网络，可分为前馈式和反馈式两种基本类型。前馈网络的输出仅由当前输入和权矩阵决定，而与网络先前的输出状态无关。反馈式网络增加了层间或层内的反馈连接，因此能够表达输入/输出间的时间延迟，是一个反馈动力学系统。

J. Hopfield 于 1982 年提出的一种单层反馈神经网络是神经网络发展史上一个重要的里程碑。Hopfield 用能量函数的思想阐明了神经网络与非线性动力学系统的关系，并建立了神经网络稳定性判据。Hopfield 网络分为离散 Hopfield 网络(DHNN)和连续 Hopfield 网络(CHNN)两种。

J. L. Elman 于 1990 年针对语音处理问题以 Jordan 网络为基础提出了一种局部反馈神经网络。Elman 网络可以看做是一个具有局部记忆单元和局部反馈的前向神经网络。后来 Pham 等人又在此基础上提出了修正的 Elman 网络。

6.1　Elman 神经网络

6.1.1　Elman 神经网络结构

图 6.1 给出了 Elman 神经网络的结构，它由四层组成，除了普通的隐含层外，还有一个特别的隐含层，称为承接层，也称为上下文层或状态层。

(1) 输入层的神经元仅起信号传输作用；

(2) 输出层神经元起线性加权作用；

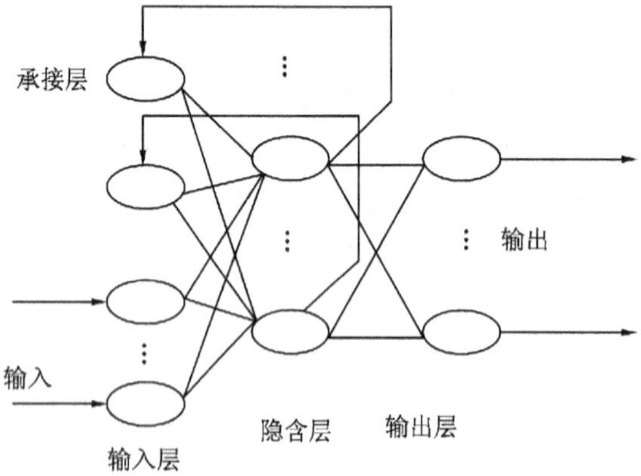

图 6.1　Elman 网络结构

(3) 承接层从隐含层接收反馈信号，用来记忆隐含层神经元前一时刻的输出值，承接层神经元的输出经延迟与存储，再输入到隐含层。

这样就使其对历史数据具有敏感性，增加了网络自身处理动态信息的能力，从而达到动态建模的目的。如果只有正向连接是适用的，而反馈连接被预定为恒值，则网络可视为普通的前馈网络。

6.1.2 Elman 神经网络学习算法

Elman 神经网络同样可以采用 BP 网络所使用附加动量的梯度下降法进行训练，下面给出 Elman 神经网络各层的表达式和误差函数。

图 6.1 中，各层信号传输可表达如下：

$$\boldsymbol{y}_k = g(w^3\boldsymbol{x}(k)) \tag{6.1}$$

$$\boldsymbol{x}(k) = f(w^1\boldsymbol{x}_c(k) + w^2(\boldsymbol{u}(k-1))) \tag{6.2}$$

$$\boldsymbol{x}_c(k) = \alpha\boldsymbol{x}_c(k-1) + \boldsymbol{x}(k-1) \tag{6.3}$$

其中，$\boldsymbol{u}$ 为 r 维输入向量，$\boldsymbol{y}$ 为 m 维输出向量，$\boldsymbol{x}$ 为 n 维隐含层输出向量，$\boldsymbol{x}_c$ 为 n 维承接层输出向量，w^1，w^2，w^3 分别为承接层到隐含层、输入层到隐含层、隐含层到输出层的连接权值。$g(\cdot)$为输出层神经元激活函数，多取线性函数 $y_k = w^3x(k)$；$f(\cdot)$为隐含层神经元的激活函数，$f(x)$多取为 Sigmoid 函数 $f(x)=\dfrac{1}{1+\mathrm{e}^{-x}}$。$\alpha$ 为自连接反馈增益因子，当 α 固定为零时，此网络为标准的 Elman 网络，α 不为零时为修正的 Elman 网络。

网络权值修正方法采用 BP 算法中的方法，衡量算法是否结束的误差函数如下：

$$E = \sum_{k=1}^{n}[y(k) - d(k)]^2 \tag{6.4}$$

式中，$d(k)$为期望输出向量。

Elman 网络的学习算法流程如图 6.2 所示，它除了具有输入层、隐层、输出层单元外，还有一个特殊的承接单元用来记忆隐层单元以前时刻的输出值。这可认为是一个时延算子，它使该网络具有动态记忆功能。因此，Elman 神经网络是一种动态的反馈网络。

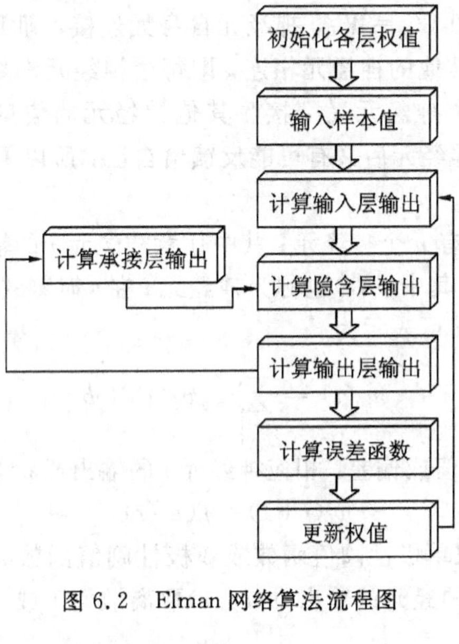

图 6.2 Elman 网络算法流程图

6.1.3　Elman 神经网络的应用

与 RBF 神经网络和 BP 神经网络等静态神经网络不同，Elman 神经网络通过存储内部状态，从而具备了映射动态特征的功能，使得系统具有适应时变特性的能力，能够更生动、更直接地反映系统的动态特性。

通过选择恰当的网络层次和隐层单元数，Elman 神经网络能够以任意精度逼近任意连续非线性函数及其各阶导数的特性，因而被广泛应用于工业过程的建模和控制。

6.2　离散 Hopfield 神经网络

6.2.1　离散 Hopfield 神经网络的模型

1982 年 Hopfield 提出的离散 Hopfield 网络同前向神经网络相比，在网络结构、学习算法和运行规则上都有很大的不同。离散 Hopfield 网络是单层全互连的，其结构形式可表示为图 6.3 所示的两种形式，左图特别强调了输出与输入在时间上的传输延迟特性。

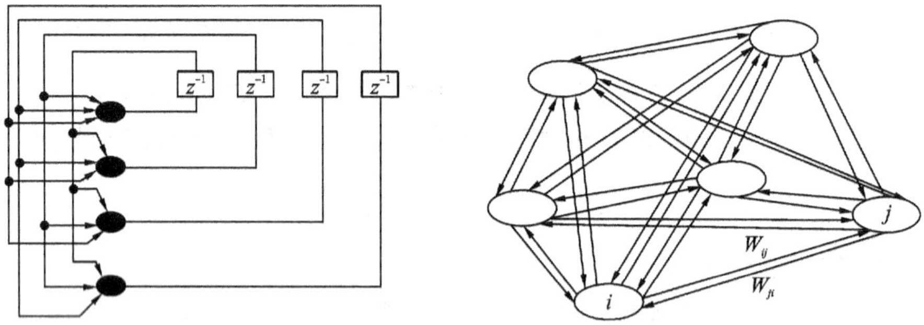

图 6.3　Hopfield 神经网络的网络结构

神经元可取二值{0/1}或{−1/1}，其中的任意神经元 i 与 j 间的突触权值为 W_{ij}，神经元之间的连接是对称的，即 $W_{ij}=W_{ji}$，神经元自身无连接，即 $W_{ij}=0$。虽然神经元自身无连接，但每个神经元都同其他的神经元相连，即每个神经元都将其输出通过突触权值传递给其他的神经元，同时每个神经元又都接收其他神经元的信息。因此对于每个神经元来说，其输出信号经过其他神经元后又有可能反馈给自己，所以 Hopfield 网络是一种反馈神经网络。

假设 Hopfield 网络中有 n 个神经元，其中任意神经元 i 的输入用 u_i 表示，输出用 v_i 表示，它们都是时间的函数，其中 $v_i(t)$ 也称为神经元 i 在 t 时刻的状态。神经元 i 的输入来自其他神经元的输出，因此 u_i 可表示为

$$u_i(t)=\sum_{\substack{j=1\\j\neq i}}^{n} w_{ij}v_j(t)+b_i \tag{6.5}$$

式中，b_i 表示神经元 i 的阈值或偏差。相应神经元 i 的输出或状态为

$$v_i(t+1)=f(u_i(t)) \tag{6.6}$$

其中，激励函数 $f(\cdot)$ 可取单极性阈值函数或双极性阈值函数 $\mathrm{sgn}(t)$。如果取单极性阈值函数，则 HoPfield 网络的神经元的输出 $v_i(t+1)$ 取离散值 1 或 0，如果取双极性阈值函数，

则 HoPfield 网络的神经元的输出 $v_i(t+1)$ 取离散值 1 或 −1。取双极性阈值函数时，$v_i(t+1)$ 表示为

$$v_i(t+1)=\begin{cases}1, & \sum\limits_{\substack{j=1\\j\neq i}}^{n} w_{ij}v_j(t)+b_i\geqslant 0\\ -1, & \sum\limits_{\substack{j=1\\j\neq i}}^{n} w_{ij}v_j(t)+b_i<0\end{cases} \tag{6.7}$$

反馈网络稳定时每个神经元的状态都不再改变，此时的稳定状态就是网络的输出，表示为 $\lim\limits_{t\to\infty}x(t)$。

6.2.2　离散 Hopfield 神经网络的运行规则

Hopfiled 网络按动力学方式运行，其工作过程为状态的演化过程，即从初始状态按“能量”(Lyapunov 函数)减小的方向进行演化，直到达到稳定状态，稳定状态即为网络的输出。

Hopfiled 网络的工作方式主要有以下两种形式：

(1) 串行(异步)工作方式：在任一时刻 t，只有某一神经元 i(随机的或确定的选择)的状态改变，而其他神经元的状态不变。

$$x_j(t+1)=\begin{cases}\text{sgn}[\text{net}_j(t)], & j=i\\ x_j(t), & j\neq i\end{cases} \tag{6.8}$$

(2) 并行(同步)工作方式：在任一时刻 t，部分神经元或全部神经元的状态同时改变。

$$x_j(t+1)=\text{sgn}[\text{net}_j(t)]\quad j=1,2,\cdots,n \tag{6.9}$$

6.2.3　离散 Hopfield 神经网络的运行过程

1. 网络的稳定性

图 6.4 给出了动力学系统的几种运行状态：

(1) 图 6.4(a)表明，如果网络是稳定的，它可以从任一初态收敛到一个稳态。

(2) 图 6.4(b)表明，若网络是不稳定的，由于 DHNN 网每个节点的状态只有 1 和 −1 两种情况，网络不可能出现无限发散的情况，而只可能出现限幅的自持振荡，这种网络称为有限环网络。

(3) 图 6.4(c)表明，如果网络状态的轨迹在某个确定的范围内变迁，但既不重复也不停止，状态变化为无穷多个，轨迹也不发散到无穷远，这种现象称为混沌。

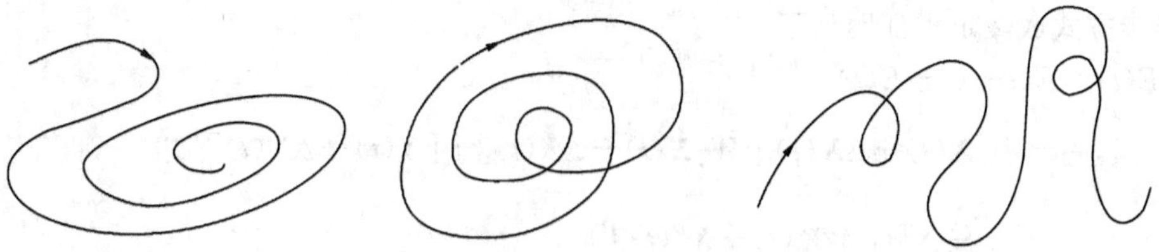

(a)　(b)　(c)

图 6.4　动力学系统的几种运行状态

2. 网络的吸引子

网络的稳定状态可定义为：若网络从某一时刻以后状态不再发生变化，则称网络处于

稳定状态。此时：

$$v(t+\Delta t)=v(t),\ \Delta t>0 \tag{6.10}$$

网络达到稳定时的状态，称为网络的吸引子。显然：

(1) 如果把吸引子视为问题的解，从初态朝吸引子演变的过程便是求解的过程。

(2) 如果把需记忆的样本信息存储于网络不同的吸引子，当输入含有部分记忆信息的样本时，网络的演变过程便是从部分信息寻找全部信息，即联想回忆的过程。

3. 能量函数

Hopfield 提出了人工神经网络能量函数(也称 Lyapunov 函数)的概念，使网络的运行稳定性判断有了可靠而简便的依据。

Hopfield 网络的能量函数可定义为

$$E=-\frac{1}{2}\sum_{\substack{i=1\\ i\neq j}}^{n}\sum_{\substack{j=1\\ i\neq j}}^{n}w_{ij}v_iv_j+\sum_{i=1}^{n}b_iv_i \tag{6.11}$$

其矩阵形式为

$$E(t)=-\frac{1}{2}\boldsymbol{X}^{\mathrm{T}}(t)\boldsymbol{W}\boldsymbol{X}(t)+\boldsymbol{X}^{\mathrm{T}}(t)\boldsymbol{T} \tag{6.12}$$

令网络的能量改变量为 ΔE，状态改变量为 $\Delta\boldsymbol{X}$，有

$$\Delta E(t)=E(t+1)-E(t) \tag{6.13}$$

$$\Delta\boldsymbol{X}(t)=\boldsymbol{X}(t+1)-\boldsymbol{X}(t) \tag{6.14}$$

4. DHNN 异步方式收敛定理

1) 异步工作方式下的运行步骤

离散 Hopfield 网络在异步工作方式下的运行步骤如下：

Step1：网络初始化。

Step2：从网络中随机选取一个神经元 i。

Step3：按式(6.5)求出该神经元的输入 $u_i(t)$。

Step4：按式(6.6)求出该神经元的输出 $v_i(t+1)$，此时网络其他神经元的输出保持不变。

Step5：判断网络是否达到稳定状态，否则转到 Step2 继续运行。

2) 异步工作方式下的网络收敛定理

对于 DHNN 网，若按异步方式调整网络状态，且连接权矩阵 $\boldsymbol{W}$ 为对称阵，则对于任意初态，网络都最终收敛到一个吸引子。

异步方式收敛定理证明如下：

$$\begin{aligned}\Delta E(t)&=E(t+1)-E(t)\\&=-\frac{1}{2}[\boldsymbol{X}(t)+\Delta\boldsymbol{X}(t)]^{\mathrm{T}}\boldsymbol{W}[\boldsymbol{X}(t)+\Delta\boldsymbol{X}(t)]+[\boldsymbol{X}(t)+\Delta\boldsymbol{X}(t)]^{\mathrm{T}}\boldsymbol{T}\\&\quad-[-\frac{1}{2}\boldsymbol{X}^{\mathrm{T}}(t)\boldsymbol{W}\boldsymbol{X}(t)+\boldsymbol{X}^{\mathrm{T}}(t)\boldsymbol{T}]\\&=-\Delta\boldsymbol{X}^{\mathrm{T}}(t)\boldsymbol{W}\boldsymbol{X}(t)-\frac{1}{2}\Delta\boldsymbol{X}^{\mathrm{T}}(t)\boldsymbol{W}\Delta\boldsymbol{X}(t)+\Delta\boldsymbol{X}^{\mathrm{T}}(t)\boldsymbol{T}\\&=-\Delta\boldsymbol{X}^{\mathrm{T}}(t)[\boldsymbol{W}\boldsymbol{X}(t)-\boldsymbol{T}]-\frac{1}{2}\Delta\boldsymbol{X}^{\mathrm{T}}(t)\boldsymbol{W}\Delta\boldsymbol{X}(t)\end{aligned}$$

异步方式工作时，在任一时刻 t，只有一个神经元的状态改变，而其他神经元的状态不变。

设 $\Delta \boldsymbol{X}(t)=[0, \cdots, 0, \Delta x_j(t), 0, \cdots, 0]^{\mathrm{T}}$，并考虑到 $\boldsymbol{W}$ 为对称矩阵，有

$$\begin{aligned}\Delta E(t) &= -\Delta x_j(t)\left[\sum_{i=1}^{n}(w_{ij}x_i-\boldsymbol{T}_j)\right]-\frac{1}{2}\Delta x_j{}^2(t)w_{jj}\\ &= -\Delta x_j(t)\mathrm{net}_j(t)\end{aligned} \tag{6.15}$$

由于网络中各节点的状态只能取 1 或 −1，上式中可能出现以下 3 种情况：

(1) $x_j(t)=-1$、$x_j(t+1)=1$，所以 $\Delta x_j(t)=2$；另由式(6.7)知，此时必有 $\mathrm{net}_j(t)\geqslant 0$，故代入式(6.15)，得 $\Delta E(t)\leqslant 0$。

(2) $x_j(t)=1$，$x_j(t+1)=-1$，所以 $\Delta x_j(t)=-2$；另由式(6.7)知，此时必有 $\mathrm{net}_j(t)<0$，故代入式(6.15)，得 $\Delta E(t)<0$。

(3) $x_j(t)=x_j(t+1)$，所以 $\Delta x_j(t)=0$，代入式(6.15)，从而有 $\Delta E(t)=0$。

综上三种情况所述：在任何情况下“能量函数”值是单调减小，即 $\Delta E(t)\leqslant 0$。

另一方面，能量函数 $E(t)$ 作为网络状态的函数是有下界的。因此网络能量函数最终将收敛于一个常数，此时 $\Delta E(t)=0$ 。

5. DHNN 网同步方式收敛定理

对于 DHNN 网，若按同步方式调整状态，且连接权矩阵 $\boldsymbol{W}$ 为非负定对称阵，则对于任意初态，网络都最终收敛到一个吸引子。

同步方式收敛定理证明如下：

$$\begin{aligned}\Delta E(t) &= E(t+1)-E(t)\\ &= -\sum_{j=1}^{n}\Delta x_j(t)\,\mathrm{net}_j(t)-\frac{1}{2}\Delta \boldsymbol{X}^{\mathrm{T}}(t)\boldsymbol{W}\Delta \boldsymbol{X}(t)\\ &= -\Delta \boldsymbol{X}^{\mathrm{T}}(t)[\boldsymbol{W}\boldsymbol{X}(t)-\boldsymbol{T}]-\frac{1}{2}\Delta \boldsymbol{X}^{\mathrm{T}}(t)\boldsymbol{W}\Delta \boldsymbol{X}(t)\\ &= -\Delta \boldsymbol{X}^{\mathrm{T}}(t)\mathrm{net}(t)-\frac{1}{2}\Delta \boldsymbol{X}^{\mathrm{T}}(t)\boldsymbol{W}\Delta \boldsymbol{X}(t)\end{aligned}$$

前已证明，对于任何神经元 j，有 $-\Delta x_j(t)\mathrm{net}_j(t)\leqslant 0$。因此上式第一项不大于 0，只要 $\boldsymbol{W}$ 为非负定阵，第二项也不大于 0，于是有 $\Delta E(t)\leqslant 0$。

这就是说，$E(t)$ 最终将收敛到一个常数，对应的稳定状态是网络的一个吸引子。

6. DHNN 网的功能分析

在满足一定参数的条件下，Hopfield 网络“能量函数”(Lyapunov 函数)的“能量”在网络运行过程中应不断地降低。由于能量函数有界，所以系统必然会趋于稳定状态，该稳定状态即为 Hopfield 网络的输出。

能量函数与系统状态的关系如图 6.5 所示，曲线有全局最小点和局部最小点。在网络从初态向稳态演变的过程中，网络的能量始终向减小的方向演变，当能量最终稳定于一个常数时，该常数对应于网络能量的极小状态，称该极小状态为网络的能量井，能量井对应于网

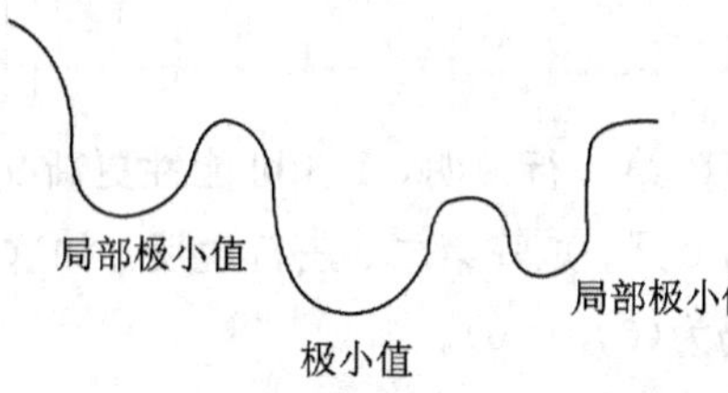

图 6.5　能量函数局部极小值图示

络的吸引子。

能使网络稳定在同一吸引子的所有初态的集合称为该吸引子的吸引域。

(1) 若 Xa 是吸引子，对于异步方式，若存在一个调整次序，使网络可以从状态 X 演变到 Xa，则称 X 弱吸引到 Xa；若对于任意调整次序，网络都可以从状态 X 演变到 Xa，则称 X 强吸引到 Xa。

(2) 若对某些 X，有 X 弱吸引到吸引子 Xa，则称这些 X 的集合为 Xa 的弱吸引域；若对某些 X，有 X 强吸引到吸引子 Xa，则称这些 X 的集合为 Xa 的强吸引域。

例 6.1 设有 3 节点 DHNN 网，用无向图表示如图 6.6 所示，权值与阈值均已标在图中，试计算网络演变过程的状态。

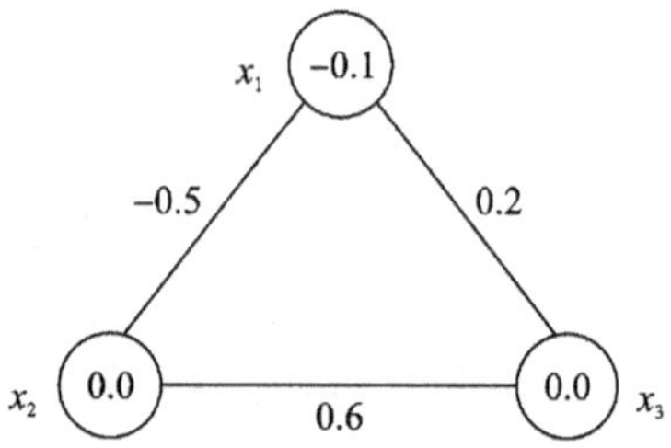

图 6.6 3 节点 DHNN 网

解 设各节点状态取值为 1 或 0，3 节点 DHNN 网络应有 $2^3=8$ 种状态。不妨将 $X=(x_1, x_2, x_3)=(0, 0, 0)$作为网络初态。

第一步：

(1) 假设这一步更新 x_1，其状态变化为

$$x_1=\text{sgn}[(-0.5)\times 0+0.2\times 0-(-0.1)]=\text{sgn}(0.1)=1$$

对于异步更新，每次仅有一个节点状态发生改变，而其他节点状态不变，故网络状态由(0, 0, 0)变成(1, 0, 0)。

(2) 如果这一步更新 x_2，$x_2=\text{sgn}[(-0.5)\times 0+0.6\times 0-0.0]=\text{sgn}(0)=0$ 将保持原态；

(3) 如果这一步更新 x_3，$x_3=\text{sgn}[0.6\times 0+0.2\times 0-0.0]=\text{sgn}(0)=0$ 也将保持原态。

可见：如这一步更新 x_2 或 x_3，其网络状态将仍为(0, 0, 0)。

综上所述，第一步网络状态保持不变的概率为 2/3，而变为(1, 0, 0)的概率为 1/3。

状态变化的分析可用矩阵形式表达。权值矩阵为

$$\boldsymbol{W}=\begin{bmatrix} 0 & -0.5 & 0.2 \\ -0.5 & 0 & 0.6 \\ 0.2 & 0.6 & 0 \end{bmatrix}$$

计算 $\boldsymbol{X}^{i+1}=f(\boldsymbol{W}\boldsymbol{X}^i-\boldsymbol{T})$，可判断 $\boldsymbol{X}^{i+1}$ 的状态：

$$\boldsymbol{X}^2=\text{sgn}(\boldsymbol{W}\boldsymbol{X}^1-\boldsymbol{T})=\text{sgn}\left(\begin{bmatrix} 0 & -0.5 & 0.2 \\ -0.5 & 0 & 0.6 \\ 0.2 & 0.6 & 0 \end{bmatrix}\begin{bmatrix} 0 \\ 0 \\ 0 \end{bmatrix}-\begin{bmatrix} -0.1 \\ 0 \\ 0 \end{bmatrix}\right)$$

$$=\text{sgn}\left(\begin{bmatrix} 0 \\ 0 \\ 0 \end{bmatrix}-\begin{bmatrix} -0.1 \\ 0 \\ 0 \end{bmatrix}\right)=\begin{bmatrix} 1 \\ 0 \\ 0 \end{bmatrix}$$

矩阵第一行说明，1/3 可能性更新 x_1，其节点状态 0→1，网络状态由$(0, 0, 0)^T$变成$(1, 0, 0)^T$。矩阵第二、三行说明，如这一步更新 x_2 或 x_3，其节点状态保持不变，网络状态将仍为(0, 0, 0)。

第二步：

由(1, 0, 0)状态考虑下一可能状态：

$$\boldsymbol{X}^3=\operatorname{sgn}(\boldsymbol{W}\boldsymbol{X}^2-\boldsymbol{T})=\operatorname{sgn}\left(\begin{bmatrix}0 & -0.5 & 0.2\\ -0.5 & 0 & 0.6\\ 0.2 & 0.6 & 0\end{bmatrix}\begin{bmatrix}1\\0\\0\end{bmatrix}-\begin{bmatrix}-0.1\\0\\0\end{bmatrix}\right)$$

$$=\operatorname{sgn}\left(\begin{bmatrix}0\\-0.5\\0.2\end{bmatrix}-\begin{bmatrix}-0.1\\0\\0\end{bmatrix}\right)=\begin{bmatrix}1\\0\\1\end{bmatrix}$$

矩阵第一行说明，1/3 可能性更新 x_1，其节点状态 1→1 保持不变。矩阵第二行说明，1/3 可能性更新 x_2，其节点状态 0→0 保持不变。矩阵第三行说明，1/3 可能性更新 x_3，其节点状态 0→1。网络保持原态的概率为 2/3，由(1，0，0)变成(1，0，1)的概率为 1/3。

第三步：

继续按照上述思路进行考察，并将状态演变过程用状态转移图表示如图 6.7 所示。

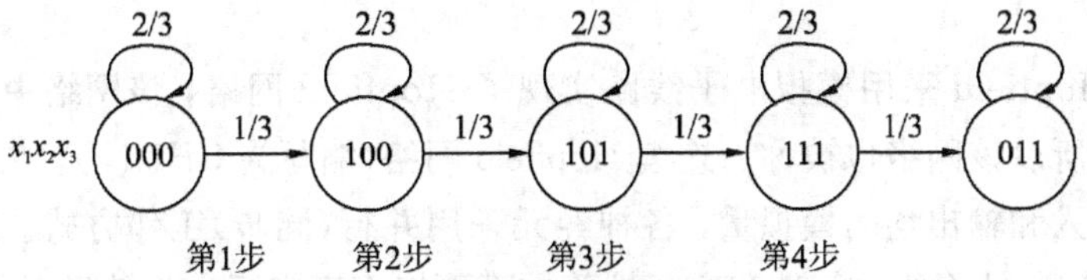

图 6.7　状态演变示意图

除图 6.7 中 5 个状态外，还有 3 个可能状态(0，0，1)，(0，1，0)和(1，1，0)尚未考虑。分别以它们为初态，考察其状态转移情况，可得图 6.8 所示的完整状态转移图。

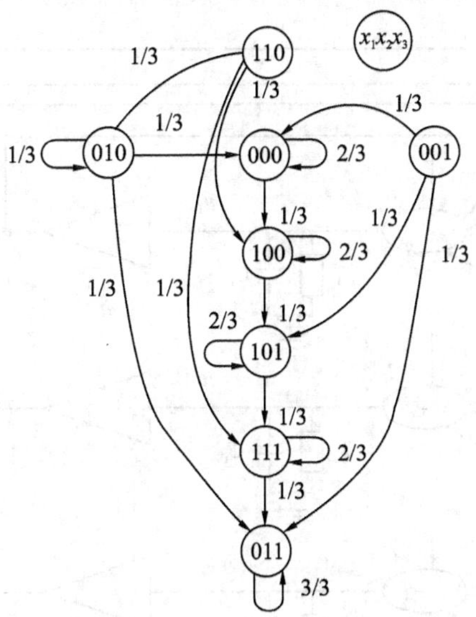

图 6.8　完整的状态演变示意图

由图可见(0，1，1)为网络的吸引子，其能量可用 $E(t)=-\frac{1}{2}\boldsymbol{X}^{\mathrm{T}}(t)\boldsymbol{W}\boldsymbol{X}(t)+\boldsymbol{X}^{\mathrm{T}}(t)\boldsymbol{T}$ 求得。显然，其能量值为这 8 个状态的最小值，具体计算如下：

$$E(t)=-\frac{1}{2}\begin{bmatrix}0 & 1 & 1\end{bmatrix}\begin{bmatrix}0 & -0.5 & 0.2\\ -0.5 & 0 & 0.6\\ 0.2 & 0.6 & 0\end{bmatrix}\begin{bmatrix}0\\1\\1\end{bmatrix}+\begin{bmatrix}0 & 1 & 1\end{bmatrix}\begin{bmatrix}-0.1\\0\\0\end{bmatrix}$$

$$=-\frac{1}{2}[-0.3\quad 0.6\quad 0.6]\begin{bmatrix}0\\1\\1\end{bmatrix}-0=-0.6$$

$$E_2(t)=-\frac{1}{2}[1\quad 1\quad 1]\begin{bmatrix}0 & -0.5 & 0.2\\-0.5 & 0 & 0.6\\0.2 & 0.6 & 0\end{bmatrix}\begin{bmatrix}1\\1\\1\end{bmatrix}+[1\quad 1\quad 1]\begin{bmatrix}-0.1\\0\\0\end{bmatrix}$$

$$=-\frac{1}{2}[-0.3\quad 0.1\quad 0.8]\begin{bmatrix}1\\1\\1\end{bmatrix}-0.1=-0.4$$

6.3 连续 Hopfield 神经网络

1984 年，Hopfield 采用模拟电子线路实现了 Hopfield 网络，该网络中神经元的激励函数为连续函数，所以该网络也被称为连续 Hopfield 网络(缩写为 CHNN)。在连续 Hopfield 网络中，网络的输入和输出均为模拟量，各神经元采用并行(同步)工作方式。因此，CHNN 相对于 DHNN 在信息处理的并行性和实时性等方面更接近于实际生物神经网络的工作机理。

6.3.1 连续 Hopfield 神经网络的网络模型

连续 Hopfield 神经网络结构如图 6.9 所示，图中每个神经元均由运算放大器及其相关的电路组成。

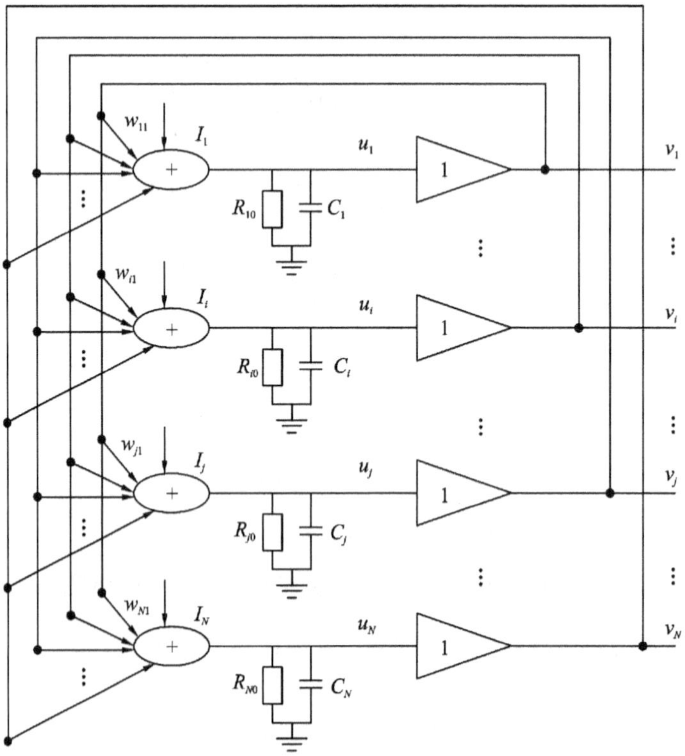

图 6.9 连续 Hopfield 神经网络

对于图中任意一个运算放大器 i（或神经元 i）都有两组输入：第一组是恒定的外部输入，用 I_i表示，这相当于放大器的电流输入；第二组是来自其他运算放大器的反馈连接，如：其中的另一任意运算放大器 j（或神经元 j）用 w_{ij} 表示，这相当于神经元 i 与神经元 j 之间的连接权值。u_i表示运算放大器 i 的输入电压，v_i表示运算放大器 i 的输出电压，它们之间的关系为

$$v_i = f(u_i) \tag{6.16}$$

其中的激励函数 $f(\cdot)$常取双曲线正切函数：

$$f(u_i) = \tanh\left(\frac{a_i u}{2}\right) = \frac{1-\exp(-a_i u_i)}{1+\exp(-a_i u_i)} \tag{6.17}$$

其中的 $a_i/2$ 为曲线在原点的斜率，即

$$\frac{a_i}{2} = \left.\frac{\mathrm{d}f(u_i)}{\mathrm{d}u_i}\right|_{u_i=0} \tag{6.18}$$

因此，a_i称为运算放大器（i 或神经元 i）的增益。

激励函数 $f(\cdot)$的反函数 $f^{-1}(\cdot)$为

$$u_i = f^{-1}(v_i) = -\frac{1}{a_i}\mathrm{lb}\left(\frac{1-v_i}{1+v_i}\right) \tag{6.19}$$

连续 Hopfield 神经网络的激励函数及反函数或连续 Hopfield 神经网络中运算放大器的输入/输出关系如图 6.10 所示。

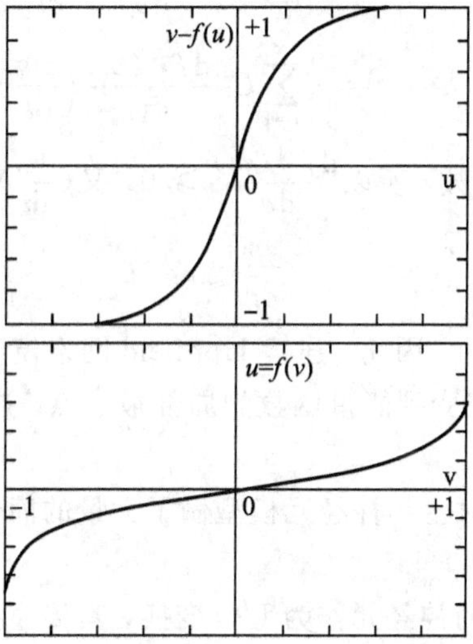

图 6.10　激励函数及反函数波形

对于图 6.9 所示的连续 Hopfield 神经网络模型，根据基尔霍夫电流定律有

$$C_i \frac{\mathrm{d}u_i}{\mathrm{d}t} + \frac{u_i}{R_{i0}} = \sum_{j=1}^{N} \frac{1}{R_{ij}}(v_j - u_i) + I_i$$

$$C_i \frac{\mathrm{d}u_i}{\mathrm{d}t} = \sum_{j=1}^{N} w_{ij}(v_j - u_i) + I_i - \frac{u_i}{R_{i0}} \tag{6.20}$$

其中，$w_{ij} = \frac{1}{R_{ij}}$。设$\frac{1}{R_i} = \frac{1}{R_{i0}} + \sum_{j=1}^{N} w_{ij}$，则式(6.19)为

$$C_i \frac{\mathrm{d}u_i}{\mathrm{d}t} = \sum_{j=1}^{N} w_{ij} v_j + I_i - \frac{u_i}{R_i} \tag{6.21}$$

与离散 Hopfield 神经网络相同的是连续 Hopfield 网络的突触权值是对称的，且无自反馈，即：$w_{ij}=w_{ji}, w_{ii}=0$。

对于连续 Hopfield 神经网络模型，能量(Lyapunov)函数定义如下：

$$E = -\frac{1}{2}\sum_{i=1}^{N}\sum_{j=1}^{N} w_{ij} v_i v_j + \sum_{i=1}^{N}\frac{1}{R_i}\int_0^{u_i} f^{-1}(v_i)\mathrm{d}v_i - \sum_{i=1}^{N} I_i v_i \tag{6.22}$$

6.3.2 连续 Hopfield 神经网络的稳定性分析

为证明该能量函数 E 是单调下降的，可求式(6.22)时间 t 的微分，即

$$\frac{\mathrm{d}E}{\mathrm{d}t} = \frac{\mathrm{d}E}{\mathrm{d}v_i}\frac{\mathrm{d}v_i}{\mathrm{d}t} = -\sum_{i=1}^{N}\left(\sum_{j=1}^{N} w_{ij} v_i - \frac{u_i}{R_j} + I_i \frac{\mathrm{d}v_i}{\mathrm{d}t}\right) \tag{6.23}$$

将式(6.21)代入式(6.23)，可得

$$\begin{aligned}\frac{\mathrm{d}E}{\mathrm{d}t} &= -\sum_{i=1}^{N} C_i \left(\frac{\mathrm{d}u_i}{\mathrm{d}t}\right)\frac{\mathrm{d}v_i}{\mathrm{d}t} \\ &= -\sum_{i=1}^{N} C_i \frac{\mathrm{d}f^{-1}(v_i)}{\mathrm{d}t}\frac{\mathrm{d}v_i}{\mathrm{d}t} \\ &= -\sum_{i=1}^{N} C_i \frac{\mathrm{d}f^{-1}(v_i)}{\mathrm{d}v_i}\frac{\mathrm{d}v_i}{\mathrm{d}t}\frac{\mathrm{d}v_i}{\mathrm{d}t} \\ &= -\sum_{i=1}^{N} C_i \frac{\mathrm{d}f^{-1}(v_i)}{\mathrm{d}v_i}\left(\frac{\mathrm{d}v_i}{\mathrm{d}t}\right)^2\end{aligned} \tag{6.24}$$

因为 $f^{-1}(v_i)$ 为单调增函数，所以 $\frac{\mathrm{d}f^{-1}(v_i)}{\mathrm{d}v_i} \geqslant 0$，又 $(\frac{\mathrm{d}v_i}{\mathrm{d}t})^2 \geqslant 0$，$C_i \geqslant 0$，因而有

$$\frac{\mathrm{d}E}{\mathrm{d}t} \leqslant 0 \tag{6.25}$$

由于能量函数 E 是有界的，因此，连续 Hopfield 网络模型是稳定的，也就意味着给定一个初始状态，网络将逐步演变到能量函数的局部最小点。这些局部最小点就是网络的稳定状态或吸引子。

连续 Hopfield 网络模型对生物神经元模型做了大量的简化，但仍突出了生物系统神经计算的主要特性：

(1) 连续 Hoprteld 网络的神经元作为 I/O 变换，其传输特性具有 Sigmoid 特性；

(2) 具有时空整合作用；

(3) 在神经元之间存在着大量的兴奋性和抑制性连接，这种连接主要是通过反馈来实现；

(4) 具有既代表产生动作电位的神经元，又有代表按渐进方式工作的神经元。这就是说保留了动态和非线性两个最重要的计算特性。

6.4 Hopfield 神经网络的应用

Hopfield 网络已成功地应用在图像处理、语音处理、控制、信号处理、数据查询、容错

计算、模式分类、模式识别和知识处理等多种场合。从概念上讲，Hopfield 网络的应用方式也主要有两种——联想记忆与优化计算。

6.4.1　联想记忆

Hopfield 网络用于联想记忆时，是通过一个学习训练过程确定好网络中的权系数，使所记忆的信息在网络 n 维超立方体的某一个吸引子上。当向网络输入不完全正确的数据，通过状态不断变化，网络仍然能够给出所记忆信息的完整输出。

1. 外积存储规则

如果能把 Hopfield 神经网络的稳态吸引子与需要存储记忆的向量对应起来，则离散 Hopfield 神经网络就可以用于联想记忆。下面介绍利用外积存储规则，设计 n 维离散 Hopfield 神经网络权系数。

假定离散 Hopfield 神经网络中要存储的 P 个向量$\{u^1, u^2, \cdots, u^p\}$，其中 $u^p \in \{-1, +1\}$，$p=1, 2, \cdots, P$。如果网络权值采用无监督 Hebb 学习规则，于是有

$$w_{ij} = \sum_{p=1}^{P} u_i^p u_j^p \tag{6.26}$$

式中，u_i^p和 u_j^p分别为第 p 个待存向量的第 i 个和第 j 个元素。

由于离散 Hopfield 神经网络节点没有自反馈，权矩阵对角元素应为零。因此权矩阵可写为

$$\boldsymbol{\omega} = \frac{1}{n} \sum_{p=1}^{P} [\boldsymbol{u}^p (\boldsymbol{u}^p)^{\mathrm{T}} - \boldsymbol{I}] \tag{6.27}$$

式中，$\boldsymbol{I}$ 为单位矩阵，$\boldsymbol{u}^p (\boldsymbol{u}^p)^{\mathrm{T}}$为向量 $\boldsymbol{u}^p$的外积。

用外积规则设计离散 Hopfield 神经网络并用于联想存储时，待存向量并不能保证存储到稳定吸引子上。这是因为假如网络权矩阵已经按式(6.27)确定，且网络的存储不存在误差，则输入已存向量 $\boldsymbol{u}^j$($j=1, 2, \cdots, P$)时，应有 $\mathrm{sgn}(\boldsymbol{\omega u}^j) = \boldsymbol{u}^j$。但事实上

$$\boldsymbol{\omega u}^j = \left\{\frac{1}{n}\sum_{p=1}^{P}[\boldsymbol{u}^p(\boldsymbol{u}^p)^{\mathrm{T}} - \boldsymbol{I}]\right\}\boldsymbol{u}^j = \frac{1}{n}\sum_{p=1}^{P}[\boldsymbol{u}^p(\boldsymbol{u}^p)^{\mathrm{T}}\boldsymbol{u}^j] - \frac{1}{n}\boldsymbol{u}^j \tag{6.28}$$

式(6.28)右边第一项为

$$\frac{1}{n}\sum_{p=1}^{P}[\boldsymbol{u}^p(\boldsymbol{u}^p)^{\mathrm{T}}\boldsymbol{u}^j] = \frac{1}{n}\sum_{p=1}^{P}[(\boldsymbol{u}^p)^{\mathrm{T}}\boldsymbol{u}^j]\boldsymbol{u}^p \tag{6.29}$$

由于$(\boldsymbol{u}^j)^{\mathrm{T}}\boldsymbol{u}^j = n$，因此有

$$\boldsymbol{\omega u}^j = \frac{n-1}{n}\boldsymbol{u}^j + \frac{1}{n}\sum_{\substack{p=1\\p\neq j}}^{P}[(\boldsymbol{u}^p)^{\mathrm{T}}\boldsymbol{u}^j]\boldsymbol{u}^p \tag{6.30}$$

可见，欲使 $\mathrm{sgn}(\boldsymbol{\omega u}^j) = \boldsymbol{u}^j$，当且仅当各待存向量满足：

$$\sum_{\substack{p=1\\p\neq j}}^{P}[(\boldsymbol{u}^p)^{\mathrm{T}}\boldsymbol{u}^j]\boldsymbol{u}^p = 0 \tag{6.31}$$

这说明，如果各存储向量 $\boldsymbol{u}^j$满足两两正交的条件，存储时不存在误差，规模为 n 维的网络最多可记忆 n 个模式。显然，一般情况下这个条件并不满足，网络的存储时间也因此存在误差。

2. 存储容量与联想能力

一般情况下，模式样本不可能都满足两两正交的条件。对于非正交模式，网络的信息

存储容量会大大降低。可把式(6.28)右边第二项看成噪声信号，那么，为了达到较高的信噪比，所存向量数 P 应远小于向量维数 n 。

有研究表明：当 $P/n>0.138$ 时，由于存储误差越来越大，网络的联想功能也越来越差，所以最终无法实现联想记忆功能。

存储容量是指一定规模的网络可存储的二值向量，即稳态吸引子的平均最大数量。网络的容量与联想功能有密切关系，如果存储的向量是正交的，每一个原始模式就对应一个能量函数的局部最小值。

联想能力是指网络输入与存储样本的信号存在一定误差时，网络能够演化，并稳定到被存储的样本上。显然，网络的容量与联想能力这两个指标是矛盾的，容量越大，联想能力就越小。

除了网络存在存储误差，离散 Hopfield 神经网络用于联想存储的另一个问题是系统中除了期望的稳定状态之外，还存在一些不希望的稳定状态，这些状态称为系统的多余吸引子。

6.4.2　优化计算

Hopfield 网络用于优化计算时将稳态视为某一优化计算问题目标函数的极小点，则由初态向稳态收敛的过程就是优化计算过程。

用连续 Hopfield 神经网络解决优化问题一般需要以下几个步骤：

(1) 对于特定的问题，要选择一种合适的表示方法，使得神经网络的输出与问题的解相对应；

(2) 构造网络能量函数，使其最小值对应于待求问题的最佳解；

(3) 用能量函数确定神经网络权系数与偏流的表达式，进一步确定网络的结构；

(4) 根据网络结构建立电子线路并运行，其稳态就是在一定条件下的问题优化解。

6.5　反馈神经网络的 MATLAB 仿真实例

6.5.1　Elman 神经网络的 MATLAB 实现

表 6-1 列出了 MATLAB 神经网络工具箱中提供的 Elman 神经网络工具函数和基本功能。读者可利用 help 命令得到相关函数的进一步介绍。

表 6-1　Elman 神经网络的重要函数和基本功能

函数名	功　能
newelm()	生成一个 Elman 神经网络
trains()	根据已设定的权值和阈值对网络进行顺序训练
traingdx()	自适应学习速率动量梯度下降反向传播训练函数
learngdm()	动量梯度下降权值和阈值学习函数

例 6.2　表 6-2 为某单位办公室七天上午 9 点到 12 点的空调负荷数据，数据已经做了归一化处理，预测方法采用前 6 天的数据作为网络的训练样本，每 3 天的负荷作为输入

向量，第 4 天的负荷作为目标向量，第 7 天的数据作为网络的测试数据。

表 6-2　空调负荷数据表

时间	9 时负荷	10 时负荷	11 时负荷	12 时负荷
第 1 天	0.4413	0.4707	0.6953	0.8133
第 2 天	0.4379	0.4677	0.6981	0.8002
第 3 天	0.4517	0.4725	0.7006	0.8201
第 4 天	0.4557	0.4790	0.7019	0.8211
第 5 天	0.4601	0.4811	0.7101	0.8298
第 6 天	0.4612	0.4845	0.7188	0.8312
第 7 天	0.4615	0.4891	0.7201	0.8330

解　MATLAB 代码如下：

```
%根据预测方法得到输入向量和目标向量
P=[0.4413 0.4707 0.6953 0.8133 0.4379 0.4677 0.6981 0.8002 0.4517 0.4725
   0.7006 0.8201;
   0.4379 0.4677 0.6981 0.8002 0.4517 0.4725 0.7006 0.8201 0.4557 0.4790
   0.7019 0.8211;
   0.4517 0.4725 0.7006 0.8201 0.4557 0.4790 0.7019 0.8211 0.4601 0.4811
   0.7101 0.8298;]';
T=[0.4557 0.4790 0.7019 0.8211;
   0.4601 0.4811 0.7101 0.8298;
   0.4612 0.4845 0.7188 0.8312]';
%输入向量的取值范围为[0 1]，用 threshold 来标记
threshold=[0 1;0 1;0 1;0 1;0 1;0 1;0 1;0 1;0 1;0 1;0 1;0 1];
%创建一个 Elman 神经网络，隐含层的神经元为 17 个，4 个输出层神经元，隐含
层激活函数为 tansig，输出层激活函数为 purelin
net=newelm(threshold,[17, 4],{'tansig', 'purelin'});
net.trainParam.epochs=500;
net=init(net);
net=train(net, P, T);
%输入测试数据
P_test=[0.4557 0.4790 0.7019 0.8211 0.4601 0.4811 0.7101 0.8298 0.4612 0.
4845 0.7188 0.8312]';
%给出第 7 天的实际负荷值
T_test=[0.4615 0.4891 0.7201 0.8330]';
%预测第 7 天的负荷值
y=sim(net, P_test)
figure;
```

```
%实际负荷值与预测负荷值的比较
plot(9:12, T_test, '—', 9:12, y, '*');
legend('实际负荷值', '预测负荷值')
```

经过 500 次训练后，网络训练误差达到 0.000 161 911。图 6.11 给出了仿真输出的预测负荷 y 值与实际负荷值的比较，可见网络的预报误差是比较小的。个别时间出现相对较大误差是因为训练样本数据太小所造成的。

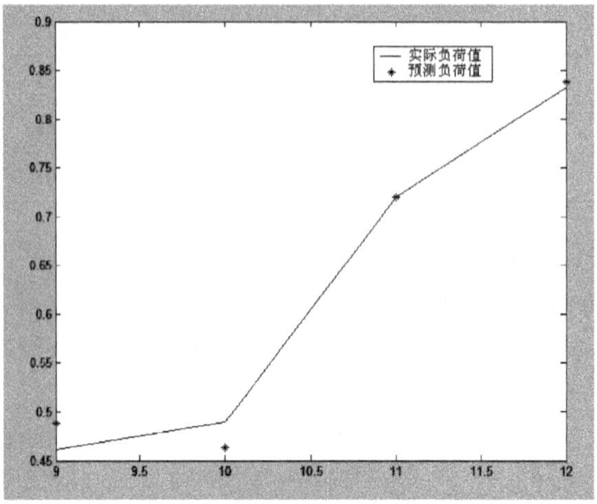

图 6.11　第 7 天 9 点～12 点预测负荷与实际负荷的比较

6.5.2　Hopfield 神经网络的 MATLAB 实现

表 6-3 列出了 MATLAB 神经网络工具箱 Hopfield 神经网络的相关函数和基本功能，利用 help 命令，可进一步得到相关函数的详细介绍。

表 6-3　Hopfield 网络的重要函数和基本功能

函数名	功能	函数名	功能
satlin()	饱和线性传递函数	newhop()	生成一个 Hopfield 回归网络
satlins()	对称饱和线性传递函数	nnt2hop()	更新 NNT 2.0 Hopfield 回归网络

1. newhop()

newhop()功能为生成一个 Hopfield 回归网络，其调用格式为 net=newhop(**T**)。
其中，net 为生成的神经网络，具有在 **T** 中的向量上稳定的点；**T** 是目标向量的矩阵(元素必须为-1 或 1)。Hopfield 神经网络仅有一层，其激活函数用 satlins()函数。

2. satlins()

satlins()为对称饱和线性传递函数，其调用格式为 A=satlins(N)。
其中，**A** 为输出向量矩阵；**N** 是由网络的输入向量组成的 **S** * **Q** 矩阵，返回的矩阵 **A** 与 **N** 的维数大小一致，**A** 的元素取值位于区间[0，1]内。当 **N** 中的元素介于-1 和 1 之间时，其输出等于输入；当输入值小于-1 时返回-1；当输入值大于 1 时返回 1。

例 6.3　设印刷体数字由点阵构成，就是将数字分成很多小方块，每个方块对应数字的一部分，构成数字部分的方块用 1 表示，空白处用-1 表示。试设计一个 Hopfield 神经网络，以便正确识别图 6.12 所示的印刷体的数字。

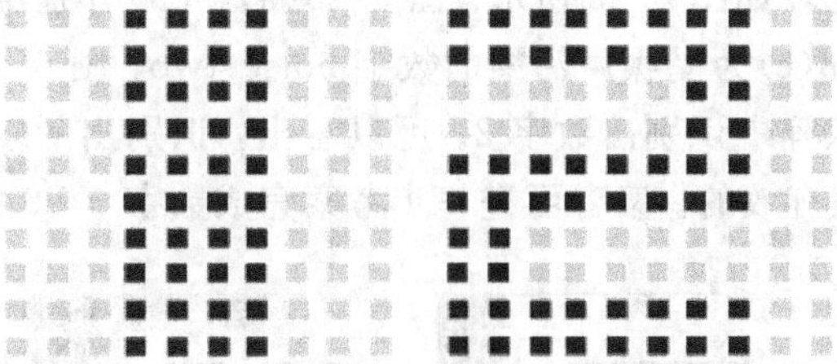

图 6.12　待识别的印刷体数字

首先给出数字 1 和 2 的点阵表示形式，MATLAB 代码如下：

```
%数字 1 的点阵表示
one=[-1 -1 -1 1 1 1 1 -1 -1 -1 -1 -1 -1 1 1 1 1 -1 -1 -1 -1 -1
     -1 1 1 1 1 -1 -1 -1 -1 -1 -1 1 1 1 1 -1 -1 -1 -1 -1 -1 1 1 1
     1 -1 -1 -1 -1 -1 -1 1 1 1 1 -1 -1 -1 -1 -1 -1 1 1 1 1 -1 -1
     -1 -1 -1 -1 1 1 1 1 -1 -1 -1 -1 -1 -1 1 1 1 1 -1 -1 -1 -1 -
     1 -1 1 1 1 1 -1 -1 -1];
%数字 2 的点阵表示
two=[1 1 1 1 1 1 1 1 -1 -1 1 1 1 1 1 1 1 1 -1 -1 -1 -1 -1 -1 -1 -1 1 1
     1 -1 -1 -1 -1 -1 -1 -1 -1 1 1 -1 -1 1 1 1 1 1 1 1 1 -1 -1 1 1
     1 1 1 1 1 1 -1 -1 1 1 -1 -1 -1 -1 -1 -1 -1 -1 1 1 -1 -1 -1 -
     1 -1 -1 -1 -1 1 1 1 1 1 1 1 1 -1 -1 1 1 1 1 1 1 1 1 -1 -1];
%设定网络的目标向量
T=[ one; two]';
%创建一个 Hopfield 神经网络
net=newhop(T);
%给定一个受噪声污染的数字 2 的点阵，所谓噪声是指数字点阵中某些本应为 1
的方块变成了-1
noise_two={[1 1 1 -1 1 1 -1 1 -1 -1 1 1 1 1 1 1 1 1 -1 -1 -1 1 1 -1 1 1
            -1 -1 1 1 -1 -1 -1 -1 1 1 -1 1 1 -1 1 1 -1 -1 1 1 1 1 1 1 1 1
            -1 -1 1 1 1 1 1 1 1 1 -1 -1 1 1 -1 -1 -1 -1 -1 -1 -1 -1
            1 1 -1 -1 -1 -1 -1 -1 -1 -1 1 1 1 1 -1 1 1 1 1 1 -1 -1 1 1 1
            -1 1 1 1 1 1 1 -1 -1]'};
%对网络进行仿真，样本为 1 个，网络的仿真步数为 5
No2=sim(net, {1, 5}, {}, noise_two)
%输出仿真结果向量矩阵中的第 3 列向量，并将其转置
No2{3}'
```

程序运行后，结果为

```
ans =1 1 1 1 1 1 1 1 -1 -1 1 1 1 1 1 1 1 1 -1 -1 -1 -1 -1 -1 -1 -1 1 1 1
     -1 -1 -1 -1 -1 -1 -1 -1 1 1 -1 -1 1 1 1 1 1 1 1 1 -1 -1 1 1 1 1
     1 1 1 1 1 -1 -1 1 1 1 -1 -1 -1 -1 -1 -1 -1 -1 1 1 1 -1 -1 -1 -1
```

−1 −1 −1 −1 1 1 1 1 1 1 1 1 −1 −1 1 1 1 1 1 1 1 1 −1 −1

数字识别的效果比较如图 6.13 所示。图 6.13(a)、(b)分别给出了数字 1 与数字 2 的标准点阵表示，图 6.13(c)为受噪声污染的数字 noise_two，图 6.13(d)为 Hopfield 神经网络从受污染的数字 2 点阵中识别出数字 2。可以看出，识别出的点阵与数字 2 的正常点是一致的，这证明网络是有效的。读者可进一步考察完成数字 0～9 的识别。

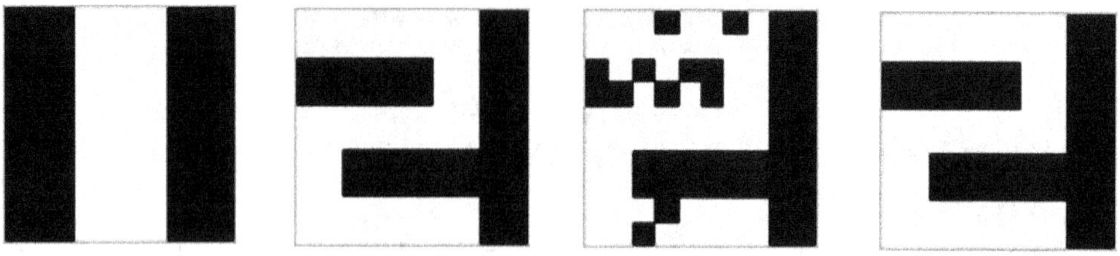

(a) 数字1　　(b) 数字2　　(c) 带噪声的数字noise_two　　(d) 仿真输出结果No2

图 6.13　数字识别效果比较

思 考 题

1. Elman 神经网络的承接层在网络中有何作用？试说明 Elman 神经网络对 BP 网络的改进之处。
2. 设有 3 节点 DHNN 网，共计 8 个双极性状态。网络结构如图 6.14 所示，阈值均为 0，权值已标在图中。
   (1) 求该网络的权值矩阵 $\boldsymbol{W}$；
   (2) 试计算网络演变过程的状态；
   (3) 计算对应于吸引子的能量值。

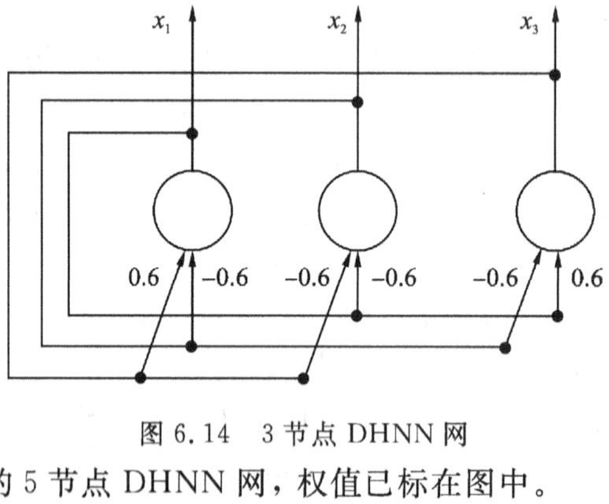

图 6.14　3 节点 DHNN 网

3. 如图 6.15 所示的 5 节点 DHNN 网，权值已标在图中。
   (1) 求该网络的权值矩阵 $\boldsymbol{W}$。
   (2) 从初态开始按照 1，2，… 的顺序进行异步更新，给定初始状态为
   $\boldsymbol{X}^1(0)=(-1, -1, 1, 1, 1)^{\mathrm{T}}$，$\boldsymbol{X}^2(0)=(-1, -1, 1, 1, -1)^{\mathrm{T}}$，$\boldsymbol{X}^3(0)=(-1, -1, -1, 1, -1)^{\mathrm{T}}$，$\boldsymbol{X}^4(0)=(-1, 1, -1, 1, -1)^{\mathrm{T}}$，$\boldsymbol{X}^5(0)=(1, -1, 1, 1, -1)^{\mathrm{T}}$，试判断哪个状态是网络的吸引子。

(3) 计算对应于吸引子的能量值。

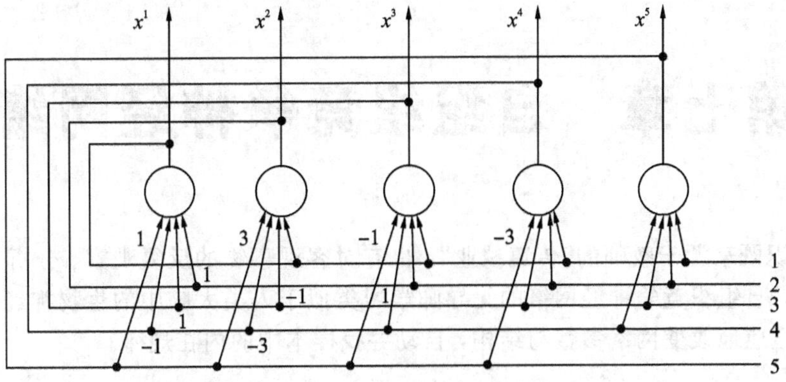

图 6.15　5 节点 DHNN 网

4. 某机器视觉系统需要对 0～9 的二值化图像进行识别。若以 1 表示笔画划过的小方块，−1 表示笔画未划过的小方块。试设计神经网络完成上述功能，完成 MATLAB 代码编写，并分析如有噪声污染，情况会怎么样。
5. 试说明连续 Hopfield 神经网络解决优化问题的基本思想。
6. 试说明 CHNN 神经网络解决优化计算问题的基本步骤。

第七章　自组织竞争神经网络

人的知识既来源于教师的“传道授业”，也有对客观事物的反复观察、分析与比较后的“无师自通”。自组织竞争神经网络的无导师学习类似于人类大脑中的生物神经网络，能够自组织、自适应地改变网络参数与结构，自动寻找样本中的内在规律。

7.1　模式分类的基本概念

模式识别就是让机器自动识别事物，其目的是利用计算机对物理对象进行分类，在错误概率最小的条件下使识别的结果尽量与客观物体相符合。

模式是对某些感兴趣客体的定量描述或结构描述，模式类是具有某些共同特征的模式的集合。

7.1.1　分类与聚类

机器辨别事物最基本的方法是计算。计算机要将待分析事物之间的相似性和相似程度进行计算，其关键是找到有效地度量不同类事物的差异的方法。

模式识别的判别方法主要有分类判别与聚类判别。

(1) 分类是在类别知识、先验知识等导师信号的指导下，将待识别的输入模式归并到各自的模式类。

(2) 聚类是无导师指导的分类，其目的是将相似的模式样本划归为一类，而将不相似的分离开。无导师学习的训练样本中不含有期望输出，它是在没有任何先验知识的前提下发现原始样本的分布与特性并进行归并。相似性是输入模式聚类的依据。

7.1.2　相似性测量

如何衡量相似度、如何决定聚类的类别数、如何考量分类的效果等都是聚类分析需要解决的问题。

模式向量间的相似性通常使用距离相似性和角度相似性来进行度量，其对应的有欧式距离法和余弦法。

1. 欧式距离法

两个输入模式向量间的欧式距离定义为

$$d=\|\boldsymbol{X}-\boldsymbol{X}_{\mathrm{i}}\|=\sqrt{(\boldsymbol{X}-\boldsymbol{X}_{\mathrm{i}})^{\mathrm{T}}(\boldsymbol{X}-\boldsymbol{X}_{\mathrm{i}})} \tag{7.1}$$

显然，当两个模式完全相同时，其欧式距离为零；模式向量的欧式距离越小，模式越相似。

如图 7.1(a)所示，最大欧式距离 T 可作为聚类判据。

对于单位向量，式(7.1)可进一步表示为

$$d=\|\boldsymbol{X}-\boldsymbol{X}_{\mathrm{i}}\|=\sqrt{(\boldsymbol{X}-\boldsymbol{X}_{\mathrm{i}})^{\mathrm{T}}(\boldsymbol{X}-\boldsymbol{X}_{\mathrm{i}})}=\sqrt{2(1-\boldsymbol{X}_{\mathrm{i}}\boldsymbol{X}^{\mathrm{T}})} \tag{7.2}$$

由(7.2)可知：欲使两单位向量的欧式距离最小，必须使两向量的点积最大。向量的最小欧式距离问题就转化为了求向量最大点积的问题。

2. 余弦法

两个输入模式样本向量之间的夹角余弦定义为

$$\cos\psi=\frac{\boldsymbol{X}^{\mathrm{T}}\boldsymbol{X}_{\mathrm{i}}}{\|\boldsymbol{X}\|\|\boldsymbol{X}_{\mathrm{i}}\|} \tag{7.3}$$

显然：当两个模式方向完全相同时，其夹角余弦为 1；两个模式向量越接近，其夹角余弦值越大。如图 7.1(b)所示，最大夹角 ψ_T 可作为一种聚类判据。

余弦法适合于模式向量长度相同或模式特征只与向量方向相关的相似性测量。

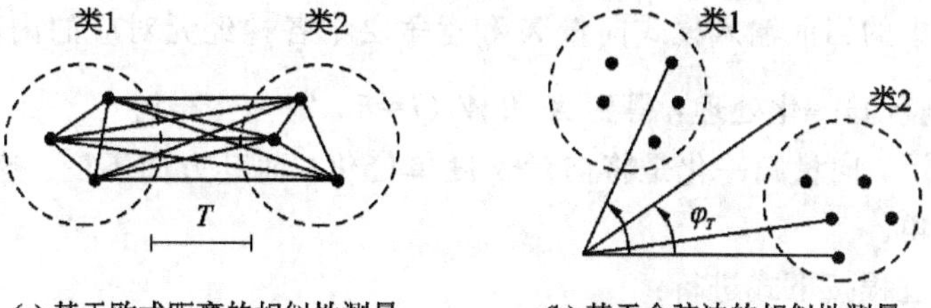

(a) 基于欧式距离的相似性测量　　(b) 基于余弦法的相似性测量

图 7.1　聚类的相似性测量

7.2　基本竞争型神经网络

7.2.1　基本竞争型神经网络结构

如图 7.2 所示，自组织竞争神经网络结构上属于层次型网络，模式归并是由模拟生物神经系统的竞争机制实现的。

(1) 输入层起“观察”作用，负责接收外界信息并将输入模式向竞争层传递。

(2) 竞争层起“分析比较”作用，负责找出规律并完成模式归类。各神经元之间的虚线连接线即是模拟生物神经网络层内神经元的侧抑制现象。神经细胞一旦兴奋，会对其周围的神经细胞产生抑制作用。

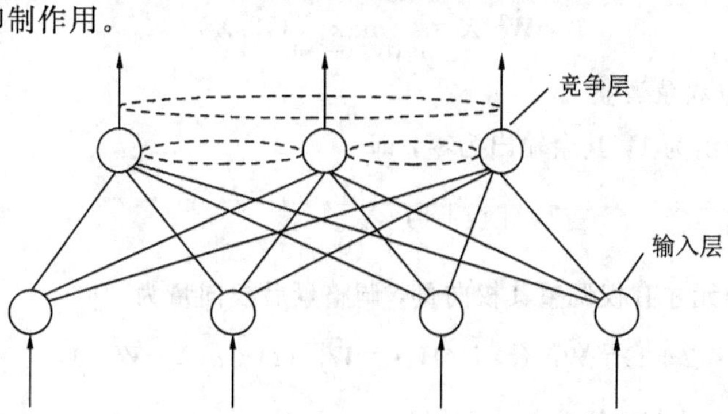

图 7.2　自组织竞争神经网络的典型结构

7.2.2 竞争学习策略

1. 胜者为王学习规则

人眼的视网膜、脊髓和海马中存在一种侧抑制现象。这种侧抑制使神经细胞之间呈现出竞争，一个兴奋程度越强的神经细胞对周围神经细胞的抑制作用也越强，其结果使其周围神经细胞兴奋度减弱，该神经细胞便是这次竞争的“胜者”。

竞争学习是自组织网络中最常用的一种学习策略，该策略的一种典型学习规则是“胜者为王”(Winner - Take - All)。竞争获胜神经元“唯我独兴”，进行权值调整，对周围其他神经元进行了强侧抑制，不允许它们权值调整。

胜者为王学习规则分为以下几个步骤。

1) 向量归一化

自组织网络中的当前输入模式向量 $\boldsymbol{X}$ 和竞争层中各神经元对应的内星向量 $\boldsymbol{W}_j(j=1, 2, \cdots, m)$全部进行归一化处理，得到 $\hat{\boldsymbol{X}}$ 和 $\hat{\boldsymbol{W}}_j(j=1, 2, \cdots, m)$。

如图 7.3 所示，向量归一化是将向量长度单位化，而其方向不变。这样，相似性考量只需比较向量夹角。

向量归一化过程按下式进行：

$$\hat{\boldsymbol{X}}=\frac{\boldsymbol{X}}{\|\boldsymbol{X}\|}=\left(\frac{x_1}{\sqrt{\sum\limits_{j=1}^{n}x_j^2}}\cdots\frac{x_n}{\sqrt{\sum\limits_{j=1}^{n}x_j^2}}\right)^{\mathrm{T}} \tag{7.4}$$

式中，归一化后的向量用“$\hat{\boldsymbol{X}}$”标记。

2) 寻找获胜神经元

对于输入模式向量 $\hat{\boldsymbol{X}}$，其竞争层的所有神经元的内星权向量 $\hat{\boldsymbol{W}}_j(j=1, 2, \cdots, m)$均与 $\hat{\boldsymbol{X}}$ 进行相似性考量。与 $\hat{\boldsymbol{X}}$ 最相似的内星权向量 $\hat{\boldsymbol{W}}_{j^*}$ 被判为竞争获胜神经元。

$$\|\hat{\boldsymbol{X}}-\hat{\boldsymbol{W}}_{j^*}\|=\min_{j\in\{1, 2, \cdots, m\}}\{\|\hat{\boldsymbol{X}}-\hat{\boldsymbol{W}}_j\|\}\quad(j=1, 2, \cdots, m) \tag{7.5}$$

因为向量 $\hat{\boldsymbol{W}}_j$ 和 $\hat{\boldsymbol{X}}$ 均为单位向量，所以竞争获胜神经元 $\hat{\boldsymbol{W}}_{j^*}$ 可通过最大点积的方法判断，即

$$\hat{\boldsymbol{W}}_{j^*}^{\mathrm{T}}\hat{\boldsymbol{X}}=\max_{j\in\{1, 2, \cdots, m\}}(\hat{\boldsymbol{W}}_j^{\mathrm{T}}\hat{\boldsymbol{X}}) \tag{7.6}$$

3) 网络输出与权值调整

获胜神经元输出为 1，其余输出为零，即

$$o_j(t+1)=\begin{cases}1, & j=j^*\\0, & j\neq j^*\end{cases} \tag{7.7}$$

只有获胜神经元才有权调整其权向量，调整量后权向量为

$$\begin{cases}\boldsymbol{W}_{j^*}(t+1)=\hat{\boldsymbol{W}}_{j^*}(t)+\Delta\boldsymbol{W}_{j^*}=\hat{\boldsymbol{W}}_{j^*}(t)+\alpha(\hat{\boldsymbol{X}}-\hat{\boldsymbol{W}}_{j^*}), & j=j^*\\\boldsymbol{W}_j(t+1)=\hat{\boldsymbol{W}}_j(t), & j\neq j^*\end{cases} \tag{7.8}$$

式中，$0<\alpha\leqslant 1$ 为学习率，α 一般随着学习的进展而减小，即调整的程度越来越小，并趋于

聚类中心。

4）循环运算，直到学习率 α 衰减到 0

权向量经过调整后，得到的新向量不再是单位向量，因此要对学习调整后的向量重新进行归一化，经循环运算，直到学习率 α 衰减到 0。

2. 竞争学习机理分析

如图 7.3(a)所示，输入模式向量为 2 维向量，用“○”表示。归一化后其矢端可以看成分布在图 7.3(b)中的单位圆上。从输入模式点的分布可以看出：它们大体上聚集为 4 簇，因而可以分为 4 类。

设图 7.3 中自组织竞争神经网络竞争层为 4 个神经元，对应的 4 个内星向量归一化后也标在同一单位圆上，用“＊”表示。训练前，单位圆上的＊是随机分布的。

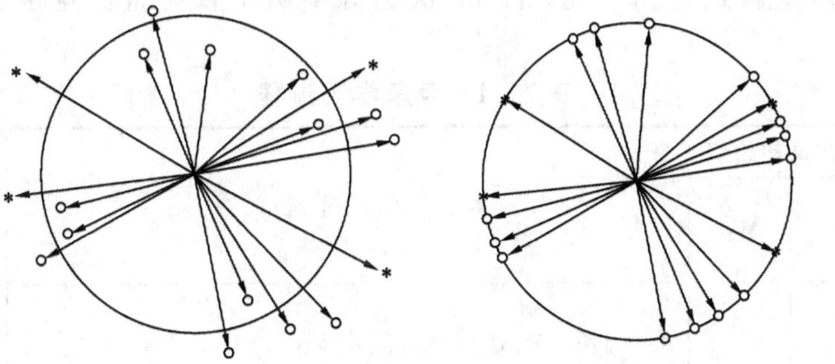

(a) 输入向量与内星权向量分布　　(b) 归一化后的输入向量内星权向量

图 7.3　输入向量与内星权向量的归一化

如图 7.4 所示，对于当前输入的模式向量 $\hat{\boldsymbol{X}}^p(t)$（用空心圆○表示），单位圆上各＊点代表的内星权向量依次同 $\hat{\boldsymbol{X}}^p(t)$ 点比较距离，结果是离得最近的那个＊点获胜。

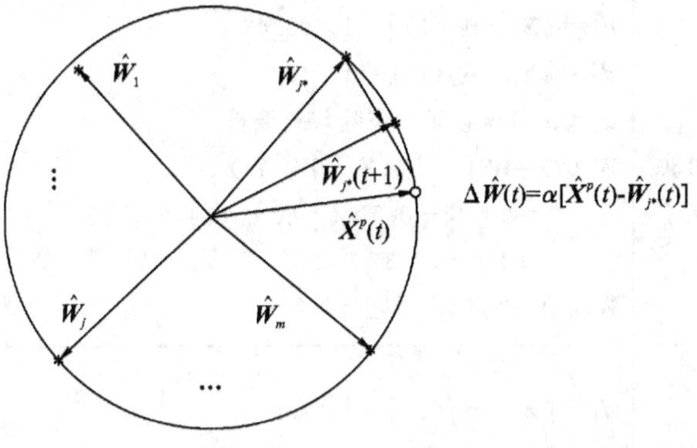

图 7.4　自组织竞争神经网络竞争层权向量的调整

获胜神经元按 $\Delta\boldsymbol{W}(t)=\alpha\left[\hat{\boldsymbol{X}}^p(t)-\hat{\boldsymbol{W}}_{j^*}(t)\right]$进行权值调整。调整的结果是使 $\hat{\boldsymbol{W}}_{j^*}(t+1)$ 进一步接近当前输入 $\hat{\boldsymbol{X}}^p(t)$了。显然，当下次出现与○点相像的同簇内的输入模式时，上次获胜的＊点更容易获胜。

按照上述方式经过充分训练后，单位圆上的 4 个＊点会逐渐移入各输入模式的簇中心。这就是说，竞争层每个神经元的权向量将成为输入模式的一个聚类中心。具体分析过程通过例 7.1 说明。

例 7.1　用竞争学习算法将下列各模式分为两类：

$$\boldsymbol{X}^1=\begin{pmatrix}0.8\\0.6\end{pmatrix},\ \boldsymbol{X}^2=\begin{pmatrix}0.1736\\-0.9848\end{pmatrix},\ \boldsymbol{X}^3=\begin{pmatrix}0.707\\0.707\end{pmatrix},\ \boldsymbol{X}^4=\begin{pmatrix}0.342\\-0.9397\end{pmatrix},\boldsymbol{X}^5=\begin{pmatrix}0.6\\0.8\end{pmatrix}$$

解　为作图方便，将上述模式转换成极坐标形式：

$\boldsymbol{X}^1=1\angle 36.89°$，$\boldsymbol{X}^2=1\angle -80°$，$\boldsymbol{X}^3=1\angle 445°$，$\boldsymbol{X}^4=1\angle -70°$，$\boldsymbol{X}^5=1\angle 53.13°$

因为要求将各模式分为两类，故竞争层设两个权向量。假设其初始值为单位向量：

$$\boldsymbol{W}_1(0)=\begin{pmatrix}1\\0\end{pmatrix}=1\angle 0°,\ \boldsymbol{W}_2(0)=\begin{pmatrix}-1\\0\end{pmatrix}=1\angle -180°$$

取学习率 $\eta=0.5$，按 1～5 的顺序依次输入模式向量，用式(7.8)给出的算法调整权值，每次修改后重新进行归一化。前 20 次训练中两个权向量的竞争学习过程列于表 7-1中。

表 7-1　竞争学习过程

学习次数	输入模式向量	权向量初始值		竞争过程	权向量调整结果	
		$\boldsymbol{W}_1$	$\boldsymbol{W}_2$		$\boldsymbol{W}_1$	$\boldsymbol{W}_2$
1	$\boldsymbol{X}_1$	0°	0°	$d_1=\lVert\boldsymbol{X}_1-\boldsymbol{W}_1(0)\rVert=1\angle 36.89°$， $d_2=\lVert\boldsymbol{X}_1-\boldsymbol{W}_2(0)\rVert=1\angle 216.89°$ $d_1<d_2$，神经元 1 获胜，$\boldsymbol{W}_1$ 调整 $\boldsymbol{W}_1(1)=\boldsymbol{W}_1(0)+\alpha(\boldsymbol{X}_1-\boldsymbol{W}_1(0))=0+0.5\times 36.89$ $=1\angle 18.43°$ $\boldsymbol{W}_2(1)=\boldsymbol{W}_2(0)=1\angle -180°$	18.43°	−180°
2	$\boldsymbol{X}_2$	18.43°	−180°	$d_1=\lVert\boldsymbol{X}_2-\boldsymbol{W}_1(1)\rVert=1\angle 98.43°$， $d_2=\lVert\boldsymbol{X}_2-\boldsymbol{W}_2(1)\rVert=1\angle 100°$ $d_1<d_2$，神经元 1 获胜，$\boldsymbol{W}_1$ 调整 $\boldsymbol{W}_1(2)=\boldsymbol{W}_1(1)+\alpha(\boldsymbol{X}_2-\boldsymbol{W}_1(1))$ $=18.43+0.5\times(-80-18.43)$ $=1\angle -30.8°$ $\boldsymbol{W}_2(2)=\boldsymbol{W}_2(1)=1\angle -180°$	−30.8°	−180°
3	$\boldsymbol{X}_3$	−30.8°	−180°	$d_1=\lVert\boldsymbol{X}_3-\boldsymbol{W}_1(2)\rVert=1\angle 75.8°$， $d_2=\lVert\boldsymbol{X}_3-\boldsymbol{W}_2(2)\rVert=1\angle 225°$ $d_1<d_2$，神经元 1 获胜，$\boldsymbol{W}_1$ 调整 $\boldsymbol{W}_1(3)=\boldsymbol{W}_1(2)+\alpha(\boldsymbol{X}_3-\boldsymbol{W}_1(2))$ $=-30.8+0.5\times(45+30.8)=1\angle 7°$ $\boldsymbol{W}_2(3)=\boldsymbol{W}_2(2)=1\angle -180°$	7°	−180°

续表一

学习次数	输入模式向量	权向量初始值		竞争过程	权向量调整结果	
		$\boldsymbol{W}_1$	$\boldsymbol{W}_2$		$\boldsymbol{W}_1$	$\boldsymbol{W}_2$
4	$\boldsymbol{X}_4$	7°	−180°	$d_1=\Vert\boldsymbol{X}_4-\boldsymbol{W}_1(3)\Vert=1\angle 77°$, $d_2=\Vert\boldsymbol{X}_4-\boldsymbol{W}_2(3)\Vert=1\angle 110°$ $d_1<d_2$，神经元 1 获胜，$\boldsymbol{W}_1$ 调整 $\boldsymbol{W}_1(4)=\boldsymbol{W}_1(3)+\alpha(\boldsymbol{X}_4-\boldsymbol{W}_1(3))=7+0.5\times(-70-7)$ $=1\angle -31.5°$ $\boldsymbol{W}_2(4)=\boldsymbol{W}_2(3)=1\angle -180°$	- 32°	−180°
5	$\boldsymbol{X}_5$	−32°	−180°	$d_1=\Vert\boldsymbol{X}_5-\boldsymbol{W}_1(4)\Vert=1\angle 84.63°$, $d_2=\Vert\boldsymbol{X}_5-\boldsymbol{W}_2(4)\Vert=1\angle 126.87°$ $d_1<d_2$，神经元 1 获胜，$\boldsymbol{W}_1$ 调整 $\boldsymbol{W}_1(5)=\boldsymbol{W}_1(4)+\alpha(\boldsymbol{X}_5-\boldsymbol{W}_1(4))$ $=-31.5+0.5\times(53.13+31.5)\approx 1\angle 11°$ $\boldsymbol{W}_2(5)=\boldsymbol{W}_2(4)=1\angle -180°$	11°	−180°
6	$\boldsymbol{X}_1$	11°	−180°	$d_1=\Vert\boldsymbol{X}_1-\boldsymbol{W}_1(5)\Vert=1\angle 25.89°$, $d_2=\Vert\boldsymbol{X}_1-\boldsymbol{W}_2(5)\Vert=1\angle 216.89°$ $d_1<d_2$，神经元 1 获胜，$\boldsymbol{W}_1$ 调整 $\boldsymbol{W}_1(6)=\boldsymbol{W}_1(5)+\alpha(\boldsymbol{X}_1-\boldsymbol{W}_1(5))=11+0.5\times 25.89$ $\approx 1\angle 24°$ $\boldsymbol{W}_2(6)=\boldsymbol{W}_2(5)=1\angle -180°$	24°	−180°
7	$\boldsymbol{X}_2$	24°	−180°	$d_1=\Vert\boldsymbol{X}_2-\boldsymbol{W}_1(6)\Vert=1\angle 104°$, $d_2=\Vert\boldsymbol{X}_2-\boldsymbol{W}_2(6)\Vert=1\angle 100°$ $d_2<d_1$，神经元 2 获胜，$\boldsymbol{W}_2$ 调整 $\boldsymbol{W}_2(7)=\boldsymbol{W}_2(6)+\alpha(\boldsymbol{X}_2-\boldsymbol{W}_2(6))$ $=-180+0.5\times(-80+180)=1\angle -130°$ $\boldsymbol{W}_1(7)=\boldsymbol{W}_1(6)=1\angle 24°$	24°	−130°
8	$\boldsymbol{X}_3$	24°	−130°	$d_1=\Vert\boldsymbol{X}_3-\boldsymbol{W}_1(7)\Vert=1\angle 21°$, $d_2=\Vert\boldsymbol{X}_3-\boldsymbol{W}_2(7)\Vert=1\angle 175°$ $d_1<d_2$，神经元 1 获胜，$\boldsymbol{W}_1$ 调整 $\boldsymbol{W}_1(8)=\boldsymbol{W}_1(7)+\alpha(\boldsymbol{X}_3-\boldsymbol{W}_1(7))=24+0.5\times(45-24)$ $\approx 1\angle 34°$ $\boldsymbol{W}_2(8)=\boldsymbol{W}_2(7)=1\angle -130°$	34°	−130°

续表二

学习次数	输入模式向量	权向量初始值		竞争过程	权向量调整结果	
		W_1	W_2		W_1	W_2
9	X_4	34°	−130°	$d_1=\Vert X_4-W_1(8)\Vert=1\angle 104°$, $d_2=\Vert X_4-W_2(8)\Vert=1\angle 60°$ $d_2<d_1$，神经元 2 获胜，W_2 调整 $W_2(9)=W_2(8)+\alpha(X_4-W_2(8))$ $=-130+0.5\times(-70+130)=1\angle -100°$ $W_1(9)=W_1(8)=1\angle 34°$	34°	−100°
10	X_5	34°	−100°	$d_1=\Vert X_5-W_1(9)\Vert=1\angle 19.13°$, $d_2=\Vert X_5-W_2(9)\Vert=1\angle 153.13°$ $d_1<d_2$，神经元 1 获胜，W_1 调整 $W_1(10)=W_1(9)+\alpha(X_5-W_1(9))$ $=34+0.5\times(53.13-34)\approx 1\angle 44°$ $W_2(10)=W_2(9)=1\angle -100°$	44°	−100°
11	X_1	44°	−100°	略	40.5°	−100°
12	X_2	40.5°	−100°	略	40.5°	−90°
13	X_3	40.5°	−90°	略	43°	−90°
14	X_4	43°	−90°	略	43°	−81°
15	X_5	43°	−81°	略	47.5°	−81°
16	X_1	47.5°	−81°	略	42°	−81°
17	X_2	42°	−81°	略	42°	−80.5°
18	X_3	42°	−80.5°	略	43.5°	−80.5°
19	X_4	43.5°	−80.5°	略	43.5°	−75°
20	X_5	43.5°	−75°	略	48.5°	−75°

从表 7-1 中两个权向量的竞争学习过程可见：

(1) W_1 与 W_2 竞争，每次仅获胜的神经元进行学习，即权值调整。

(2) 在运算学习 20 次后，网络权值 W_1、W_2 趋于稳定：$W_1\to 45°$，$W_2\to -75°$。X_1、X_3、X_5 属于同一模式，其中心向量为 $\frac{1}{3}(X_1+X_2+X_3)=1\angle 45°=W_1$，$X_2$、$X_4$ 属于同一模式，其中心向量为：$\frac{1}{2}(X_2+X_4)=1\angle -75°=W_2$。

(3) 若学习率 α 保持为常数，则 W_1、W_2 将在中心向量附近摆动，永远也不收敛。当学习率随训练时间不断下降时，可使摆动逐步减弱。

7.2.3　特性分析

竞争网络的学习和训练过程实际上是对输入矢量的划分聚类过程。竞争学习网络实现模式分类与 BP 网络有所不同。BP 网络分类学习必须预先知道将输入模式分为几个类别，而竞争网络将给定的模式分为几类预先并不知道。

基本竞争网络适用于具有典型聚类特性的大量数据的辨识。当用一个明显不同的新的输入模式进行分类时，网络的分类能力可能会降低，甚至无法对其进行分类。这时可以采用下面介绍的自组织特征映射神经网络来解决。

7.3　自组织特征映射神经网络

自组织特征映射网(SOM)又称 Kohonen 网，它由 Helsink 大学的 T. Kohonen 教授在 1981 年提出。SOM 神经网络接收外界输入模式时，网络各区域对输入模式将有不同的响应特征，这一区域响应特征与人脑的自组织特性是类似的。

7.3.1　SOM 网的拓扑结构

如图 7.5 所示，SOM 网共有两层。输入层各神经元通过权向量将外界信息汇集到竞争层的各神经元，输入层神经元数目与样本维数相等；竞争层也是输出层，神经元的排列有多种形式，如一维线阵、二维平面阵和三维栅格阵。

图 7.5(a)给出了输出层按一维阵列组织的 SOM 网，它是最简单的自组织神经网络。图 7.5(b) 给出了输出按二维平面组织的 SOM 网，其输出层每个神经元同周围其他神经元侧向连接，排列成棋盘状平面。二维平面组织是最典型的组织方式，更具有大脑皮层的形象。

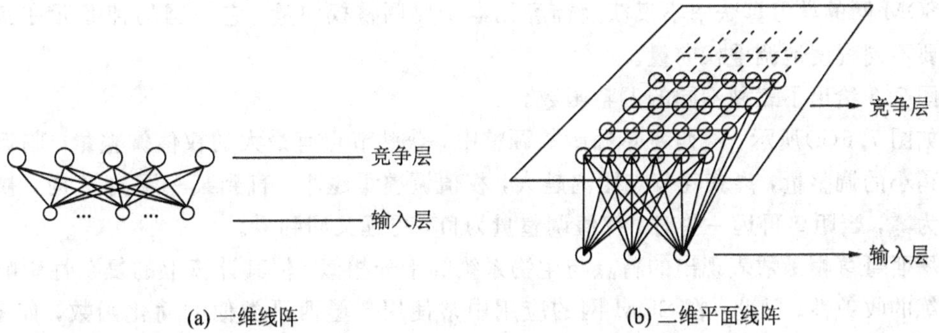

图 7.5　SOM 网的输出排列

7.3.2　SOM 网的工作原理

1. 生物学基础

生物学研究的事实表明：在人脑的感觉通道上，神经元组织是有序排列的。人脑通过感官接受外界特定的时空信息时，大脑皮层的特定区域兴奋，而且类似的外界信息所对应的兴奋区域也是邻近的。这种响应特点不是先天安排好的，而是通过后天的学习自组织形成的。

2. 运行过程

1）训练阶段

SOM 网络用大量训练样本通过自组织方式调整网络权值，最后使输出层各节点成为对特定模式类敏感的神经细胞，对应的内星权向量成为各输入模式类的中心向量，并且当两个模式类的特征接近时，代表这两类的节点在位置上也接近，从而在输出层形成能够反映样本模式类分布情况的有序特征图。

2）工作阶段

SOM 网络训练结束后，输出层各节点与各输入模式类的特定关系就完全确定了，因此可用作模式分类器。

当输入一个模式时，网络输出层代表该模式类的特定神经元将产生最大响应，从而将该输入自动归类。若向网络输入的模式不属于网络训练时见过的任何模式类，则 SOM 网只能将它归入最接近的模式类。

7.3.3 SOM 网的学习算法

1. 算法特征

SOM 网采用的学习算法称为 Kohonen 算法，是在胜者为王算法基础上加以改进而成的。二者的主要区别在于调整权向量与侧抑制的方式不同。

1）侧抑制方式

在胜者为王算法中，只有竞争获胜神经元才能调整权向量，其他任何神经元都无权调整，因此它对周围所有神经元的抑制是“封杀”式的。

SOM 网的获胜神经元对其邻近神经元的影响是由近及远，由兴奋逐渐转变为抑制。

2）调整权向量方式

SOM 网的学习算法中不仅获胜神经元本身要调整权向量，它周围的神经元在其影响下也要不同程度地调整权向量。

图 7.6 给出了三种不同的调整函数。

如图 7.6(a)所示，墨西哥草帽函数调整中，获胜节点有最大的权值调整量，临近的节点有稍小的调整量，离获胜节点距离越大，权值调整量越小，直到某一距离 d_0 时，权值调整量为零，当距离再远一些时，权值调整量为负，更远又回到零。

墨西哥草帽函数表现出的特点与生物系统的十分相似，但其计算上的复杂性影响了网络训练的收敛性。因此，在 SOM 网的应用中常使用与墨西哥类似的简化函数，如图 7.6(b)所示的大礼帽函数和 7.6(c)所示的进一步简化的厨师帽函数。

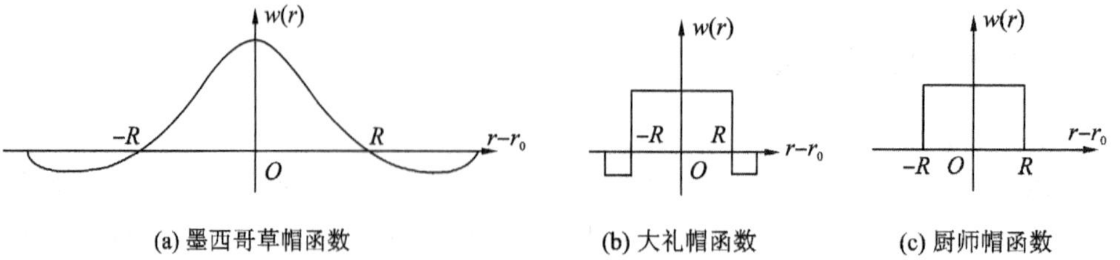

图 7.6　三种权值调整函数

2. 算法步骤

Kohonen 学习算法以获胜神经元为中心设定一个邻域半径，该半径圈定的范围称为优胜邻域。优胜邻域内的所有神经元均按其离开获胜神经元的距离不同程度地调整权值。优胜领域开始定得很大，但其大小随着训练次数的增加不断收缩，最终收敛到半径为零。

Kohonen 学习算法的流程图如图 7.7 所示。

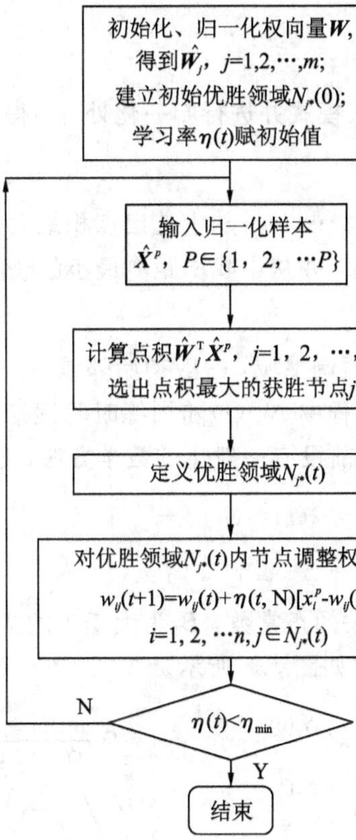

图 7.7　Kohonen 学习算法流程图

1）初始化

对输出层各权向量赋小随机数并进行归一化处理，得到 $\hat{W}_j$，$j=1, 2, \cdots, m$；建立初始优胜邻域 $N_{j^*}(0)$；学习率 η 赋初始值。

初始化过程应注意如下问题：

(1) 输出层的节点排列成哪种形式取决于实际应用的需要，排列形式应尽量直观反映出实际问题的物理意义。

例如，对于旅行路径类的问题，二维平面比较直观；对于一般的分类问题，一个输出节点节能代表一个模式类，用一维线阵意义明确，结构简单。

(2) SOM 网的权值一般初始化为较小的随机数，这样做的目的是使权向量充分分散在样本空间。若样本整体上相对集中于高维空间的某个局部区域，应尽量使权值的初始位置与输入样本的大概分布区域充分重合。

一种简单易行的方法是从训练集中随机抽取 m 个输入样本作为初始权值，即

$$\boldsymbol{W}_j(0)=\boldsymbol{X}^{k_{\text{ram}}},\ j=1, 2, \cdots, m$$

其中，k_{ran}是输入样本的顺序随机数，$k_{ran}\in\{1, 2, \cdots, P\}$。

另一种可行的办法是先计算出全体样本的中心向量 $\overline{\boldsymbol{X}}=\frac{1}{P}\sum_{p=1}^{P}\boldsymbol{X}^p$，再在该中心向量的基础上叠加小随机数作为权向量初始值。

(3) 在训练开始时，学习率可以选取较大的值，之后以较快的速度下降，这样有利于很快捕捉到输入向量的大致结构。

2) 接收输入

从训练集中随机选取一个输入模式并进行归一化处理，得到$\hat{\boldsymbol{X}}^p$，$p\in\{1, 2, \cdots, P\}$。

3) 寻找获胜节点

计算$\hat{\boldsymbol{X}}^p$与$\hat{\boldsymbol{W}}_j$的点积，$j=1, 2, \cdots, m$，从中选出点积最大的获胜节点 j^*；如果输入模式未经归一化，应计算其欧氏距离，并从中找出距离最小的获胜节点。

4) 定义优胜邻域 $\boldsymbol{N}_{j^*}(t)$

以 j^* 为中心确定 t 时刻的权值调整域，一般初始邻域 $N_{j^*}(0)$较大，邻域的形状可以是正方形、六边形或者菱形。训练过程中 $N_{j^*}(t)$随训练时间逐渐收缩，优势邻域的大小用邻域的半径 $r(t)$表示，$r(t)$的设计目前没有一般化的数学方法，通常凭借经验来选择。

$$\begin{aligned} r(t) &= C_1\left(1-\frac{t}{t_m}\right) \\ &= C_1 e^{-B_1 t/t_m} \end{aligned} \tag{7.9}$$

式中，C_1为于输出层节点数 m 有关的正常数，B_1为大于 1 的常数，t_m为预先选定的最大训练次数。优胜邻域的半径收缩调整如图 7.8 所示。

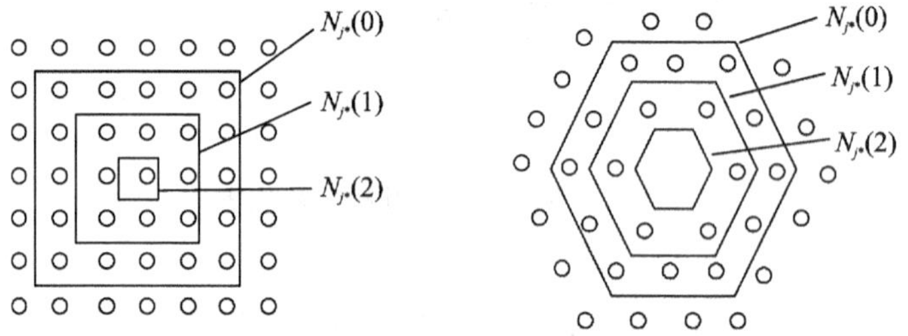

图 7.8 邻域 $N_{j^*}(t)$的收缩

5) 调整权值

对优胜邻域 $N_{j^*}(t)$内的所有节点调整权值：

$$w_{ij}(t+1)=w_{ij}(t)+\eta(t, N)[x_i^p-w_{ij}(t)], \quad i=1, 2, \cdots, n, j\in N_{j^*}(t) \tag{7.10}$$

式中，$\eta(t, N)$是训练时间 t 和邻域内第 j 个神经元与获胜神经元 j^* 之间的拓扑距离 N 的函数。该函数一般有以下规律：$t\uparrow\rightarrow\eta\downarrow$ 或 $N\uparrow\rightarrow\eta\downarrow$。

6) 结束检查

SOM 网的训练不存在输出误差的概念，训练结束的标准是判断学习率 $\eta(t, N)$是否衰减到零或某个预定的正小数。

若不满足结束条件，则回到步骤 2)输入样本向量继续学习。

7.3.4　SOM 网的功能应用

例 7.2　动物属性特征映射。

1989 年 Kohonen 给出一个 SOM 网的著名应用实例：动物属性特征映射。Kohonen 训练集中共有 16 种动物，如图 7.9 所示，每种用一个 29 维向量来表示，其中前 16 个分量构成符号向量，对不同的动物进行“16 取 1”编码；后 13 个分量构成属性向量，描述动物的 13 种属性，用 1 或 0 表示某动物该属性有或无。表 7－2 中的各列给出了 16 种动物的属性列向量。

表 7－2　16 种动物的属性向量

属性＼动物	鸽子	母鸡	鸭	鹅	猫头鹰	隼	鹰	狐狸	狗	狼	猫	虎	狮	马	斑马	牛
小	1	1	1	1	1	1	0	0	0	0	1	0	0	0	0	0
中	0	0	0	0	0	0	1	1	1	1	0	0	0	0	0	0
大	0	0	0	0	0	0	0	0	0	0	0	1	1	1	1	1
2 只腿	1	1	1	1	1	1	1	0	0	0	0	0	0	0	0	0
4 只腿	0	0	0	0	0	0	0	1	1	1	1	1	1	1	1	1
毛	0	0	0	0	0	0	0	1	1	1	1	1	1	1	1	1
蹄	0	0	0	0	0	0	0	0	0	0	0	0	0	1	1	1
鬃毛	0	0	0	0	0	0	0	0	0	0	0	0	0	1	1	0
羽毛	1	1	1	1	1	1	1	0	0	0	0	0	0	0	0	0
猎	0	0	0	0	1	1	1	1	0	1	1	1	1	0	0	0
跑	0	0	0	0	0	0	0	0	1	1	0	1	1	1	1	0
飞	1	0	0	1	1	1	1	0	0	0	0	0	0	0	0	0
泳	0	0	1	1	0	0	0	0	0	0	0	0	0	0	0	0

SOM 网的输出平面上有 10×10 个神经元，用 16 个动物模式轮番输入进行训练，最后输出平面上出现了如图 7.9 所示的情况。

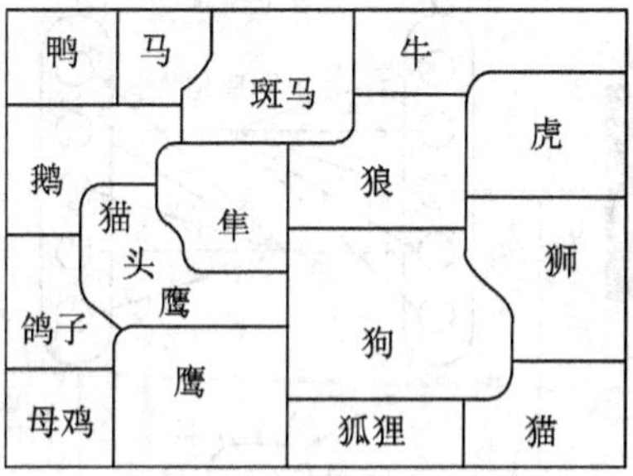

图 7.9　动物属性特征映射

从例 7.2 可以总结出 SOM 网的功能应用。

1. 保序映射

Kohonen 实验表明，属性相似的动物在输出平面上挨在一起，实现了特征的有序分布。SOM 网能将输入空间的样本模式类保序映射。

2. 数据压缩

数据压缩是指将高维空间的样本在保持拓扑结构不变的条件下投影到低维空间。SOM 网经过训练以后，在高维空间相近的输入样本，其输出响应节点的位置也接近。因此，数据压缩得以实现。

从数据量上分析，例 7.2 中的 29 维输入样本空间通过 SOM 网后压缩为二维平面。

3. 特征抽取

在高维模式空间，很多模式的分布具有复杂的结构，从数据观察很难发现其内在规律。SOM 网将高维空间样本映射到低维输出空间，其规律往往一目了然。例如，图 7.9 所示的 SOM 网输出二维面阵中，具有相似特征的“虎、狮、猫”等是相邻的，“鸭、鹅、鸽子”等是相邻的。可见，这种映射就是一种特征抽取。

7.4 自适应共振理论(ART)神经网络

竞争型神经网络学习过程存在的问题如下：

(1) 稳定性。当有许多输入送进一个竞争型神经网络时，不能保证网络总是形成稳定聚类，即不能保证权值会最终收敛。

(2) 可塑性。可塑性也称为网络的自适应性，是指先前学到的内容可能会被后面的学习内容破坏掉。在输入矢量特别大的情况下，很难在新旧知识的取舍上进行某种折中。事实上，在样本数据训练的过程中，无论是监督式还是无监督式的训练，均面临新知识的学习会产生对旧知识的记忆忘却的问题。

1976 年，美国 Boston 大学学者 S. Grossberg 和 A. Carpenet 提出的自适应共振理论(Adaptive Resonance Theory，ART)可以较好地解决上述问题。

7.4.1 ART 模型

自适应共振理论(ART)模型如图 7.10 所示。

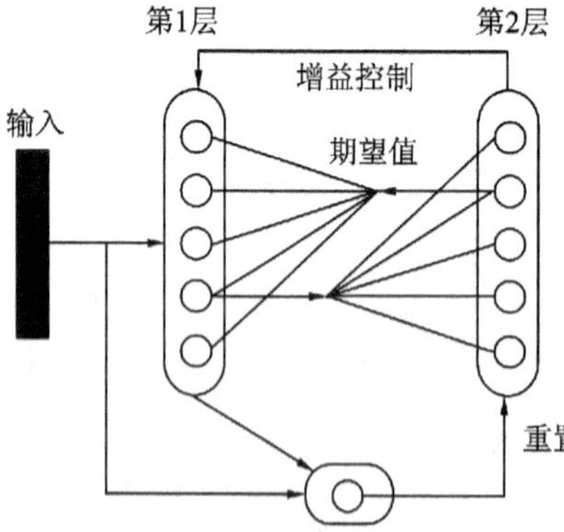

图 7.10　自适应共振理论(ART)模型

当一个输入模式向量输入给 ART 网络时，经第 1 层(比较层，L1)与 L1－L2 权值矩阵相乘后传递给第 2 层(识别层，L2)。第 2 层进行竞争学习，竞争层的神经元数目代表了网络的总的输入模式类。这个模式类是可以调节的。在学习结束后，L1－L2权值矩阵的每一列都是一个原型模式，它将代表输入向量的一个聚类。获胜神经元所对应的权值矩阵的那一列(获胜的L2层内星权向量)最接近输入模式向量。

当第2层的一个节点竞争获胜被激活时，它将通过L2－L1连接(L2层外星权向量)反馈至第1层。这对应一个原型模式(期望值)，第1层将这个期望值与输入模式进行比较。

若期望值与输入模式能够匹配(相似度超过参考门限)，则将该输入模式归入获胜神经元所代表的模式类，并调整该获胜神经元所对应的内星权向量，其他权向量不做调整。这个获胜神经元的权值调整将使以后与该模式相似的输入再与该模式匹配时能得到更大的相似度。

若期望值与输入模式不能密切匹配，则调整子系统将重置第2层信号。这种重置将取缔当前的优胜神经元，同时取消当前的期望值。这时，第2层将进行一次新的竞争学习。第2层新的获胜神经元又通过L2－L1连接向第一层产生一个原型模式(期望值)。当反复出现期望值与输入模式均不能密切匹配时，说明这个输入模式无类可归。因此，需要在第2层增加一个神经元以增加一个新的模式类。

通过这种方式，先前学习的记忆内容(原型)就不会被新的学习内容所破坏。这个过程会持续到L2－L1期望值与输入模式足够密切地匹配时才结束。

7.4.2　ART算法原理

自适应共振理论解决稳定性与可塑性问题的思路是：设计一个参考门限来检查输入模式与所有存储模式类原型向量之间的匹配相似程度。其过程如下：

(1) 当相似度超过参考门限的所有模式类时，则选择最相似的作为该模式的代表类，并调整与该类别相关的权值，以使以后与该模式相似的输入再与该模式匹配时能得到更大的相似度。此即“共振”之含义。

(2) 若相似度都不超过参考门限，则在网络中新设立一个模式类，同时建立与该模式类相连的权值。这样网络就在不破坏原记忆样本的情况下学习了新的样本并存储该模式类。此即“自适应”之含义。

上述分析可见，ART神经网络进行模式分类是通过学习工作合一的过程，逐步地对外界模式信息进行识别，在模式空间中进行模式分类。对于新的输入模式向量，ART网络可以通过反馈进行有效搜索，并进行可靠的自适应。

ART神经网络模式分类的主要特点是：

(1) 可完成实时学习，且可适应非平稳的环境；

(2) 对已学习过的对象具有稳定的快速识别能力，同时又能迅速适应学习的新对象；

(3) 具有自归一能力，根据某些特征在全体所占的比例，有时作为关键特征，有时又被当作噪声处理；

(4) 不需要事先已知样本结果，可进行非监督学习；

(5) 容量不受输入通道数的限制，存储对象也不要求是正交的；

(6) 系统可以完全避免陷入局部极小点的问题。

ART网络已有3种常见形式：ARTⅠ型、ARTⅡ型和ARTⅢ型。ARTⅠ型处理双极型或二进制信号；ARTⅡ型是ARTⅠ型的扩展形式，用于处理连续型模拟信号；ARTⅢ型是分级搜索模型，它兼容前两种结构的功能并将两层神经元网络扩大为任意多层神经元网络。由于ARTⅢ型在神经元的运行模型中纳入了生物神经元的生物-电化学反应机制，因而具备了很强的功能和可扩展能力。

近年来，ART网络理论、算法与应用研究得到了普遍重视，模糊ART、模糊ART-MAP等新型网络等也得以迅速发展。

7.5　学习向量量化(LVQ)神经网络

学习向量量化(Learning Vector Quantization，LVQ)网络是在竞争网络结构的基础上提出的，属前向有监督神经网络类型。具体而言，LVQ网络通过教师信号对输入样本竞争学习的聚类结果进行规定，将聚类结果按预先要求进行进一步分类。

7.5.1　LVQ神经网络结构

如图7.11所示，LVQ神经网络由输入层、隐含层(竞争层)和输出层三层组成，隐含层节点与输入层节点为完全互连，每个输出层神经元节点与隐含层不同组的神经元相连接。网络训练过程分为以下两步：

(1) 隐含层竞争学习完成模式聚类。输入一个样本向量，竞争层的神经元通过胜者为王竞争学习规则产生获胜神经元，容许其输出为1，而其他神经元输出均为0。

(2) 输出层学习向量量化完成模式分类。隐含层到输出层的连接权值采用有监督方法，将教师信号作为分类信息对权值进行细调，并对输出神经元预先指定其类别。

可见，竞争层学习得到的聚类结果称为子类，类似的结果相邻；输出层采用监督学习得到的类称为目标类，它根据实际的分类要求将竞争层聚类结果进行有目的的划分。

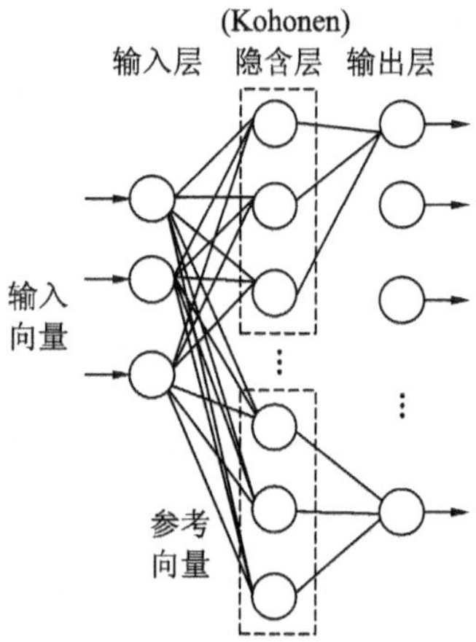

图7.11　LVQ神经网络的基本结构

7.5.2　LVQ神经网络的学习算法

LVQ算法具体步骤如下：

(1) 网络初始化。用较小的随机数设定输入层和隐含层之间的权值初始值。

(2) 输入向量的输入。将输入向量 $\boldsymbol{X}=[x_1, x_2, x_3, \cdots, x_n]^{\mathrm{T}}$ 送入到输入层。

(3) 计算隐含层权值向量与输入向量的距离。隐含层神经元和输入向量的距离与自组织化映射的情况相同，即 $d_j=\sqrt{\sum_{i=1}^{n}(x_i-w_{ij})^2}$。

(4) 选择与权值向量距离最小的神经元。计算并选择输入向量和权值向量距离最小的神经元，并将其称为胜出神经元，记为 j^*。

(5) 更新连接权值。如果胜出神经元和预先指定的分类一致，称为正确分类，否则称为不正确分类。正确分类和不正确分类时权值的调整量分别为

$$\Delta w_{ij}=\begin{cases}+\eta\,(x_i-w_{ij})\\-\eta\,(x_i-w_{ij})\end{cases} \tag{7.11}$$

(6) 判断是否满足预先设定的最大迭代次数，满足时算法结束，否则返回(2)，进入下一轮学习。

利用 LVQ 网络进行模式识别与其他的方法相比，优点在于网络结构简单，只通过内部单元的相互作用就可以完成十分复杂的分类处理，在这个过程中，设计人员不需要构造复杂甚至难以构造的非线性处理函数。此外，LVQ 网络表现出比 BP 网络和 ART 网络更强的容错性和鲁棒性，因此，LVQ 网络具有很好的模式识别特性。

7.6 对偶网络(CPN)神经网络

对偶网络(Counter Propagation Network，CPN)是美国学者 Hechi - Nielson 在 1987 年首次提出的。CPN 神经网络由 Kohonen 的自组织网和 Grossberg 的外星网组合而成。

7.6.1 CPN 神经网络结构

如图 7.12 所示，CPN 拓扑结构与三层 BP 网相同。CPN 学习算法将 Kohonen 自组织映射理论与 Grossberg 外星算法进行了有效整合，具体说明如下：

(1) 竞争层采用无导师的训练方法对输入数据进行自组织竞争的模式分类。CPN 网的隐层为竞争层，按照胜者为王规则进行竞争学习。只有竞争获胜神经元可以调整其内外星权向量。内星权向量采用无导师的竞争学习算法进行调整，调整的目的是使权向量不断靠近当前输入模式类，从而将该模式类的典型向量编码到获胜神经元的内星权向量中。

(2) 输出层采用有导师的 Grossberg 外星算法完成模式的匹配。外星权向量采用有导师的 Grossberg 外星学习规则调整，调整的目的是使外星权向量不断靠近并等于期望输出，从而将该输出编码到外星权向量中。

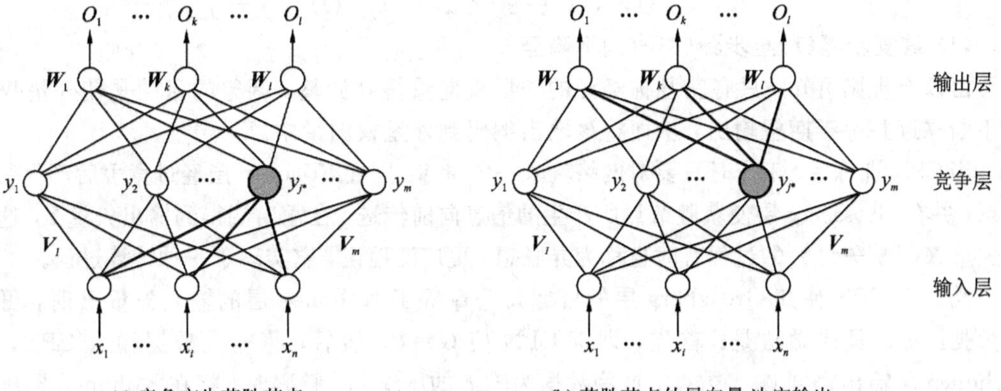

图 7.12 CPN 神经网络的基本结构

7.6.2 CPN 神经网络的学习算法

1. 第一阶段

如图 7.12(a)所示，第一阶段用竞争学习算法对输入层至隐层的内星权向量进行训练。

(1) 将所有内星权随机地赋以 0～1 之间的初始值，并归一化为单位长度，训练集内的所有输入模式也要进行归一化；

(2) 输入一个模式 Xp，计算净输入 $net_j=\hat{V}_j^T\hat{X}$，$j=1, 2, \cdots, m$；

(3) 确定竞争获胜神经元；

(4) CPN 网络的竞争算法不设优胜邻域，因此只调整获胜神经元的内星权向量，调整规则为

$$W_{j^*}(t+1)=\hat{W}_{j^*}(t)+\eta(t)[\hat{X}-\hat{W}_{j^*}(t)] \tag{7.12}$$

(5) 重复步骤(2)至步骤(4)直到下降至 0。需要注意的是：权向量经过调整后必须重新作归一化处理。

2. 第二阶段

如图 7.12(b)所示，第二阶段采用外星学习算法对隐层至输出层的外星权向量进行训练：

(1) 输入一个模式对 Xp、dp，计算净输入 $net_j=\hat{V}_j^T\hat{X}$，$j=1, 2, \cdots, m$；

(2) 确定竞争获胜神经元，使

$$y_j=\begin{cases}0, & j\neq j^*\\ 1, & j=j^*\end{cases} \tag{7.13}$$

(3) 调整隐层到输出层的外星权向量，调整规则为

$$W_{jk}(t+1)=W_{jk}(t)+\beta(t)[d_k-o_k(t)], j=1, 2, \cdots, m, k=1, 2, \cdots, l \tag{7.14}$$

式中，$o_k(t)$由下式计算：

$$o_k(t)=\sum_{k=1}^{l}w_{jk}(t)y_j=w_{j^*k}(t)y_{j^*}=w_{j^*k}(t) \tag{7.15}$$

将式(7.15)代入式(7.14)，可得权向量调整规则：

$$W_{jk}(t+1)=\begin{cases}W_{jk}(t), & j\neq j^*\\ W_{jk}(t)+\beta(t)[d_k-w_{j^*k}(t)], & j=j^*\end{cases} \tag{7.16}$$

(4) 重复步骤(1)至步骤(3)直到下降至 0。

由以上规则可知：只有获胜神经元的外星权向量得到调整，调整的目的是使外星权向量不断靠近并等于期望输出，从而将该输出编码到外星权向量中。

当 CPN 训练后，工作时只要对网络输入一矢量 $\boldsymbol{X}$，则在 Kohonen 层经过竞争后产生获胜节点，并在 Grossberg 层使获胜节点所产生的信息向前传送，在输出端得到输出矢量 $\boldsymbol{Y}$，这种由矢量 $\boldsymbol{X}$ 得到矢量 $\boldsymbol{Y}$ 的过程有时也称为异联想，更广泛地说，它实现了一种计算过程。

当训练 CPN 使其 Grossberg 层的目标矢量 $\boldsymbol{G}$ 等于 Kohonen 层的输入矢量 $\boldsymbol{P}$ 时，可实现数据压缩。具体做法是：首先，训练 CPN 使 $\boldsymbol{G}=\boldsymbol{P}$；然后，将输入数据输入 CPN，在 Kohonen 层输出得到 0、1 数据，这些数据为输入的压缩码。解码时，将在 Kohonen 层压缩的 0、1 码送入 Grossberg 层，在其输出端对应得到解压缩的矢量。

7.7 自组织竞争网络的 MATLAB 仿真实例

7.7.1 重要的自组织网络函数

MATLAB 神经网络工具箱提供了与本算法相关的自组织神经网络分析和设计的工具

箱函数，如表 7-3 所示。

表 7-3 MATLAB 中自组织神经网络的重要函数和基本功能

函数名	功能
newsom()	创建一个自组织特征映射网络函数
plotsom()	绘制自组织特征映射网络图的权值向量函数
vec2ind()	将单值向量组变换成下标向量
compet()	竞争传输函数
midpoint()	中点权值初始化函数
learnsom()	自组织特征映射权值学习规则函数
newlvq()	建立一个 LVQ 神经网络函数
learnlv1()	LVQ1 权值学习函数
vec2ind()	将单值矢量组变换成下标矢量
plotvec()	用不同的颜色画矢量函数

下面将对表 7-3 中的工具函数的使用进行说明。

1. newsom( )

功能：创建一个自组织特征映射网络函数。

格式：

net=newsom(PR，[D1，D2，…]，TFCN，DFCN，OLR，OSTEPS，TLR，TND)；

说明：net 为新生成的 som 神经网络；PR 为网络输入矢量的取值范围，它是一个矩阵[Pmin Pmax]；[D1，D2，…]为神经元在多维空间中排列时各维的个数；TFCN 为拓扑函数，缺省值为 hextop；DFCN 为距离函数，缺省值为 linkdist；OLR 为排列阶段学习速率，缺省值为 0.9；OSTEPS 为排列阶段学习次数，缺省值为 1000；TLR 为调整阶段学习速率，缺省值为 0.02；TND 为调整阶段邻域半径，缺省值为 1。

2. plotsom( )

功能：绘制自组织特征映射网络图的权值向量函数。

格式：

plotsom(pos)；

plotsom(W，D，ND)；

说明：pos 是网络中各神经元在物理空间分布的位置坐标矩阵；函数返回神经元物理分布的拓扑图，图中每两个间距小于 1 的神经元以直线连接；W 为神经元权值矩阵；D 为根据神经元位置计算出的间接矩阵；ND 为邻域半径，缺省值为 1；函数返回神经元权值的分布图，图中每两个间距小于 ND 的神经元以直线连接。

3. yec2ind( )

功能：将单值向量组变换成下标向量。

格式：

ind = vec2ind(vec)；

说明：vec 为 m 行 n 列的向量矩阵 x，x 中的每个列向量 i 除包含一个 1 外，其余元素均为 0；ind 为 n 个元素值为 1 所在的行下标值构成的一个行向量。

7.7.2　自组织网络应用举例

1. SOM 网络模式分类仿真

例 7.3　人口分类是人口统计中的一个重要指标，现有 10 个地区的人口出生比例情况如下：

出生男性百分比分别为：0.5512　0.5123　0.5087　0.5001　0.6012　0.5298　0.5000　0.4965　0.5103　0.5003；

出生女性百分比分别为：0.4488　0.4877　0.4913　0.4999　0.3988　0.4702　0.5000　0.5035　0.4897　0.4997

建立一个自组织神经网络对上述数据分类，给定某个地区的男、女出生比例分别为 0.5，0.5，测试训练后的自组织神经网络的性能，判断其属于哪个类别。

(1) MATLAB 代码如下：

```
P=[0.5512 0.5123 0.5087 0.5001 0.6012 0.5298 0.5000 0.4965 0.5103 0.5003;
   0.4488 0.4877 0.4913 0.4999 0.3988 0.4702 0.5000 0.5035 0.4897 0.4997];
%创建一个自组织神经网络，[0 1;0 1]表示输入数据的取值范围在[0，1]之间，[3，4]
  表示竞争层组织结构为 3×4，其余参数取默认值
net=newsom([0 1; 0 1],[3 4]);
net.trainParam.epochs=200;
net=init(net);
net=train(net, P);
%获取训练后的自组织神经网络的权值
w1=net.IW{1, 1};
%绘出训练后自组织神经网络的权值分布图
plotsom(w1, net.layers{1}.distances);
%输入测试数据
p=[0.5; 0.5];
%对网络进行测试
Y=sim(net, P);
%将测试数据所得到的向量组变换成下标向量
Yc=vec2ind(Y)
y_test=sim(net, p);
yc_test=vec2ind(y_test)
```

(2) 程序运行结果与分析。

图 7.13 给出了随训练步数增加的竞争层 3×4 网络结构的权值分布变换图。分析可见：未经训练时，网络的初始权值均为 0.5；随着样本向量输入，权值随之调整；当训练 100 步后，权值分布逐渐稳定。训练 200 步，利用仿真函数 sim( )，观察网络对样本数据的分类结果为

Yc=3　10　9　12　1　6　12　12　10　12

输入测试数据 p=[0.5；0.5]后所得到的结果为

yc_test ＝ 12

根据上述竞争层 3×4 网络的激发神经元索引值可知分类结果。SOM 网络自动地把差别小的输入向量归为一类。对于差别不大的输入，激发的神经元是邻近的；对于差别很大的输入，激发的神经元也较远。值得注意的是，重新运行相同代码，结果有可能不同；每次竞争激发的神经元可能不一样，但相似的类激发的神经元总是邻近的。

(a) 权值分布（未经训练）

(b) 权值分布（训练20步）

(c) 权值分布（训练50步）

(d) 权值分布（训练100步）

(e) 权值分布（训练150步）

(f) 权值分布（训练200步）

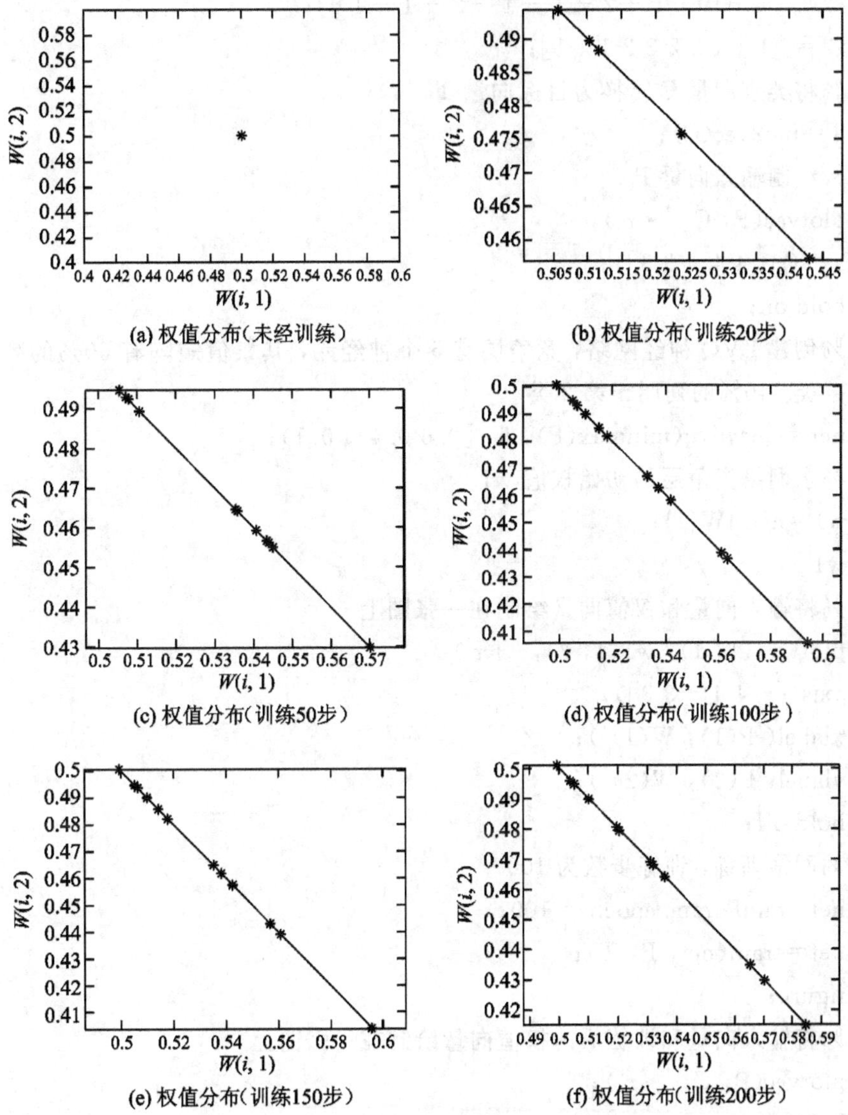

图 7.13　3×4 SOM 网络权值分布图

2. LVQ 网络模式分类仿真

例 7.4 已知输入二维向量 P 为 10 个点：

$$P=[-3\quad -2\quad -2\quad 0\quad 0\quad 0\quad 0\quad +2\quad +2\quad +3;\quad 0\quad +1\quad -1\quad +2\quad +1\quad -1$$
$$-2\quad +1\quad -1\quad 0]$$

具体可分为“1”与“2”两类：

$$\boldsymbol{C}=[1\quad 1\quad 1\quad 2\quad 2\quad 2\quad 2\quad 1\quad 1\quad 1]$$

设计 LVQ 神经网络，完成上述分类。

(1) MATLAB 代码如下：

```
%输入向量 P 及其类别 C
P = [-3 -2 -2 0 0 0 0 +2 +2 +3;
      0 +1 -1 +2 +1 -1 -2 +1 -1 0];
C = [1 1 1 2 2 2 2 1 1 1];
%将类别向量 C 转换为目标向量 T
T=ind2vec(C);
%绘制输入向量 P
plotvec(P, C, '*r');
axis([-4 4 -3 3]);
hold on;
%创建 LVQ 神经网络：竞争层有 5 个神经元，其权值矩阵有 60%的列属于第 1
  类，40%的列属于第 2 类
net = newlvq(minmax(P), 5, [0.6 0.4], 0.1);
%求网络竞争层的初始权值 w1
w1=net.IW{1};
w1
%将输入向量和权值向量绘制在一张图上
plot(w1(1, 1), w1(1, 2), '+r');
axis([-4 4 -3 3]);
xlabel('P(1), W(1)');
ylabel('P(2), W(2)');
hold off;
%网络训练，训练步数为 100
net.trainParam.epochs=100;
net=train(net, P, T);
figure;
%将输入向量和训练后的权值向量绘制在一张图上
plotvec(P, C, '*r');
hold on;
plotvec(net.IW{1}', vec2ind(net.LW{2}), '+');
axis([-4 4 -3 3]);
xlabel('P(1), W(1)');
ylabel('P(2), W(2)');
hold off;
```

```
%在两类中分别指定两个点，测试网络的性能
p=[0 1; 0.2 0];
y=sim(net, p);
yc=vec2ind(y);
yc
```

(2) 程序运行结果与分析。

程序中采用训练函数 train( )进行训练，经过 3 步即达到误差要求，图 7.14 给出了其误差下降情况。

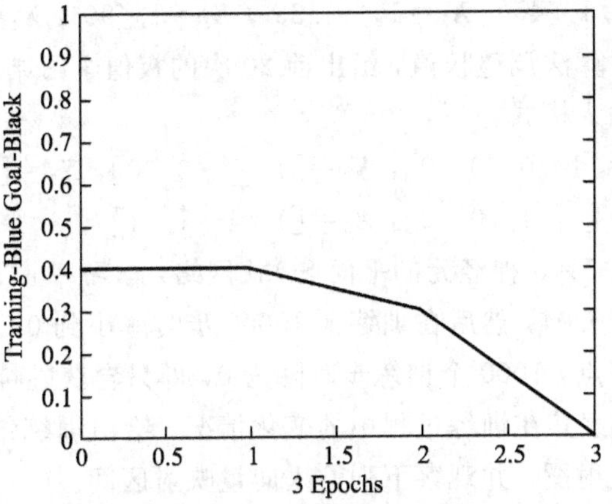

图 7.14 训练误差下降曲线

图 7.15(a)通过 plotvec( )函数用两种颜色给出了输入向量的两类分布，两边的“＊”号表示第 1 类数据，中间的“+”为第 2 类数据。“+”表示训练前所有的权值均初始化为“0”。训练后，权值向量“+”发生了变化，显然是这种变化实现了两类模式的分类。图 7.15(b)给出输入向量与训练后的权值向量的分布情况，对于给定的测试数据 p=[0 1; 0.2 0]，其测试结果为

yc=2 1

这表明(0, 0.2)、(1, 0)分别属于第 2 类与第 1 类，这与实际情况是吻合的。

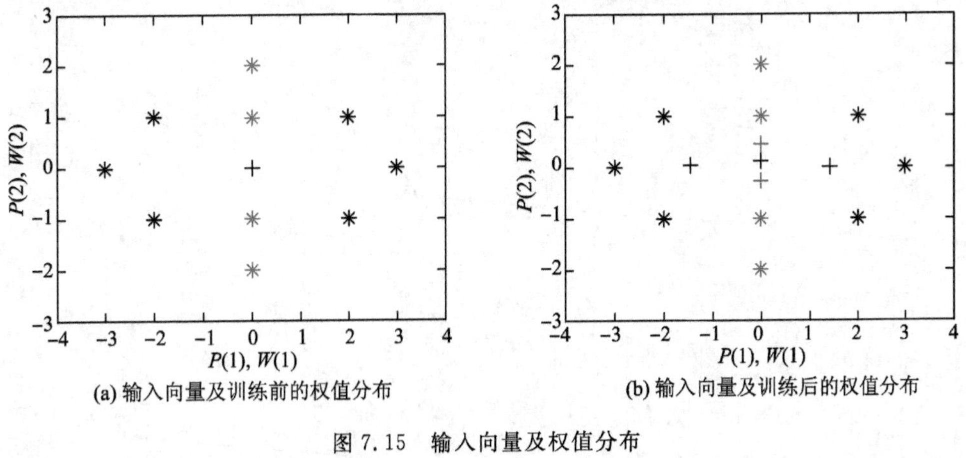

图 7.15 输入向量及权值分布

思 考 题

1. 试说明自组织神经网络的基本构造及工作原理。
2. 自组织神经网络竞争学习机制的生物学基础是什么?
3. 自组织神经网络由输入层和竞争层组成，设初始权向量已归一化为

$$\hat{\boldsymbol{W}}_1=[1\quad 0],\ \hat{\boldsymbol{W}}_2=[0\quad -1]$$

现有 4 个输入模式，均为单位向量：

$$\boldsymbol{X}_1=1\angle 45°,\ \boldsymbol{X}_2=1\angle -135°,\ \boldsymbol{X}_3=1\angle 90°,\ \boldsymbol{X}_4=1\angle -180°$$

试用 WTA 学习算法调整权值，给出前 20 次的权值学习结果。

4. 给定 5 个四维输入模式如下：

$$\boldsymbol{X}_1=[1\quad 0\quad 0\quad 0],\ \boldsymbol{X}_2=[1\quad 1\quad 0\quad 0],\ \boldsymbol{X}_3=[1\quad 1\quad 1\quad 0],$$
$$\boldsymbol{X}_4=[0\quad 1\quad 0\quad 0],\ \boldsymbol{X}_5=[1\quad 1\quad 1\quad 1]$$

试设计一个具有 5×5 神经元的平面 SOM 网络，学习率 $\alpha(t)$在前 1000 步训练中从 0.5 线性下降到 0.04，然后在训练到 10000 步时减小到 0，优胜邻域半径初始值设为相邻的两个节点，1000 个训练步时降为 0，即只含获胜神经元。每训练 200 步记录一次权值，观察其在训练过程中的变化情况。给出训练结束后，5 个输入模式在输出平面上的映射图，并观察下列输入向量映射区间。

$$\boldsymbol{F}_1=[1\quad 0\quad 0\quad 1],\ \boldsymbol{F}_2=[1\quad 1\quad 0\quad 1],\ \boldsymbol{F}_3=[0\quad 1\quad 1\quad 0],$$
$$\boldsymbol{F}_4=[0\quad 1\quad 0\quad 1],\ \boldsymbol{F}_5=[0\quad 1\quad 1\quad 1]$$

5. 说明利用自组织神经网络解决 TSP 的基本思路。

第八章　CMAC 网络

1975 年，J. S. Albus 模拟小脑控制肢体运动建立了小脑模型神经网络理论。小脑模型关节控制器(Cerebella Model Articulation Controller，CMAC)是一种表达复杂非线性函数的表格查询型自适应神经网络，可以通过学习算法改变表格的内容。CMAC 网络非线性逼近能力较好，广泛应用于故障诊断、传感器测量、冶金过程控制和化工过程控制等领域。

8.1　CMAC 网络工作原理

8.1.1　CMAC 网络的生理学基础

人的小脑能够感知和控制运动，但小脑对运动的协调不是天生的。精巧的肢体动作需要学习或训练才能掌握。

例如学骑自行车，最初脑不知道如何协调肌肉的运动，每一步动作都要求大脑发布命令支配相应肌群活动。这需要集中精力，缓慢地完成希望的动作。在这训练过程中，小脑不断学习，接收大脑与肌肉运动反馈来的信息并予以逐步协调、存储。小脑学会一种技巧的协调后，大脑便得以解放：只需发出动作开始的命令，小脑就能自动协调各个肌群配合，完成相应动作。

小脑神经结构的规整性、可塑性和能快速反应等特点有利于它参与脑内许多信息处理的任务，成为多个功能系统的组成部分。关于小脑皮层如何通过学习，学会对运动的协调，有理论提出小脑是一个特殊的感知机。

8.1.2　CMAC 网络的基本思想

CMAC 神经网络是类似于人类小脑的一种学习结构，其映射过程如图 8.1 所示。输入状态空间 S 的维数由被控系统决定。对于模拟量输入 S 需要进行量化，然后才能被映射到存储区 A，状态空间中的每一个点将同时激活虚拟地址 A 中的 C 个单元，然后把 A 通过杂散编码映射到一个小得多的实际地址 D 中，网络输出就是对应实际地址内权值的和。

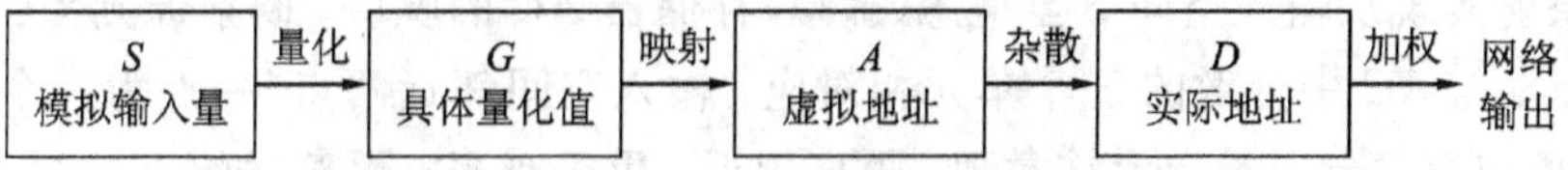

图 8.1　CMAC 神经网络映射过程

CMAC 神经网络计算分 4 个步骤：

(1) 量化。将输入空间进行划分，其个数就是量化的级数，对应着输入模拟量的分辨率。

(2) 虚拟地址映射(概念映射)。每一个经过量化后的输入会激励虚拟地址 A 中的 C 个单元(C 为范化参数，它规定了网络内部影响网络输出的区域大小)。

(3) 实际地址映射(实际映射)。利用杂散编码技术将上述虚拟地址压缩到一个相对于虚拟地址小得多的实际地址 D 中。

(4) 神经网络输出。对应实际地址的权值相加即得到了神经网络的输出。

可见，CMAC 网络的工作过程是基于表格查询(Table - Lookup)的输入至输出的一种非线性映射。这与小脑指挥运动时，不假思索地作出条件反射式迅速响应的特点一致的。

8.2 CMAC 模型结构

Albus 基于小脑的 3 层结构，提出的 CMAC 模型如图 8.2 所示。下面对网络的输入/输出关系 $Y=F(S)$ 分解为以下 4 个步骤详细说明。

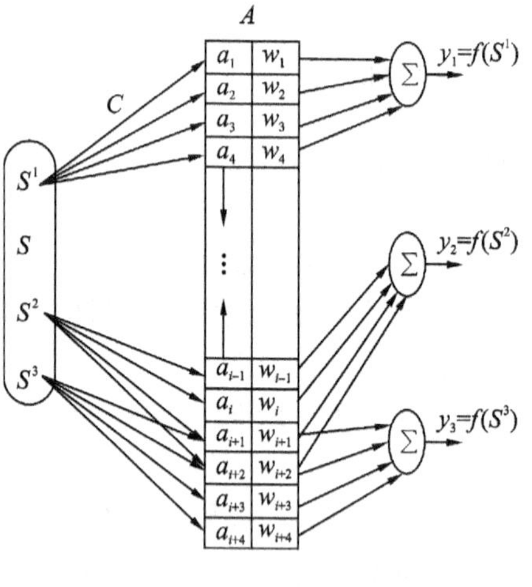

图 8.2 CMAC 网络的结构

1. 输入状态空间 S 的量化

输入状态空间 S 是一个多维空间，空间维数由待处理对象信息的维数决定。例如，CMAC 网络需要处理 10 个传感器送来的信号，每个传感器可能取 100 个不同值，那么输入空间将有 $100^{10}=10^{20}$ 个点。输入量若是模拟量，则需要对这些模拟量进行量化，其精度与量化的级数有关。

2. 概念映射 $S \to AC$

概念映射实现从输入空间 S 至概念(虚拟)存储器 AC 的映射。映射原则为：状态空间 S 中的每个点与 AC 中分散的 C 个单元相对应；输入空间邻近两点(一点为一个输入 n 维向量)在 AC 中有部分重叠单元被激励。距离越近，重叠越多；距离远的点，在 AC 中不重叠，这称为局域泛化。C 称为泛化常数或感知野。

这里，用汉明距离 H_{ij} 表示在输入空间 S 中两个矢量 $\boldsymbol{S}_i$，$\boldsymbol{S}_j$ 的差异程度，那么在 A 存储区内交叠的单元数近似为 $C-H_{ij}$，如果 $C-H_{ij}<0$，那么在存储区 A 中两个矢量没有交叠；反之，那么就发生交叠。把 $C-H_{ij}>0$ 的那些交叠的区域，称为聚类的领域。这样，输入空间的两个矢量相近，则在输出映射时会产生类聚，类聚的范围与 C 的大小有关，C 值大，那么类聚范围就大，此外也与分辨率有关。

3. 实际映射 $AC \rightarrow AP$

从虚拟存储空间 AC 至实际存储空间 AP 的映射采用杂散编码(压缩存储空间)技术实现。杂散技术是将分布稀疏、占用较大存储空间的数据作为一个伪随机发生器的变量，产生一个占用空间较小的随机地址，而在这个随机地址内存放着占用大量内存空间地址内的数据，这就完成了由多到少的映射。

一种最简单的压缩方法是除商取余。将 AC 中 A^* 的地址，除以一个大的质数，得到的余数作为一个伪随机码表示为 AP 的地址。例如，如果在 AC 中有 2^8 个地址，而 AP 中只有 16 个地址。那么取 17 这个质数为除数，其余数即为 AP 中的地址。这样就可达到由 2^8 的地址映射到 16 个地址中去的目的。

显然，"碰撞"是可能的。AC 中不同的地址，在 AP 中却被映射到同一个地址。但一般情况，只要适当选大 C 和 $|AP|$，碰撞的概率会变得很小。

如图 8.3 所示，每个虚拟地址 AC 与输入空间 S 的点相对应，但这个虚拟地址 AC 单元中并没有内容。$AC \rightarrow AP$ 采用类似散列编码的随机多对一的映射方法，其结果是 AP 比 AC 空间要小得多，C 个存储单元的排列是杂散的而不是规则的，存储的权值可以通过学习改变。

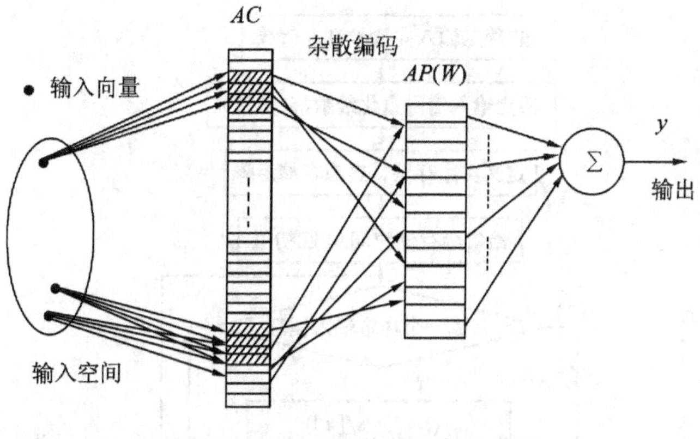

图 8.3　CMAC 网络的映射示意图

4. CMAC 的输出

对于第 i 个输出，$Y_i = F(S_i)$ 是由 AP 中 C 个权值的线性叠加而得到的。从输入到 AC 是 C 个连接，从 AC 到 AP 以及 AP 到 $F(S_i)$ 都是 C 个单元连接。从 CMAC 网络结构上看是多层前馈网络，F 是权值的线性叠加，AP 到 F 和 S 到 AC 都是线性变换，AC 到 AP 是一种随机的压缩变换。但网络总体上看，输出与输入表达了非线性映射关系。

8.3　CMAC 学习算法

图 8.4 给出 CMAC 网络学习示意图。设输入空间向量为 $\boldsymbol{u}_p = [u_{1p}, u_{2p}, \cdots, u_{np}]^{\mathrm{T}}$，量化编码为 $[u_p]$，输入空间映射至 AC 中 C 个存储单元。采用下式表示映射后的向量：

$$\boldsymbol{R}_p = \boldsymbol{S}([u_p]) = [s_1(u_p), s_2(u_p), \cdots, s_C(u_p)]^{\mathrm{T}} \tag{8.1}$$

式中：$s_j([u_p])=1$，$j=1, 2, \cdots, C$。

网络的输出为 AP 中 C 个单元的权值的和。只考虑单输出：

$$y(t)=\sum_{j=1}^{c} w_j s_j([u_p]) \tag{8.2}$$

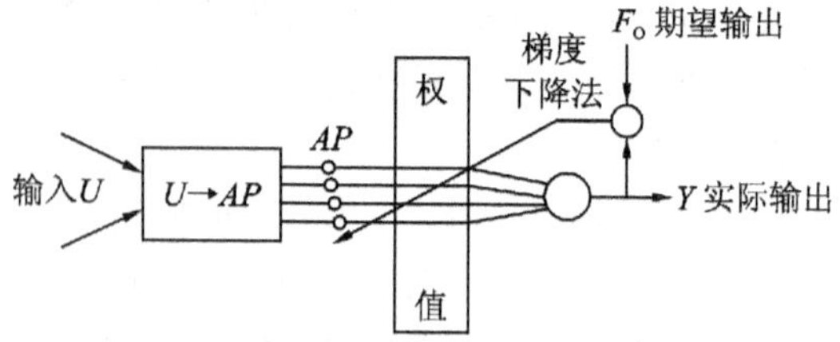

图 8.4　CMAC 网络学习示意图

CMAC 网络学习算法流程如图 8.5 所示，采用 δ 学习规则调整权值，权值调整指标为

$$E(t)=\frac{1}{2C}e(t)^2=\frac{1}{2C}(r(t)-y(t))^2 \tag{8.3}$$

由梯度下降法，权值按下式调整：

$$\Delta w_j(t)=-\frac{1}{\eta(t)}\frac{\partial E}{\partial w}=\frac{1}{\eta(t)}\frac{(r(t)-y(t))}{C}\frac{\partial y}{\partial w}=\frac{1}{\eta(t)}\frac{e(t)}{C} \tag{8.4}$$

式中：$w=[w_1, w_2, \cdots, w_c]^{\mathrm{T}}$，$\eta(t)$是学习率。

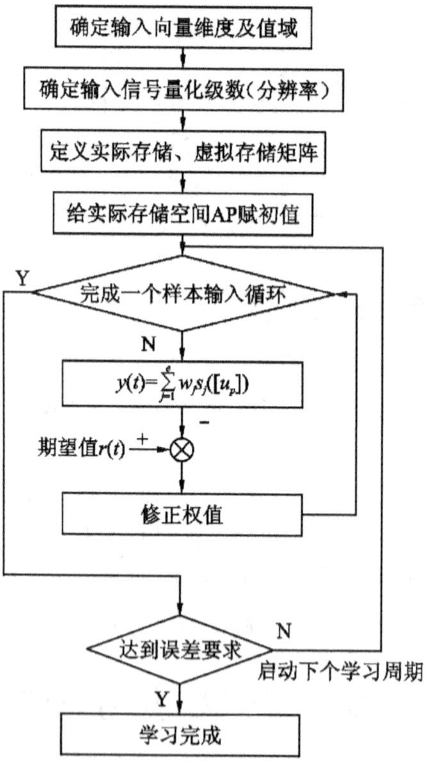

图 8.5　CMAC 网络学习算法流程图

8.4　CMAC 网络的讨论

8.4.1　CMAC 网络的特点

(1) 学习收敛速度快，实时性强。由于利用了联想记忆和先进的查表技术，CMAC 网络的收敛速度很快，实时控制能力强。CMAC 的每个神经元的输入与输出是一种线性关系，但从网络总体上看，输入与输出是一种表达非线性映射的表格系统。由于 CMAC 网络的学习只在线性映射部分，因此其收敛速度比 BP 算法快得多，对样本数据出现的次序不敏感，且不存在局部极小问题。

(2) 局部泛化能力。由于相邻两个输入参考状态至少对映使用共同记忆单元 1 个以上，输入状态空间中相似的输入，将产生相似的输出；相隔较远的的输入状态将产生独立的输出。因此，小脑模型是一种局部学习网络，它的联想具有局部推广(或称泛化)能力。

(3) 易于软硬件实现。小脑模型结构简单，因而有利于硬件实现和软件实现。

8.4.2　CMAC 与 BP 神经网络的比较

1. 神经元特性

BP 网络隐含层和输出层的节点输入与输出的关系为非线性。激活函数为 S 函数；CMAC 网络的地址空间可看做隐含层节点，地址单元存储的值看做中间层与输出层节点间的连接权值。那么，CMAC 网络中间层节点的输出固定为 1，输出层节点的输入与输出呈线性关系。

2. 神经元的连接

BP 网络是前馈全连接，层内各节点没有连接，但每个节点均与下一层的节点有连接；CMAC 为局部连接，输入层的每个节点只与中间层的 C 个节点连接，输出层的每个节点也只与中间层的对应的 C 个节点连接。

3. 网络结构设计

BP 网络在设计时既要考虑隐含层的数目，又要考虑各隐含层节点的数目；CMAC 的设计主要考虑 C 的大小，而 C 的确定也要凭经验，通常取 C 值为 0～100。

4. 学习方法

BP 算法是一种基于梯度的学习算法，每学习一个样本就要进行一次全部权值的调整，而每次学习中又包含指数运算，因而学习时间长，速度慢。CMAC 网络的学习中不含有复杂的指数运算，并不是每一个权值在样本学习后都进行调整，学习复杂性小于 BP 算法，适合于实时控制。当然，CMAC 网络亦存在收敛性问题，它与样本的选取、C 的大小以及对输入向量的量化等级有关。

5. 泛化能力

对于少量样本的学习，BP 网络具有较好的泛化能力，而 CMAC 由于对个别训练样本的学习未能达到要求的精度。而对大样本量的学习，CMAC 网络则表现出较强的泛化能力，这对于 BP 网络来说几乎不可能实现。

6. 精度与实时能力

通常 BP 网络非线性映射的精度较高，而 CMAC 网络的相对较低，但实时能力较强。这与它的查表映射方法及学习方法有关。

8.4.3　CMAC 与 RBF 神经网络的比较

CMAC 与 RBF 神经网络均为局部连接神经网络，具有大体相似的结构特点。

图 8.6 是一种 3 层结构的局部连接神经网络。r 维输入向量 $\boldsymbol{X}_1=[x_1, x_2, x_3, \cdots, x_r]$ 通过输入层后进入含有 m 个节点的隐含层，通过与某种基函数相作用(视具体网络而定)形成隐含层的输出，然后与训练后的权值相乘得到网络最终的 s 维输出。网络输出层第 k 个结点的输出 y_k 可表示为

$$y_k = \sum_{i=1}^{m} w_{kj}\alpha_j(x_i), \quad k=1, \cdots, s; \ i=1, \cdots, r \tag{8.5}$$

其中，$\alpha_j(x)$ 表示隐含层第 j 个结点所对应的基函数，ω_{kj} 表示隐含层第 j 个结点同输出层第 i 个结点间的连接权值。

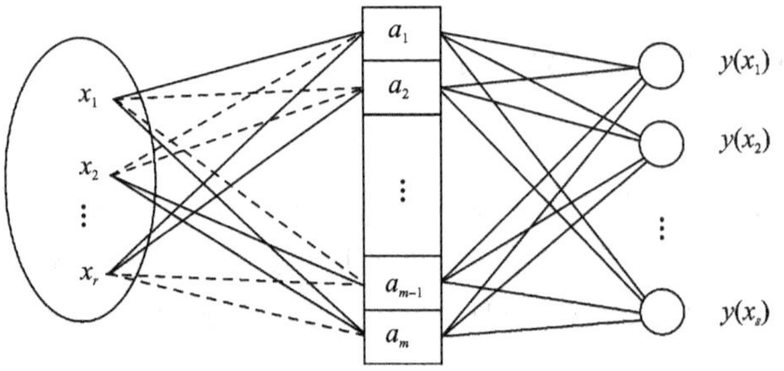

图 8.6　局部连接神经网络结构图

通过适当地选取基函数或不同的网络连接形式，对于某一输入可以使 $\alpha_j(x)$ 中只有少数元素非零，而大部分元素为零。因此网络在实际运行中，对于任意输入，其输出往往只是对隐含层中少数非零节点的输出进行加权求和获得，所以网络实际上是局部连接。图 8.6中用实线表示局部非零元素的实际连接，用虚线表示虚连接。各种局部连接网络的区别则是由不同基函数来划分的。

1. CMAC 采用方形基函数

CMAC 网络隐含层由一族量化感知器组成，每一个输入矢量只影响隐含层中的 C 个感知器并使其输出为 1，而其他感知器输出为 0。因此可以看出，CMAC 采用的是一种简单的方形基函数：

$$\alpha_j(x_i)=\begin{cases}1, & j\in\Phi \\ 0, & j\notin\Phi\end{cases} \tag{8.6}$$

其中 $\alpha_j(x_i)$ 表示第 j 个感知器对应的基函数，Φ 表示第 i 个输入向量 $\boldsymbol{X}$ 对应的 C 个感知器的集合。

正是由于 CMAC 采用的是简单的方形基函数，其逼近精度不高。但方形基函数最为简单，所以 CMAC 最适合于实时应用。如果希望提高分辨率就必须增大 C 值，从而需要增加存储容量，这是 CMAC 网络的局限所在。

2. RBF 神经网络采用高斯(Gaussian)型基函数

RBF 神经网络采用高斯(Gaussian)型基函数来实现输出层同隐含层之间的映射，高斯函数如下所示：

$$\alpha_j(x)=\frac{\| X-c_j^2 \|}{\delta_j^2} \tag{8.7}$$

其中，c_j是 j 个基函数的中心点，δ_j称为伸展常数。用 $a_j(x)$来确定每一个径向基层神经元对其输入矢量，也就是 X 与 c_j之间距离对应的面积宽度。径向基网络虽然从网络结构图中看上去网络是全连接，实际上工作时网络是局部工作的，即对每一组输入，网络只有一个隐含层的神经元被激活，其他神经元的输出值可以被忽略。所以，径向基网络是一个局部连接的神经网络。

高斯型基函数光滑性好，任意阶导数均存在，因此 RBF 增强了网络对函数的逼近能力，同时具有很强的泛化能力。但相对于 CMAC 网络，它的运算量和需要的存储空间也相应增加，在网络训练时需要调整的连接权值会多一些。

思　考　题

1. 简要介绍 CMAC 神经网络的工作过程。
2. CMAC 神经网络有哪些特点？比较 CMAC 网络与 BP 网络、RBF 网络的异同。
3. 相对于 BP 网络，CMAC 网络的非线性映射精度较低，但实时能力较强。试说明其中原因。
4. CMAC 神经网络的局部泛化能力是如何实现的。

第九章　模糊神经网络

模糊控制系统和神经网络作为两种不同的机器学习方法，它们既有区别，又有内在的一致性。本章从模糊控制理论和神经网络各自的特点出发，讨论这两大系统的联系和区别，并探讨模糊控制系统与神经网络的进一步有机的结合。

9.1　模糊控制理论基础

9.1.1　模糊集合及其运算

经典集合的概念是由19世纪末德国数学家G. Contor建立的，Contor创立的集合论已成为现代数学的基础。模糊集的概念与经典集合的概念相对应。模糊数学是有关模糊集合、模糊逻辑等的数学理论，它为模糊推理系统的应用奠定了理论基础。

1. 模糊集合概念

经典集合描述“非此即彼”的清晰概念。一个给定的元素要么属于它，要么不属于它。1965年，Zadeh在其著名的论文“FUZZY SETS”中提出了模糊集合的概念。模糊集合用于描述一个没有明确、清楚的定义界限的集合，元素可以部分的隶属于这个集合。

给定论域U，U到[0，1]闭区间的任一映射$\mu_{\underset{\sim}{A}}$：

$$\mu_{\underset{\sim}{A}}:\begin{array}{l} U\rightarrow[0,1] \\ u\rightarrow\mu_{\underset{\sim}{A}}(u)\end{array} \tag{9.1}$$

确定U的一个模糊集$\underset{\sim}{A}$，映射$\mu_{\underset{\sim}{A}}(u)$称为模糊集$\underset{\sim}{A}$的隶属度函数。$\mu_{\underset{\sim}{A}}(u)$的取值范围为闭区间[0，1]，其大小反映了$u$对于模糊集$\underset{\sim}{A}$的隶属程度。隶属度$\mu_{\underset{\sim}{A}}(u)$的值越大，表示$u$属于$\underset{\sim}{A}$的程度越高。

模糊集合有很多种表示方法，关键是要把它所包含的元素及相应的隶属度函数表示出来。

可用序对方式表示：

$$A=\{(u,\ \mu_A(u))\mid u\in U\} \tag{9.2}$$

还可用积分形式表示：

$$A=\begin{cases}\displaystyle\int_U \frac{\mu_A(u)}{u}, & U\text{ 连续} \\ \displaystyle\sum_{i=1}^{n}\frac{\mu_A(u_i)}{u_i}, & U\text{ 离散}\end{cases} \tag{9.3}$$

2. 模糊集合的基本运算

与经典集合运算类似，模糊集合之间也存在交、并、补等运算关系。设 $\underset{\sim}{A}$，$\underset{\sim}{B}$ 是论域 U 上的模糊集合，$\underset{\sim}{A}$ 与 $\underset{\sim}{B}$ 的交集 $\underset{\sim}{A}\cap\underset{\sim}{B}$、并集 $\underset{\sim}{A}\cup\underset{\sim}{B}$ 和 $\underset{\sim}{A}$ 的补集 $\overline{\underset{\sim}{A}}$ 也是论域 U 上的模糊集合。

设任意元素 $u\in U$，则 u 对 $\underset{\sim}{A}$ 与 $\underset{\sim}{B}$ 的交集、并集和 $\underset{\sim}{A}$ 的补集的隶属度函数分别定义如下：

交运算(AND 运算)：$\mu_{\underset{\sim}{A}\cap\underset{\sim}{B}}(u)=\min\{\mu_{\underset{\sim}{A}}(u),\ \mu_{\underset{\sim}{B}}(u)\}$

并运算(OR 运算)：$\mu_{\underset{\sim}{A}\cup\underset{\sim}{B}}(u)=\max\{\mu_{\underset{\sim}{A}}(u),\ \mu_{\underset{\sim}{B}}(u)\}$

补运算(NOT 运算)：$\mu_{\overline{\underset{\sim}{A}}}=1-\mu_{\underset{\sim}{A}}(u)$

与经典的二值逻辑不同，模糊集合的运算是一种多值逻辑。模糊集合的运算满足一系列性质，其中大部分与经典集合运算性质有类似的形式。

模糊集合运算的基本性质如下：

幂等律：$\underset{\sim}{A}\cup\underset{\sim}{A}=\underset{\sim}{A}$，$\underset{\sim}{A}\cap\underset{\sim}{A}=\underset{\sim}{A}$

交换律：$\underset{\sim}{A}\cap\underset{\sim}{B}=\underset{\sim}{B}\cap\underset{\sim}{A}$，$\underset{\sim}{A}\cup\underset{\sim}{B}=\underset{\sim}{B}\cup\underset{\sim}{A}$

结合律：$(\underset{\sim}{A}\cup\underset{\sim}{B})\cup\underset{\sim}{C}=\underset{\sim}{A}\cup(\underset{\sim}{B}\cup\underset{\sim}{C})$，$(\underset{\sim}{A}\cap\underset{\sim}{B})\cap\underset{\sim}{C}=\underset{\sim}{A}\cap(\underset{\sim}{B}\cap\underset{\sim}{C})$

分配律：$\underset{\sim}{A}\cap(\underset{\sim}{B}\cup\underset{\sim}{C})=(\underset{\sim}{A}\cap\underset{\sim}{B})\cup(\underset{\sim}{A}\cap\underset{\sim}{C})$，$\underset{\sim}{A}\cup(\underset{\sim}{B}\cap\underset{\sim}{C})=(\underset{\sim}{A}\cup\underset{\sim}{B})\cap(\underset{\sim}{A}\cup\underset{\sim}{C})$

吸收律：$\underset{\sim}{A}\cap(\underset{\sim}{A}\cup\underset{\sim}{B})=\underset{\sim}{A}$，$\underset{\sim}{A}\cup(\underset{\sim}{A}\cap\underset{\sim}{B})=\underset{\sim}{A}$

两极律：$\underset{\sim}{A}\cap X=\underset{\sim}{A}$，$\underset{\sim}{A}\cup X=\underset{\sim}{A}$，$\underset{\sim}{A}\cap\Phi=\Phi$，$\underset{\sim}{A}\cup\Phi=\underset{\sim}{A}$

复原律：$\overline{\overline{\underset{\sim}{A}}}=\underset{\sim}{A}$

德-摩根律：$\overline{\underset{\sim}{A}\cup\underset{\sim}{B}}=\overline{\underset{\sim}{A}}\cap\overline{\underset{\sim}{B}}$，$\overline{\underset{\sim}{A}\cap\underset{\sim}{B}}=\overline{\underset{\sim}{A}}\cup\overline{\underset{\sim}{B}}$

以上运算性质与经典集合的运算性质完全相同，但经典集合成立的排中律和矛盾律对于模糊集合不再成立，即

$$\underset{\sim}{A}\cup\overline{\underset{\sim}{A}}\neq U,\ \underset{\sim}{A}\cap\overline{\underset{\sim}{A}}\neq\Phi$$

这是由于模糊集合概念本身就是对经典集合二值逻辑非此即彼的排中律的一种突破。

9.1.2　模糊关系与模糊逻辑推理

在自然界中，事物之间存在着一定的关系，有些关系是非常明确的，但有些关系的界限是不明确的。界限不明确的关系可用直积上的模糊集来加以描述。

1. 模糊关系

定义：直积空间 $X\times Y=\{(x,\ y)\,|\,x\in X,\ y\in Y\}$上的模糊关系是 $X\times Y$ 的一个模糊子集 $\underset{\sim}{R}$，$\underset{\sim}{R}$ 的隶属度函数 $\underset{\sim}{R}(x,\ y)$表示了 X 中的元素 x 与 Y 中的元素 y 具有这种关系的程度。

模糊关系是模糊集合，所以它可以用表示模糊集合的方法来表示。当 $X=\{x_1,\ x_2,\ \cdots,\ x_n\}$和$Y=\{y_1,\ y_2,\ \cdots,\ y_m\}$是有限集合时，定义在 $X\times Y$ 上的模糊关系$\boldsymbol{R}$ 可用如下的 $n\times m$ 阶矩阵来表示：

$$R=\begin{bmatrix}\mu_R(x_1, y_1) & \mu_R(x_1, y_2) & \cdots & \mu_R(x_1, y_m)\\ \mu_R(x_2, y_1) & \mu_R(x_2, y_2) & \cdots & \mu_R(x_2, y_m)\\ \vdots & \vdots & & \vdots\\ \mu_R(x_n, y_1) & \mu_R(x_n, y_2) & \cdots & \mu_R(x_n, y_m)\end{bmatrix} \tag{9.4}$$

2. 模糊关系的合成运算

模糊关系是一种定义在直积空间上的模糊集合，所以它也遵从一般模糊集合的运算规则，模糊关系的交、并、补运算规则如下：

交运算：$R\cap S\leftrightarrow\mu_{R\cap S}(x, y)=\mu_R(x, y)\wedge\mu_S(x, y)$

并运算：$R\cup S\leftrightarrow\mu_{R\cup S}(x, y)=\mu_R(x, y)\vee\mu_S(x, y)$

补运算：$\overline{R}\leftrightarrow\mu_{\overline{R}}(x, y)=1-\mu_R(x, y)$

其中：“∧”是交运算的符号，表示取极小值；“∨”是并的符号，表示取极大值。

模糊关系本质上是模糊集合之间的一种映射，除了一般模糊集合所具有的运算规律外，模糊关系还具有映射所特有的运算关系。其中最为常用的是合成运算。

设 X、Y、Z 是论域，R 是 X 到 Y 的一个模糊关系，S 是 Y 到 Z 的一个模糊关系，R 到 S 的合成 T 也是一个模糊关系，记为 $T=R\circ S$，它的隶属度如下：

$$\mu_{R\circ S}(x, z)=\bigvee_{y\in Y}(\mu_R(x, y)*\mu_S(y, z)) \tag{9.5}$$

其中：“$*$”是二项积算子，可以有交、代数积等多种定义方式。但最为常用的是采取交运算，这时合成运算被称为“最大-最小合成”(Max - min Composition)：

$$R\circ S\leftrightarrow\mu_{R\circ S}(x, z)=\bigvee_{y\in Y}(\mu_R(x, y)\wedge\mu_S(y, z)) \tag{9.6}$$

3. 模糊逻辑推理

模糊逻辑推理是模糊关系合成的运用之一。例如对于模糊关系为 R 的控制器，当其输入为 A 时，根据推理合成规则，即可求得控制器的输出 B。

一般情况的模糊逻辑推理，即有 n 个前提：

$$R_i=(A_i\rightarrow B_i), i=1, 2, \cdots, n \tag{9.7}$$

在或(or)的连接下：

$$R^*=R_1\cup R_2\cup\cdots\cup R_n \tag{9.8}$$

对前提 A^* 的推理结果 B^* 可如下求得

$$B^*=R^*\circ A^* \tag{9.9}$$

9.1.3 模糊控制

1. 模糊控制基本思想

如图 9.1 所示，模糊控制和传统控制的系统结构是完全一致的。虚线内部表明了模糊控制是基于模糊化、模糊推理、解模糊等运算过程的。最常见的模糊控制系统有 Mamdani 型模糊逻辑系统和高木-关野(Takagi - Sugeno)型模糊逻辑系统。

现以图 9.2 所示一级倒立摆控制来简单说明模糊控制器设计的一般方法。

(1) 模糊化。以摆杆的倾角和速度作为输入变量可以将摆杆倾角定义为向左倾角大、中、小、垂直，向右倾角小、中、大几个模糊子集；摆杆速度定义为向左非常快、快、慢、静止，向右慢、快、非常快等几个模糊子集。它们都可以用模糊语言变量 NB, NM, NS,

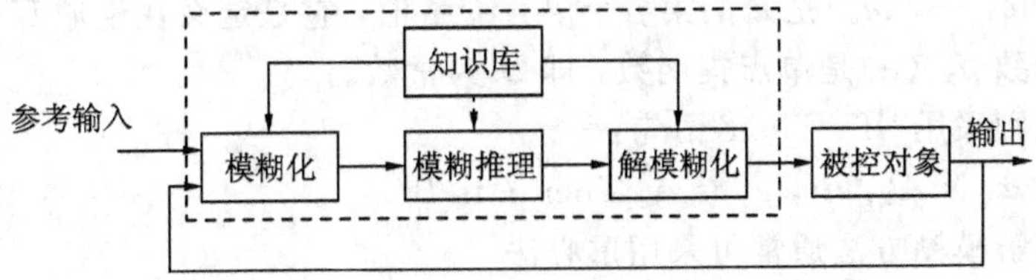

图 9.1　模糊控制原理图

ZE，PS，PM，PB 等来表示。控制小车运动的输出也可类似定义。接着按照一定的隶属度函数确定每个模糊子集隶属度。这个确定隶属度的过程就是对变量进行模糊化的过程。

(2) 模糊推理。模糊控制器通过建立一系列的模糊规则来描述各种输入所产生的作用。例如可以建立如下一些规则：

如果摆杆向左倾斜大并倒得非常快，那么小车快速向左运动；

如果摆杆向左倾斜大并倒得较快，那么小车中速向左运动；

如果摆杆向左倾斜小并倒的慢，那么小车慢速向左运动。

(3) 解模糊。模糊输出量被反解成能够用于对物理装置进行控制的精确量的这个过程称为解模糊。

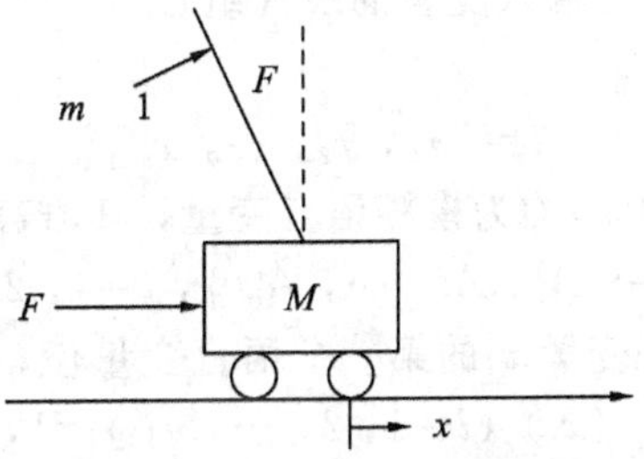

图 9.2　一级倒立摆示意图

2. Mamdani 型模糊逻辑系统

Mamdani 模糊系统模型如图 9.3 所示。

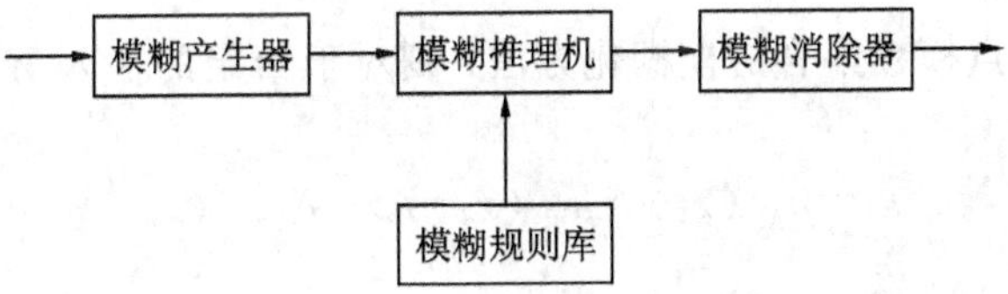

图 9.3　Mamdani 模糊逻辑系统

设输入分量 $\boldsymbol{X}$ 为

$$\boldsymbol{X}=[x_1, x_2, \cdots, x_n]^{\mathrm{T}} \tag{9.10}$$

每个分量 $x_i(i=1, 2, \cdots, n)$ 均为模糊语言变量，其语言变量值为

$$T(x_i)=\{A_i^1, A_i^2, \cdots, A_i^{m_i}\}, i=1, 2, \cdots, n \tag{9.11}$$

其中，$A_i^j(j=1, 2, \cdots, m_i)$ 是变量 x_i 的第 j 个语言变量值，它是定义在论域 U_x 上的模糊集合，相应的隶属度函数为 $\mu_{A_i^j}(x_i)(i=1, 2, \cdots, n; j=1, 2, \cdots, m_i)$。输出量 u 也为模糊语言变量，其语言变量值为

$$T(u)=\{B^1, B^2, \cdots, B^{m_u}\} \tag{9.12}$$

其中，$B^j(j=1, 2, \cdots, m_u)$是u的第j个语言变量值，它是定义在论域U上的模糊集合，相应的隶属度函数$\mu_{B^j}(u)$是单点集函数，即B^j为常数。

模糊推理规则采用“If－Then”语句：

If x_1 is A_1^j, x_2 is A_2^j, $\cdots$, x_n is A_n^j Then u is B^j

模糊系统的解模糊方法通常可采用重心法：

$$u=\frac{\sum_{j=1}^{m}\left[\prod_{i=1}^{n}\mu_{A_i^j}(x_i)\right]B^j}{\sum_{j=1}^{m}\left[\prod_{i=1}^{n}\mu_{A_i^j}(x_i)\right]}=\sum_{j=1}^{m}P_j(X)B^j \tag{9.13}$$

其中

$$P_j(X)=\frac{\prod_{i=1}^{n}\mu_{A_i^j}(x_i)}{\sum_{j=1}^{m}\left[\prod_{i=1}^{n}\mu_{A_i^j}(x_i)\right]} \tag{9.14}$$

3. T－S型模糊逻辑系统

Takagi 和 Sugeno 于 1985 年提出了一种 T－S 模型，也称之为 Sugeno 模糊模型。其模糊推理规则的后件(推理结果)是输入变量的线性组合。

设输入分量$\boldsymbol{X}$为

$$\boldsymbol{X}=[x_1, x_2, \cdots, x_n]^{\mathrm{T}} \tag{9.15}$$

每个分量$x_i(i=1, 2, \cdots, n)$均为模糊语言变量，其语言变量值为

$$T(x_i)=\{A_i^1, A_i^2, \cdots, A_i^{m_i}\}, i=1, 2, \cdots, n \tag{9.16}$$

其中，$A_i^j(j=1, 2, \cdots, m_i)$是变量$x_i$的第$j$个语言变量值，它是定义在论域$U_x$上的模糊集合，相应的隶属度函数为$\mu_{A_i^j}(x_i)$ $(i=1, 2, \cdots, n; j=1, 2, \cdots, m_i)$。

T－S 模型中描述输入/输出关系的模糊规则为

R_i: If x_1 is A_1^j, x_2 is A_2^j, $\cdots$, x_n is A_n^j Then $u^i=p_0^i+p_1^i x_1+\cdots+p_n^i x_n$

其中，$i=1, 2, \cdots, m$，m表示模糊规则的总数，且$m\leqslant m_1 m_2\cdots m_n$。该规则的输出$u^i$是输入变量$x_i$的线性组合。

若输入量采用单点模糊集合的模糊化方法，则对于给定的输入X，可以求得对于每条规则的强度为

$$\omega_i=\mu_{A_1^i}(x_1)\wedge\mu_{A_2^i}(x_2)\wedge\cdots\wedge\mu_{A_n^i}(x_n) \tag{9.17}$$

或为

$$\omega_i=\mu_{A_1^i}(x_1)\mu_{A_2^i}(x_2)\cdots\mu_{A_n^i}(x_n) \tag{9.18}$$

模糊系统的输出量为每条规则输出量的加权平均，即

$$u=\frac{\sum_{j=1}^{m}\omega_j u^j}{\sum_{j=1}^{m}\omega_j}=\sum_{j=1}^{m}u^j\tilde{\omega}_j \tag{9.19}$$

其中：

$$\tilde{\omega}_j=\frac{\omega_j}{\sum_{j=1}^{m}\omega_j} \tag{9.20}$$

这里的 m 是模糊规则的数量，u^j 为第 j 条规则的输出，ω_j 是对应输入向量的第 j 条规则的适应度：

$$\omega_j=\mu_{A_1^j}(x_1)\mu_{A_2^j}(x_2)\cdots\mu_{A_n^j}(x_n) \tag{9.21}$$

T－S 模型和 Mamdani 模型最主要的区别在于：对于 Sugeno 型模糊推理系统，推理规则后项结论中输出变量的隶属度函数只能是关于输入的线性组合或是常值函数。

由于 T－S 模型系统比 Mamdani 模型系统在形式上更加紧凑和易于计算，所以它可以很方便地采用自适应的思想来创建系统模型。

4. 模糊控制的特点

模糊控制是建立在人工经验基础上的。对于一个熟练的操作人员，他并非需要了解被控对象精确的数学模型，而是凭借其丰富的实践经验，采取适当的对策可巧妙地控制一个复杂过程。模糊控制器具有如下一些显著特点：

（1）无需知道被控对象的精确数学模型。

（2）易被人们接受。模糊控制的核心是模糊推理，它是人类通常智能活动的体现。

（3）鲁棒性好。干扰和参数变化对控制效果的影响被大大减弱，尤其适合于非线性、时变及纯滞后系统的控制。

另一方面，模糊控制毕竟还是一门新兴学科，尚有许多问题有待解决：

（1）在理论上还无法像经典控制理论那样证明运用模糊逻辑控制系统的稳定性。

（2）模糊逻辑控制规则是靠人的经验制定的，它本身并不具有学习功能。

（3）模糊控制规则越多，控制运算的实时性越差。

9.2 模糊系统和神经网络的联系

模糊系统和神经网络作为两种不同的机器学习方法既有区别，又有内在的一致性，下面分别进行分析。

9.2.1 模糊系统和神经网络的区别

1. 研究方法不同

模糊系统和神经网络虽然都属于仿效生物体信息处理机制以获得柔性信息处理功能的理论，但两者所用的研究方法却大不相同。

神经网络着眼于脑的微观网络结构，通过学习、自组织化和非线性动力学理论形成的并行分析方法，可处理无法语言化的模式信息；模糊集理论则着眼于可用语言和概念作为代表的脑的宏观功能，按照人为引入的隶属度函数，逻辑地处理包含有模糊性的语言信息。

2. 知识表示、运用与获取不同

从系统建模的角度而言，神经网络采用的是典型的黑箱型学习模式。当学习完成后，神经网络所获得的输入/输出关系无法用容易被人接受的方式表示出来，神经网络将知识存在权系数中。相反，模糊系统是建立在被人容易接受的“If－Then”表达方法之上，模糊系统将知识存储在规则集中。

（1）从知识表示方式看：模糊系统可以表达人们的经验性知识，因而便于理解；而神经网络只能描述大量数据间的复杂因果关系，因而难于理解。

(2) 从知识的运用方式看：模糊系统和神经网络都具有并行处理的特点，模糊系统同时激活的规则不多，计算量小；而神经网络涉及的神经元很多，计算量大。

(3) 从知识的获取方式看：模糊系统的规则是靠专家提供或设计的，对于具有复杂系统的专家知识，很难由直觉和经验获取，往往其规则形式也是很困难的，且这些知识的获取需要很多的时间；而神经网络的权系数可通过输入/输出样本的学习来确定，而无需人来设置。

(4) 从知识的修正方式看：对于模糊系统，由于人们可以非常容易地对系统规则进行分析，系统的调节可由删除和增加模糊规则来完成。而神经网络训练需要用算法来调节它的权系数。表 9-1 比较了模糊系统和神经网络。

表 9-1　模糊逻辑系统和神经网络的比较

名称	组成	应用范围	优点	缺点
神经网络	多个神经元连成的网络	映射任意函数关系，用于建模估计等	并行处理强，容错能力强，有自学习能力和知识性	知识表达困难，学习速度慢
模糊逻辑系统	模糊规则，模糊推理	控制难以建立精确模型而凭经验的过程，可处理不确定信息	可利用专家经验	难以学习，推理过程模糊性增加

9.2.2　模糊系统和神经网络的等价性

模糊系统与神经网络系统的建立理论基础与出发点不同，但随着研究的深入，已有学者提出并证明二者是一致的、等价的。

定理 设 N 为三层前向神经网络，此网络隐层神经元的激活函数为 S 形，输出层神经元的激活函数为标识函数。则存在一个模糊系统与 N 的计算功能相同。

1. 多层前向神经网络

设该多层前向神经网络具有 n 个输入神经元$(x_1, \cdots, x_n)$，h 个隐层神经元$(z_1, \cdots, z_h)$和 m 个输出神经元$(y_1, \cdots, y_m)$，T_j是神经元 z_j 的阈值，w_{ij} 是连接神经元 x_i 到神经元 z_j 的权值，β_{jk} 是连接神经元 z_j 到神经元 y_k 的权值，则网络功能可描述为

$$F: R^n \longrightarrow R^m;$$

$$F(x_1, \cdots, x_n) = (y_1, \cdots, y_m)$$

$$y_k = g_A\left(\sum_{j=1}^{h} z_j\beta_{jk}\right) \tag{9.22}$$

其中：

$$z_j = f_A\left(\sum_{i=1}^{n} x_i w_{ij} + T_j\right) \tag{9.23}$$

$f_A(\cdot)$为 S 形函数，即

$$f_A(x) = \frac{1}{1+e^{-x}} \tag{9.24}$$

2. 基于规则的模糊系统

考虑如下模糊推理规则：

R_{jk}: If x_1 is A_{jk}^1 and x_2 is A_{jk}^2 and……and x_n is A_{jk}^n, Then y_k is $p_{jk}(x_1, \cdots, x_n)$

其中，$p_{jk}(x_1, \cdots, x_n)$是关于输入的线性函数。假设系统有 n 个输入，m 个输出，规则形式是多输入单输出的(即输出 y_k对应 l_k个输入)，由相关规则输出的加权和计算总的输出 y_k：

$$y_k = \sum_{j=1}^{l_k} v_{jk} \cdot p_{jk}(x_1, \cdots, x_n) \tag{9.25}$$

其中，v_{jk}是对于第 k 个输出和第 j 个规则的推理强度。

3. 等价关系

规则 R_{jk}可由神经网络中隐层神经元构造：

$$R_{jk}: \text{If } \sum_{i=1}^{n} x_i w_{ij} + T_j \text{ is } A, \text{ Then } y_k = \beta_{jk} \tag{9.26}$$

其中，模糊集 A 的隶属度可简单地用隐层神经元的激活函数 f_A表示。

式(9-26)中模糊系统规则 R_{jk}的启动强度 v_{jk}为 $A\left(\sum_{i=1}^{n} x_i w_{ij} + T_j\right)$，故系统的输出为

$$y_k = \sum_{j=1}^{h} A\left(\sum_{i=1}^{n} x_i w_{ij} + T_j\right) \cdot \beta_{jk} \tag{9.27}$$

可见，模糊系统的输出 y_k与神经网络 N 的输出完全相同。

模糊系统和神经网络的共同点，可以总结如下：

(1) 它们均可从给定的系统输入/输出信号(数据)中建立系统的(非线性)输入/输出关系。这一输入/输出关系不像传统的系统建模那样有一确定的数学描述模型，因此它们可被称为无模型的预报器。

(2) 从数据处理形式上看，它们均采用并行处理的结构。当输入信号进入模糊系统时，所有的模糊规则将依据条件部分的适用度决定是否被激发，并且由被激发的规则决定系统的输出。对神经网络而言，它本身就是由并行结构的神经元构成的。

(3) 从映射的角度看，模糊系统和神经网络都具有(非线性)函数近似的能力。

9.3 模糊系统与神经网络的融合

根据模糊系统(FS)和神经网络(NN)的连接形式和使用功能，二者融合的形态可归纳成以下五大类。

1. 松散型结合

对于可用 If-Then 规则来表示的部分用模糊系统描述，而对很难用 If-Then 规则表示的部分，则用神经网络描述，两者之间没有直接联系。

2. 并联型结合

模糊系统和神经网络在系统中按并联方式连接，即享有共同的输入。按照两系统起的作用的轻重程度，还可分为同等型和辅助型，如图 9.4 所示。在辅助型中，系统的输出主要由子系统 1(可以是 FS 或 NN)决定，而子系统 2 的输出起补偿作用。这种情况往往是在周围环境发生变化时，子系统 1 的输出会产生偏差，而此时需要子系统 2 的补偿。

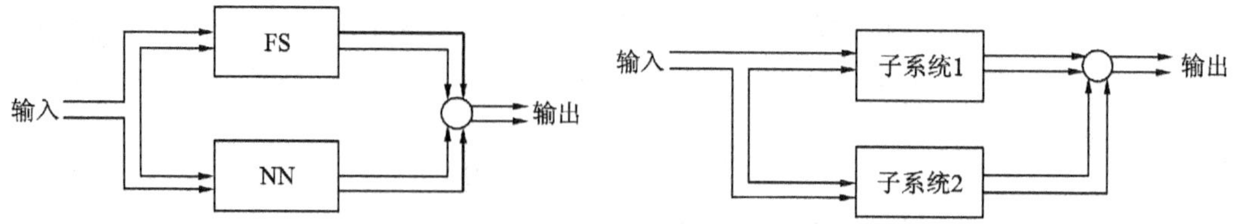

(a) 同等型　　(b) 辅助型

图 9.4　模糊系统和神经网络的并联型结合

3. 串联型结合

如图 9.5 所示，模糊系统和神经网络在系统中按串联方式连接，可看成是两段推理或者串联中的前者作为后者输入信号的预处理部分。例如用神经网络从原输入信号中提取有效的特征量作为模糊系统的输入，这样可使获取模糊规则的过程变得容易。

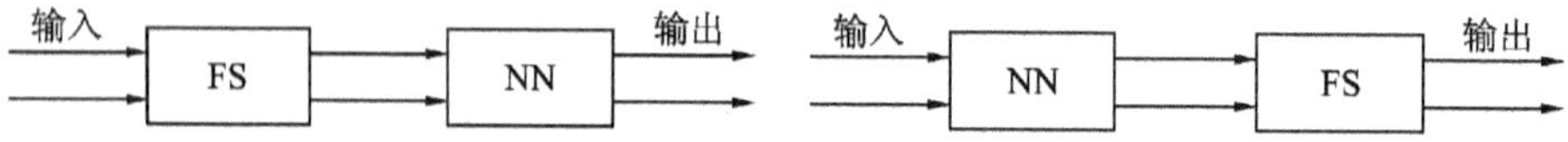

(a)　　(b)

图 9.5　模糊系统和神经网络串联型结合

4. 网络学习型结合

模糊系统和神经网络学习型结合方式如图 9.6 所示，整个系统由模糊系统表示，但模糊系统的隶属度函数等通过神经网络的学习来生成和调整。

5. 结构等价型结合

模糊系统由一个等价结构的神经网络表示。神经网络不再是一黑箱，它的所有节点和参数都具有一定的意义，即对应模糊系统的隶属度函数或推理过程，如图 9.7 所示。

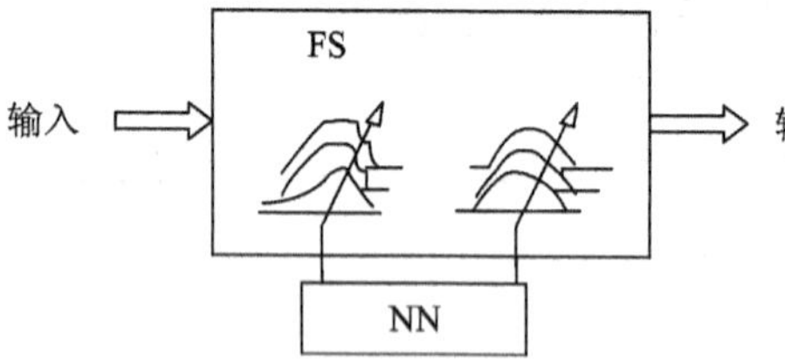

图 9-6　模糊系统和神经网络网络学习型

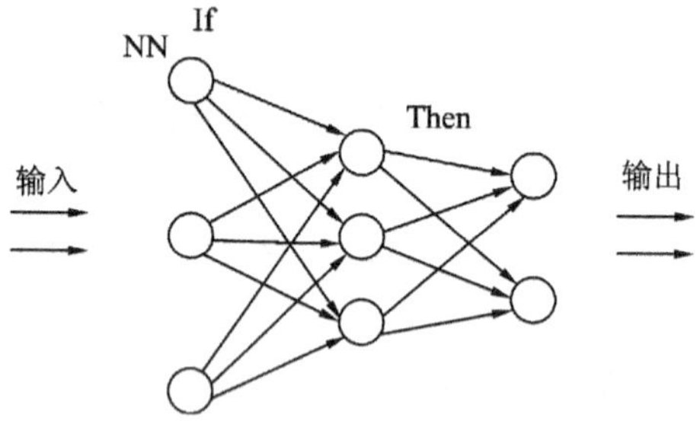

图 9.7　结构等价型

9.4　ANFIS

自适应神经模糊推理系统(Adaptive Neural-Based Fuzzy Inference System，ANFIS)是一种将模糊逻辑(FL)和神经网络(NN)有机结合的新型的模糊推理系统结构，它采用反向传播算法和最小二乘法的混合算法调整前提参数和结论参数，能自动产生 If-Then 规则，逐渐地调配出适合的隶属度函数来满足所需要的模糊推论输入/输出关系。

ANFIS采用神经网络来实现模糊推理，将模糊控制的模糊化、模糊推理和反模糊化三个基本过程全部用神经网络来实现。它利用神经网络的学习机制自动地从输入/输出数据中抽取规则，同时具有模糊系统易于表达人类知识的特点，因此能够改善传统模糊控制器中必须依靠人的思维反复调整隶属度函数才能减小误差和增进效能的缺点，利用混合学习算法，依照人类的知识和给定的输入/输出数据对建立起一个输入/输出映射。

9.4.1　自适应网络

一个典型的自适应网络如图9.8所示。实际上，自适应网络可以认为是所有有监督学习能力的前馈神经网络的超集。自适应网络中包含节点和用来连接节点的有向线。其中，方节点和圆节点表示不同的自适应能力，方节点(自适应节点)需要进行参数学习，该节点的输出依赖于它的输入参数；而圆节点(固定节点)不具有这种功能。网络中的连接线只表示信号传递的方向，与权重没有联系。

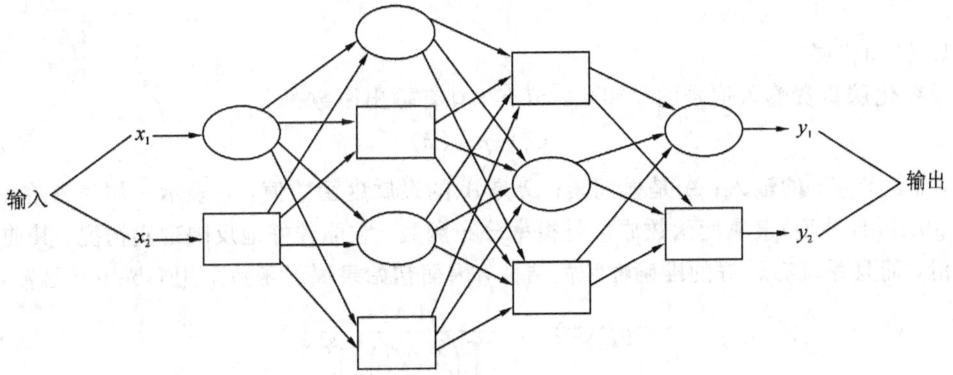

图9.8　自适应网络结构图

通过自适应网络中的学习规则来使各参数改变从而最小化预先设定的误差指标，基本学习规则依赖于梯度下降法和Werbos提出的连锁规则。对于自适应网络有两种学习模式：一种是批量学习(或称离线学习)，即当全部训练数据都在网络中运行一次后(称为一个循环)再修正参数；另一种是模式学习(或称在线学习)，即每当一对训练输入/输出数据在网络中运行之后，就依公式来进行调整参数。

9.4.2　ANFIS的结构

Sugeno模糊模型中的一条典型模糊推理规则为

$$\text{If } x \text{ is } A, \text{ and } y \text{ is } B \text{ Then } z=f(x, y)$$

其中，A和B作为前提的模糊数，$z=f(x, y)$为结论中的精确数。通常$f(x, y)$为关于x和y的多项式。与之相对应，自适应神经网络的模糊推理系统可认为是Sugeno型模糊模型的神经网络实现，该网络是一个多层前馈网络，结构如图9.9所示。

图中输入向量为$[x, y]$，权重w_1和w_2通常由前提中的隶属度函数μ值乘积得来，输出f为各规则输出的加权平均，$\overline{w}_1$和$\overline{w}_2$为各权重在总权重中的比例。该图同一层节点都具有相同的输出函数。

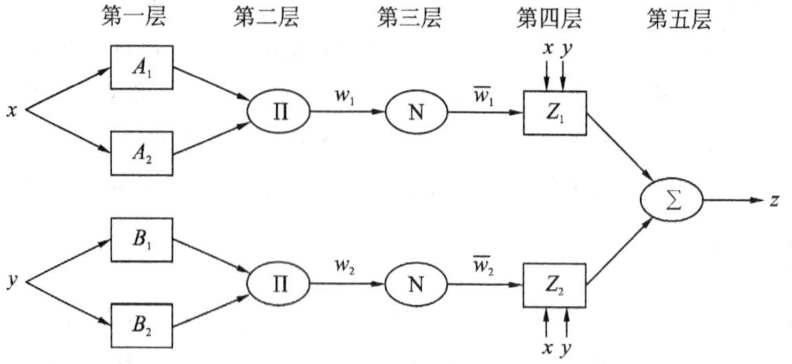

图 9.9　ANFIS 结构图

ANFIS 模型结构分为：模糊化层、规则强度层、规则强度归一化层、模糊规则的输出层和整个模糊系统的解模糊层。各层之间的连接权系数可通过给定样本数据进行自适应的调节。

1. 模糊化层

模糊化层负责输入信号的模糊化，节点 i 具有输出函数：

$$O_i^1=\mu_{A_i}(x) \tag{9.28}$$

其中，x 是节点i 的输入；A_i是模糊集；O_i^1是 A_i的隶属度函数值，它表示 x 属于A_i的程度。由于 gbellmf(钟型)隶属度函数原形是概率分布函数，它能较好地反映现实情况，其曲线较为平滑，而且系统有较好的准确性和简洁性，因而初始隶属度函数采用 Gbellmf 函数，即

$$\mu_{A_i}(x)=\frac{1}{1+\left[\left(\frac{x-\gamma_i}{\alpha_i}\right)^2\right]^{\beta_i}} \tag{9.29}$$

这里α_i、β_i和 γ_i为前提参数，其中，α_i为宽度，β_i为斜率，γ_i为中心位置。

2. 规则强度层

规则强度层节点负责将输入信号相乘。如：

$$w_i=\mu_{A_i}(x)\times\mu_{B_i}(y),\ i=1,\ 2 \tag{9.30}$$

每个节点的输出代表一条规则的可信度。这里的“×”通常采用 AND 算子，确定每个模糊规则的激活强度。

3. 规则强度归一化层

规则强度归一化层实现所有规则强度的归一化。其中第 i 个节点计算第 i 条规则的归一化可信度为

$$\overline{w}_i=\frac{w_i}{w_1+w_2},\ i=1,\ 2 \tag{9.31}$$

该层节点通过计算模糊规则的权系数，实现对上一层得到的模糊规则激活强度的归一化操作。

4. 模糊规则的输出层

模糊规则的输出层计算模糊规则的输出结果，其中的每个节点都是一个自适应节点。第 i 个节点具有输出：

$$O_i^4=\overline{w}_i f_i=\overline{w}_i(p_i x+q_i y+r_i) \tag{9.32}$$

这里，$\overline{w}_i$ 为第三层的输出，p_i、q_i和 r_i为结论参数。

5. 解模糊层

解模糊层只有一个节点，其输出是所有输入信号的和，也就是模糊推理的结果：

$$O_i^5 = \sum_i \overline{w}_i f_i = \frac{\sum_i w_i f_i}{\sum_i w_i} \tag{9.33}$$

因此，在给定前提参数(初始隶属度函数)后，ANFIS 的输出可以表示为结论参数的线性组合：

$$\begin{aligned} f &= \frac{w_1}{w_1+w_2} f_1 + \frac{w_2}{w_1+w_2} f_2 = \overline{w}_1 f_1 + \overline{w}_2 f_2 \\ &= (\overline{w}_1 x) p_1 + (\overline{w}_1 y) q_1 + (\overline{w}_1) r_1 + (\overline{w}_2 x) p_2 + (\overline{w}_2 y) q_2 + (\overline{w}_2) r_2 \end{aligned} \tag{9.34}$$

推论可知：对于具有 m 个输入变量，且每个输入有 K 个模糊集的 Sugeno 模糊模型，可以按照上述方法转化为神经网络结构，其控制规则总数为

$$n = K^m \tag{9.35}$$

9.4.3 ANFIS 的学习算法

1. 算法原理

神经模糊控制器的主要作用是应用神经网络的学习技术调整神经模糊控制系统的参数和结构。模糊控制器需要两种类型的调整——结构调整和参数调整。

(1) 结构调整包括变量数目、输入/输出变量的论域划分和规则数目等。一旦获得了满意的结构后，就需要对参数进行调整。

(2) 参数调整包括与隶属度函数有关的参数，如中心、宽度和斜率等的调整。

由于网络结构已经确定，ANFIS 的学习算法实际上只是对控制器的参数进行学习，即只需调整前提参数和结论参数。

当前主要有四种方法来更新 ANFIS 参数：

(1) 所有参数都用梯度下降法进行更新；

(2) 用最小二乘法得到初始结论参数，再用梯度下降法更新所有的参数；

(3) 梯度下降法和最小二乘法混合；

(4) 仅用递推(近似)最小二乘法。

具体情况中选择哪种方法，应综合考虑计算的复杂度和所要达到的性能。

2. 算法步骤

ANFIS 的结构建立和算法学习步骤如下：

(1) 提炼由专家处得到的模糊 If - Then 规则，平均分割输入变量空间(或依据专家意见)建立初始的隶属度函数：包括规则的个数、各个隶属度函数的形状。一般应该满足 ε 的完备性(通常，$\varepsilon=0.5$)，即对于某个输入变量的任意给定值 x，一定存在一语言值 A，使得 $\mu_A(x) \geqslant \varepsilon$ 成立。至此，模糊推理系统可以提供从一个语言值到另一个语言值的平滑过渡和足够的重叠。

(2) 由混合学习算法调整模糊 If - Then 规则中的前提和结论参数，每一次循环都包括前向传播和后向传播两个过程。学习后规则前提的语言值并不一定能保证 ε 的完备性，但

可由限制梯度算法获得。

(3) 学习过程直至训练样本的输出误差达到一定要求为止，由此建立整个模糊推理系统。

9.4.4 ANFIS的特点

已有学者证明：ANFIS对于紧致集上的任意连续函数有无限的逼近能力，即ANFIS可以无限逼近任一实值连续函数。ANFIS被广泛用于函数逼近、模式识别、预测、模糊控制和信号处理等方面。

一般来说，模糊神经网络有以下几个特点：

(1) 模糊神经网络在输入/输出端口与基本模糊关系等效，在内部也与模糊系统的模糊化、模糊推理相对应，且可以用模糊系统的有关概念去解释。

(2) 模糊神经网络将模糊系统中模糊规则及隶属函数的生成与修改在网络中变成局部节点或权参数的确定和调整。

(3) 通过调整模糊神经网络中对应的前提变量、模糊子集的节点数及节点规则数即可实现所需要的逼近精度。

9.5 模糊神经网络仿真实例

9.5.1 MATLAB模糊逻辑工具箱

利用模糊逻辑工具箱可以在MATLAB框架下快速设计、建立以及测试模糊推理系统，还可以编写独立的C语言程序来调用MATLAB中所设计的模糊系统。MATLAB模糊工具箱中提供了三种类型的工具：命令行函数、图形交互工具以及仿真模块和示例。模糊工具箱函数列表如表9-2～表9-5所示。

表9-2 GUI编辑器

函数名	功　能	函数名	功　能
fuzzy	基本FIS(模糊推理系统)编辑器	mfedit	隶属度函数编辑器
ruleedit	规则编辑器(句法)及分析程序	ruleview	规则编辑器及模糊推理框图
surfview	输出曲面观测器		

表9-3 隶属度函数

函数名	功　能	函数名	功　能
dsigmf	两个"S"形隶属度函数	gauss2mf	双边高斯曲线隶属度函数
gaussmf	高斯曲线隶属度函数	gbellmf	广义钟形隶属度函数
pimf	π形隶属度函数	psigmf	两个"S"形隶属度函数的积
smf	"S"形隶属度函数	sigmf	"Sigmoid(S)"形隶属度函数
trapmf	梯形隶属度函数	trimf	三角形隶属度函数
zmf	"Z"形隶属度函数		

表 9-4　命令行函数

函数名	功　能	函数名	功　能
addmf	将隶属度函数加到 FIS 中	addrule	将规则加到 FIS 中
addvar	将变量加到 FIS 中	defuzz	去模糊隶属度函数
evalfis	完成模糊推理计算	evalmf	隶属度函数计算
gensurf	产生 FIS 输出曲面	gerfis	获得模糊系统的特性
mf2mf	在函数之间变换参数	newfis	产生新的 FIS
parsrule	分析模糊规则	plotfis	显示 FIS 输入/输出图
plotmf	显示一个变量的所有隶属度函数	readfis	从磁盘中装入 FIS
rmmf	从 FIS 删除隶属度函数	rmvar	从 FIS 删除变量
setfis	设置模糊系统特性	showfis	显示带注释的 FIS
showrule	显示规则 FIS	writefis	在磁盘中保存 FIS

表 9-5　先进技术函数

函数名	功　能	函数名	功　能
anfis	Sugeno-type FIS 的训练程序	fcm	利用模糊 C 平均聚集方法找出簇
genfis1	利用一般方法产生 FIS 矩阵	genfis2	利用减法聚集方法产生 FIS 矩阵
subclust	利用减法聚集方法估计簇中心		

MATLAB 的模糊工具箱提供了辅助自适应神经网络模糊推理工具的主要函数 ANFIS，它以交互式图形界面的形式集成了建立、训练和测试神经模糊推理系统的各种功能。在 MATLAB 命令窗口中键入命令“anfisedit”，即可启动 Anfis 编辑器，其图形窗口界面如图 9.10 所示。

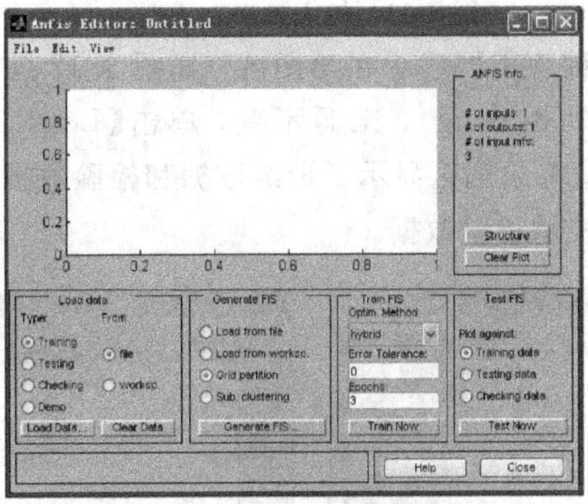

图 9.10　MATLAB 自适应神经模糊推理系统的图形界面

9.5.2　仿真实例

下面设计自适应神经模糊推理系统，对下面的非线性函数进行逼近。

$$f(x)=\cos(\pi x)+0.2\cos(2\pi x)+0.4\cos(4\pi x) \tag{9.36}$$

1. 加载样本数据

在进行自适应神经模糊推理系统的训练前，必须加载用于训练学习或测试检验的各种输入/输出数据矩阵，这些矩阵的每一行均对应一组输入/输出数据，其中最后一列为输出数据，因为自适应神经模糊推理系统仅支持单输出的 T－S 型模糊系统。

首先利用以下 MATLAB 程序，产生训练数据和检验数据。

```
%%训练、检验数据的产生
clear all;
clc;
num=51;
x=linspace(-1, 1, num);
y=cos(pi*x)+0.2*cos(2*pi*x)+0.4*cos(4*pi*x);
data=[x', y'];
traindata=data(1:2:num, :);
checkdata=data(2:2:num, :);
```

运行以上代码之后，相关数据已暂存于 MATLAB 的工作区内，在 MATLAB 命令窗口键入“anfisedit”，启动自适应模糊系统的图形界面编辑器，首先在数据加载区(Load data)选择数据类型(Type)为训练数据(Training)，数据来源(From)于工作区(worksp.)。

单击【Load Data…】按钮打开如图 9.11 所示的输入数据对话框，在该对话框中输入“traindata”后，可将变量 traindata 加载为模糊神经网络的训练数据。

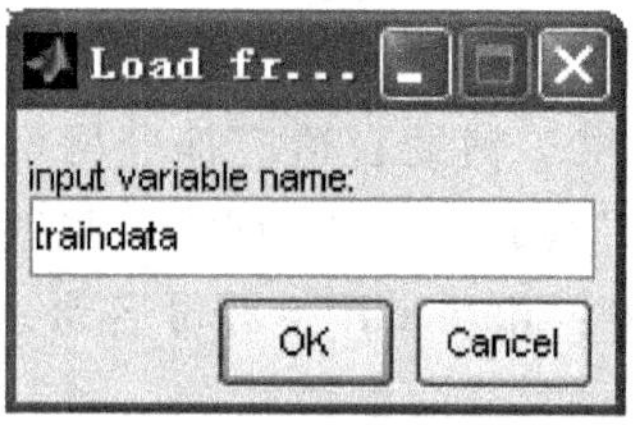

图 9.11　输入数据对话框

单击【OK】按钮便可将训练数据显示在绘图区，如图 9.12(a)所示。按照同样的步骤，加载数据类型为检验数据(Checking)，来源不变，单击【Load Data…】按钮将检验数据 checkdata 显示在数据区，最终绘图区显示了训练数据和检验数据，如图 19.12(b)所示。其中“o”表示训练数据，“＋”表示检验数据。

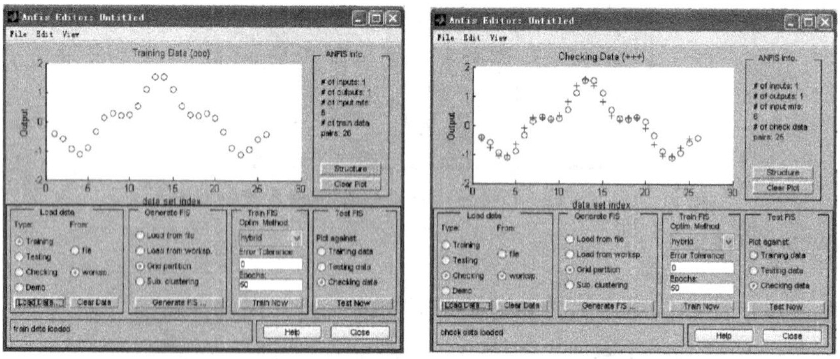

(a) 训练数据显示在绘图区　　　　(b) 训练数据和检验数据在绘图区的显示

图 9.12　训练与检验数据窗口

2. 生成 ANFIS

默认 ANFIS 采用网格分割法(Grid partition)，然后单击【Generate FIS】弹出设置模糊推理系统设置模糊推理系统的对话框，并设置语言变量隶属度函数的数目(INPUT：Number of MFs)为 6、输入语言变量隶属度函数的类型(INPUT：MF Type)为 Gbellmf、输出隶属度函数的类型(OUTPUT：MF Type)为 Linear(线性)，如图 9.13 所示。

当自适应神经模糊推理系统生成以后，点击菜单栏的 Edit 中的 Membership Function…选项查看系统训练前的输入变量隶属度函数分布，如图 9.14 所示。

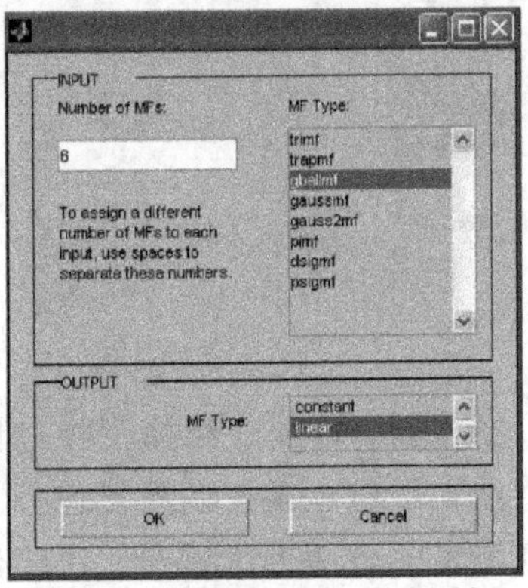

图 9.13　模糊推理系统对话框

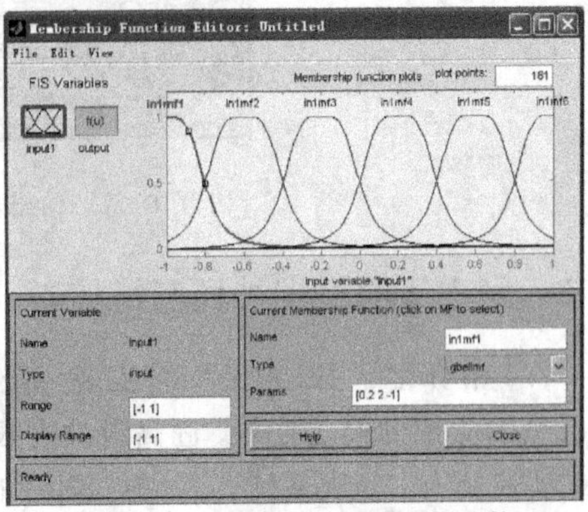

图 9.14　训练前输入隶属度函数

3. 训练 ANFIS

神经模糊推理系统生成以后，设置训练次数(Epochs)为 50，其余参数默认，单击【Train Now】按钮进行系统训练，如图 9.15 所示，整个窗口的左上方显示的是误差随训练次数的变化情况，可以看出随着训练次数的增加，误差逐渐减小，当达到最大训练步骤 50 次时，训练的误差为 0.014 027

此时，再次点击菜单栏 Edit 中 Membership Function 选项查看训练之后隶属度函数分布。如图 9.16 所示，可以看出经学习之后的模糊推理系统提取了训练数据的局部特征。

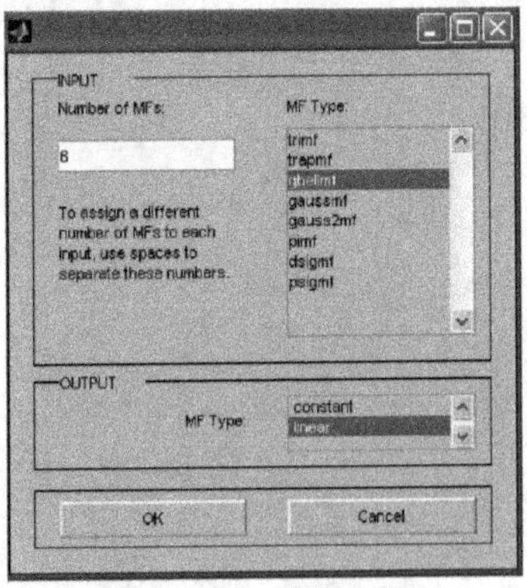

图 9.15　误差曲线

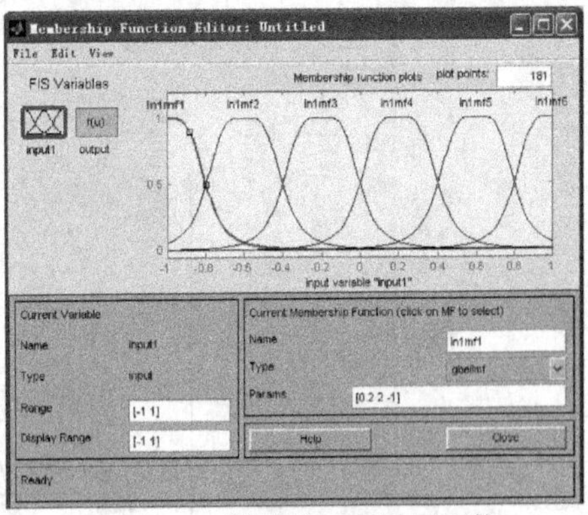

图 9.16　训练后的隶属度函数

4. 测试 ANFIS

当训练完成之后，可用检验数据来测试得到的系统性能。选择测试区(Test FIS)中的检验数据(Checking data)，点击【Test Now】，可直观地看出测试样本与标准样本输出的差别，如图 9.17 所示。从测试结果可以看出设计的自适应模糊推理系统通过样本数据的训练对非线性函数 $f(x)=\cos(\pi x)+0.2\cos(2\pi x)+0.4\cos(4\pi x)$ 逼近效果良好。

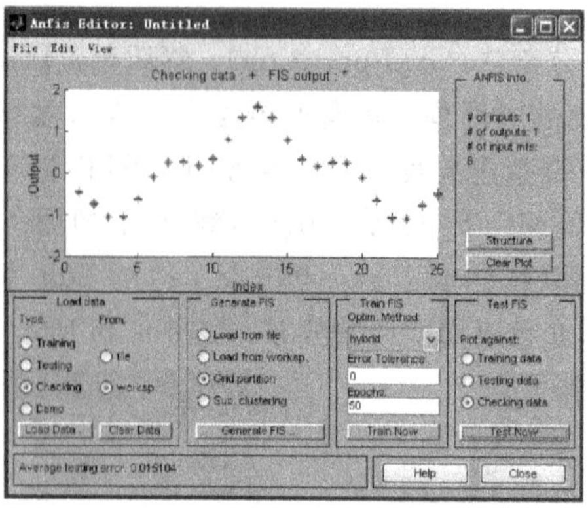

图 9.17　输出数据与检验数据比较

9.5.3　倒立摆的模糊神经网络控制

4.7.5 节介绍了 BP 神经网络实现一级倒立摆实物控制实验，本节介绍模糊神经网络实现二级倒立摆的稳定控制。固高科技有限公司生产的直线二级倒立摆控制系统包括计算机、运动控制卡、伺服系统、倒立摆本体和光电码盘反馈测量元件等几大部分。二级倒立摆系统原理如图 9.18 所示，二级倒立摆系统结构如图 9.19 所示。

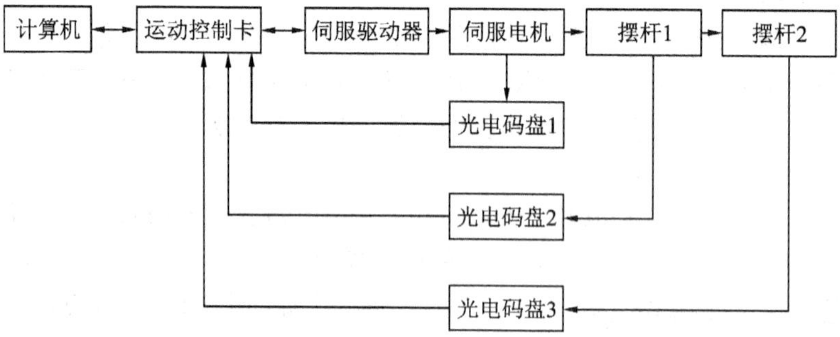

图 9.18　二级倒立摆系统原理

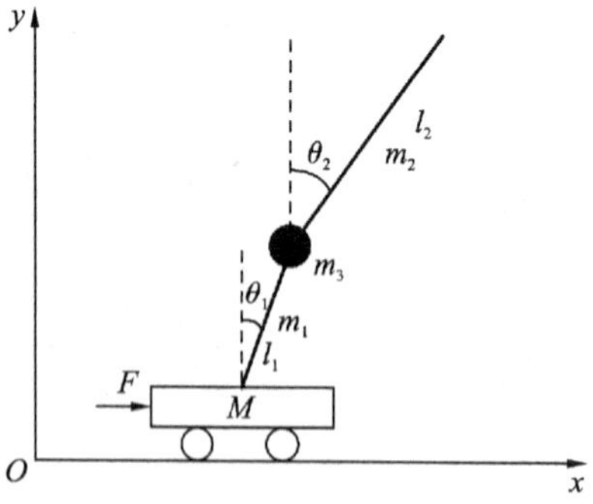

图 9.19　二级倒立摆系统结构

图 9.18 中：θ_1 为摆杆 1 与垂直向上方向的夹角，θ_2 为摆杆 2 与垂直向上方向的夹角，F 为作用在系统上的外力其余参数如表 9 - 6 所示。

表 9－6　二级倒立摆实验系统相关参数

符号	定　义	参数值
M	小车质量	1.32 kg
m_1	一级摆杆质量	0.04 kg
m_2	二级摆杆质量	0.132 kg
m_3	二级摆杆的编码器质量	0.208 kg
l_1	一级摆杆质心到小车支点距离	0.095 m
l_2	二级摆杆质心到铰链中心距离	0.27 m

利用拉格朗日方程可以推导出倒立摆的系统方程。选取状态量 $x_1=x$，$x_2=\theta_1$，$x_3=\theta_2$，$x_4=\dot{x}$，$x_5=\dot{\theta}_1$，$x_6=\dot{\theta}_2$，它们分别代表小车的位移、摆杆 1 的位置、摆杆 2 的位置、小车的速度、摆杆 1 的角速度和摆杆 2 的角速度。在平衡位置做线性化处理，二级倒立摆系统状态空间方程可表示为

$$\begin{bmatrix}\dot{x}_1\\\dot{x}_2\\\dot{x}_3\\\dot{x}_4\\\dot{x}_5\\\dot{x}_6\end{bmatrix}=\begin{bmatrix}0&0&0&1&0&0\\0&0&0&0&1&0\\0&0&0&0&0&1\\0&0&0&0&0&0\\0&K_{12}&K_{13}&0&0&0\\0&K_{22}&K_{23}&0&0&0\end{bmatrix}\begin{bmatrix}x_1\\x_2\\x_3\\x_4\\x_5\\x_6\end{bmatrix}+\begin{bmatrix}0\\0\\0\\1\\K_{17}\\K_{27}\end{bmatrix}u\quad Y=C\begin{bmatrix}\dot{x}_1\\\dot{x}_2\\\dot{x}_3\\\dot{x}_4\\\dot{x}_5\\\dot{x}_6\end{bmatrix}+Du \tag{9.37}$$

其中，

$$K_{12}=\frac{3(-2gm_1-4gm_2-4gm_3)}{2(-4m_1-3m_2-12m_3)l_1}=73.0082$$

$$K_{13}=\frac{9m_2g}{2(-4m_1-3m_2-12m_3)l_1}=-20.0773$$

$$K_{17}=\frac{3(-2m_1-m_2-4m_3)}{2(-4m_1-3m_2-12m_3)l_1}=5.4011$$

$$K_{22}=\frac{2g(m_1+2(m_2+m_3))}{4m_2l_2-\frac{16}{9}(m_1+3(m_2+m_3))l_2}=-38.5321$$

$$K_{23}=-\frac{4g(m_1+3(m_2+m_3))}{3\left(4m_2l_2-\frac{16}{9}(m_1+3(m_2+m_3))l_2\right)}=-37.8186$$

$$K_{27}=\frac{2(m_1+2(m_2+m_3))-\frac{4}{3}(m_1+3(m_2+m_3))}{4m_2l_2-\frac{16}{9}(m_1+3(m_2+m_3))l_2}=-0.0728$$

$$C=\begin{bmatrix}1&0&0&0&0&0\\0&1&0&0&0&0\\0&0&1&0&0&0\end{bmatrix}$$

$$D=\begin{bmatrix}0\\0\\0\end{bmatrix}$$

基于线性二次型最优控制(LQR)理论可设计二级倒立摆系统的稳定控制器。将 LQR 稳定控制数据适当处理后作为样本训练，设计的模糊神经网络控制器如图 9.20 所示。控制器将位移、速度、摆 1 角度、摆 1 角速度、摆 1 与摆 2 角度和、摆 1 与摆 2 角速度和的隶属度分别作了两段划分，选用 gbellmf 隶属度函数，模糊神经网络结构如图 9.21 所示。

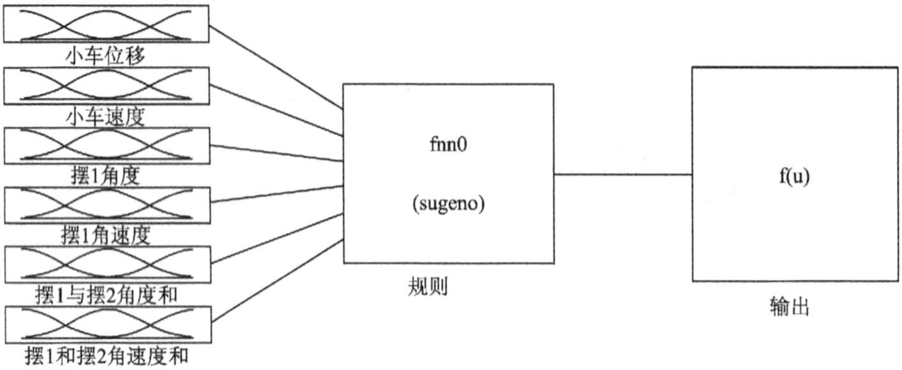

图 9.20 模糊神经网络控制器

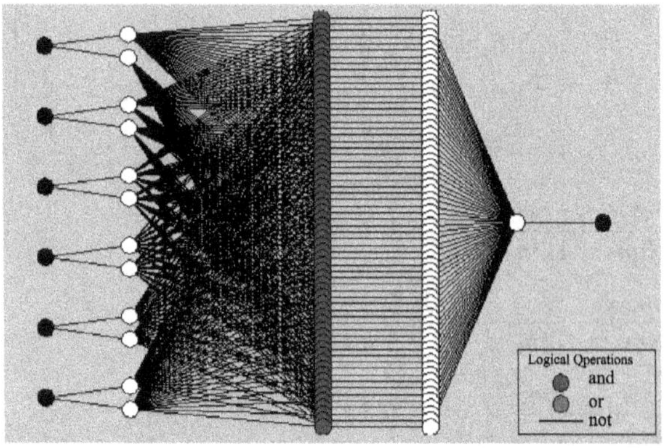

图 9.21 模糊神经网络结构

以线性二次型最优控制实控数据作为样本，经过多次的数据筛选，选取合适的一组数据进行训练。图 9.22 给出了模糊神经网络训练后隶属度函数发生的变化。

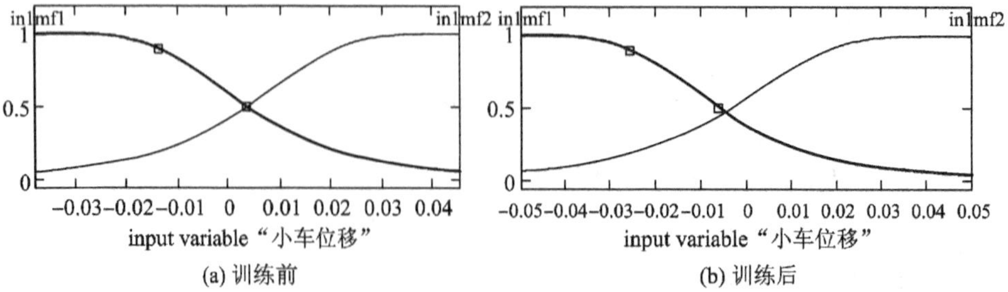

图 9.22 模糊神经网络训练后隶属度发生改变

训练后的模糊神经网络较好地实现了对二级倒立摆的稳定控制作用，实物控制曲线如图 9.23 所示。图中小车位移曲线的纵坐标单位为米，两个摆杆曲线的纵坐标单位为弧度，三者横坐标单位均为 0.0125 秒。

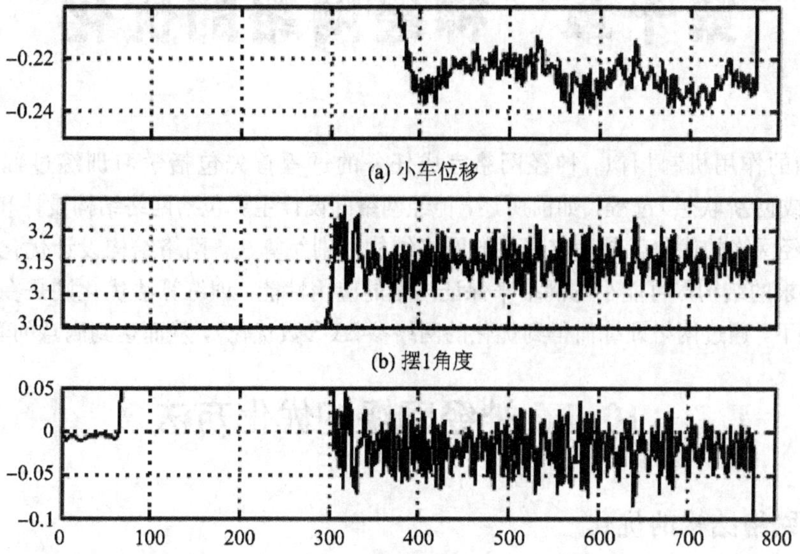

(c) 摆2角度

图 9.23　实物控制曲线

思 考 题

1. 简要说明模糊控制和神经网络的区别与联系。
2. 仔细体会模糊系统和神经网络系统的等价性与内在联系。
3. 根据连接形式和使用功能来说明模糊信息处理与神经网络信息处理可以从哪些方面进行结合以提高系统性能？
4. 简要说明 ANFIS 学习算法的原理与实质。

第十章 神经网络的优化

与人脑的作用机制相似，神经网络完成任务的过程首先包括学习训练过程，然后才是使用(回忆或创新联想)过程。如前所述，神经网络的设计主要包括网络结构设计和训练算法设计，因此神经网络的优化就是确定最优的网络结构和训练算法。网络结构设计优化是通过设计满足精度要求的结构尽可能小的网络来保证网络的应用性能。训练算法优化则是在确定了网络结构的框架下，通过网络训练而得到优化的网络参数(参数优化)，从而达到满意的学习效果。

10.1 神经网络的优化方法

10.1.1 网络结构的优化

由于神经网络潜在的和固有的并行性和非线性性，很难用数学模型对其结构进行精确的分析。目前，网络结构设计尚无确定可循的理论方法，一个公认的指导原则是：在没有其他先验知识时，能与给定样本相符合的最简单的网络就是最佳选择。传统的方法有逐步增长法、逐步修剪法、正规化约束法(Regularization)以及几何方法和顺序构造法。

逐步增长法是先从一个较简单的网络开始，逐步增加隐单元数目直到满足要求为止，如图 10.1 所示。逐步修剪法则相反，它是从一个较复杂的网络开始，逐步删除隐单元数目直至满足要求为止。正规化约束法是在目标函数中增加对模型复杂性的约束。如图 10.2 所示，在误差不能达到给定要求的情况下，将逐步增加隐层节点。注意到，每次增加节点都要重新训练网络。这种方法思路较简单，且能保证网络函数收敛于目标函数，但由于每次节点添加后整个网络都需要重新训练，因此当网络结构逐渐变大时，巨大的计算量将让人难以忍受。

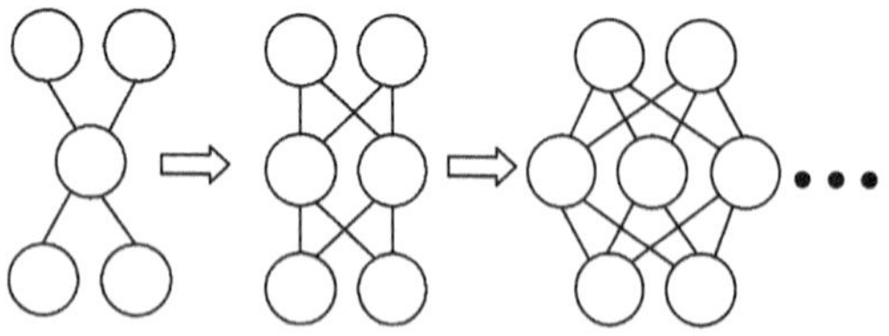

图 10.1 逐步增长构建网络

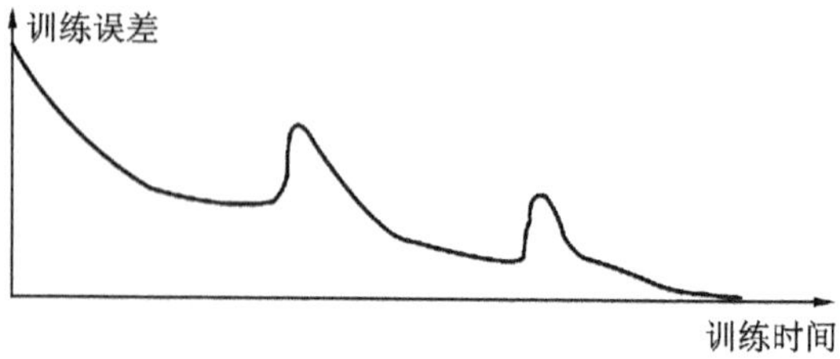

图 10.2 逐步增加节点情况下，训练误差变化曲线

10.1.2 训练算法的优化

误差修正学习法目前常被用于多层前馈神经网络的训练过程，最典型的误差修正学习算法是 BP 算法。BP 算法最明显的缺陷是算法的收敛速度太慢，有时甚至不收敛。为提高网络的设计速度及泛化能力，当前相关研究人员越来越重视各种全局优化算法。

1. 传统优化方法

1) 解析法

解析法是寻求理论上的最优解，通常需要的运算量大，对于大型复杂问题存在运算效率低的问题。

2) 枚举法

枚举法是枚举出可行解集合内的所有可行解，以求出精确最优解。枚举空间较大时，求解效率低，甚至无法求解。

3) 搜索算法

搜索算法是在可行解集合的一个子集内进行搜索，以找到问题的最优解或者近似最优解。该方法虽然保证不了一定能找到最优解，但若适当地利用一些启发知识，就可在近似解的质量和效率上达到一种较好的平衡。

4) 启发式算法

计算机科学的两大基础目标就是发现可证明其执行效率良好且可得最佳解或次佳解的算法。而启发式算法则试图一次提供一个或全部目标。例如它常能发现很不错的解，但也没办法证明它不会得到较坏的解。它通常可在合理时间内解出答案，但也没办法知道它是否每次都可以以这样的速度求解。对每一个需求解的问题必须找出其特有的启发式规则，这个规则无通用性。

20 世纪 80 年代以来，一些新颖的优化算法，如人工神经网络、混沌算法、遗传算法、进化规划、模拟退火、禁忌搜索及其混合优化策略等，都通过模拟或揭示某些自然现象或过程而得到发展，其思想和内容涉及数学、物理学、生物进化、人工智能、神经科学和统计力学等方面，为解决复杂问题提供了新的思路和手段。

本章接下来对遗传算法、粒子群算法与混沌算法在神经网络参数优化中的应用予以介绍。

10.2 基于遗传算法的神经网络优化

遗传算法(Genetic Algorithm，GA)是模拟达尔文的遗传选择和自然淘汰的生物进化过程的计算模型，它是由美国 Michigan 大学的 Holland 教授于 1975 年首先提出的。遗传算法作为一种新的全局优化搜索算法，具有简单通用、鲁棒性强、适于并行处理及应用范围广等显著特点。

10.2.1 遗传算法

1. 基本思想

遗传算法受生物进化论和遗传学说的启发而提出，它把问题的参数用基因代表，把问题的解用染色体代表(在计算机里用二进制码表示)，这就得到一个由具有不同染色体个体组成的群体。群体在特定的环境里生存竞争、不断进化，最后收敛到一组最适应环境的个体——问题的最优解。图 10.3 给出了基本遗传算法的过程，具体说明如下：

(1) 问题的解表示成染色体，在算法中也就是以二进制编码的串。在执行遗传算法之前，给出一群染色体(父个体)，也就是假设的可行解。

(2) 把这些假设的可行解置于问题的“环境”中，并按适者生存的原则，从中选择出较适应环境的“染色体”进行复制，再通过交叉、变异过程产生更适应环境的新一代染色体(子个体)群。

(3) 经过一代一代的进化，最后收敛到最适应环境的一个染色体就是问题的最优解。

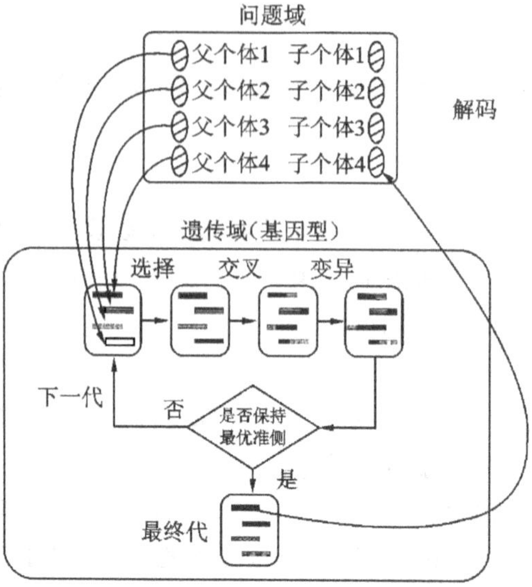

图 10.3　遗传算法的过程

2. 遗传算法中的术语

遗传算法优化的操作过程就如同生物学上生物遗传进化的过程一样，它主要有三个基本操作(或称为算子)：选择(Selection)、交叉(Crossover)和变异(Mutation)。相关遗传学术语、遗传算法概念和相应的数学概念三者之间的对应关系如表 10-1 所示。

表 10-1　遗传算法基本概念

序号	遗传学概念	遗传算法概念	数学概念
1	个体	要处理的基本对象、结构	可行解
2	群体	个体的集合	被选定的一组可行解
3	染色体	个体的表现形式	可行解的编码
4	基因	染色体中的元素	编码中的元素
5	基因位	某一基因在染色体中的位置	元素在编码中的位置
6	适应值	个体对于环境的适应程度或在环境压力下的生存能力	可行解所对应的适应函数值
7	种群	被选定的一组染色体或个体	根据入选概率定出的一组可行解
8	选择	从群体中选择优胜个体，淘汰劣质个体	保留或复制适应值大的可行解，去掉小的可行解
9	交叉	一组染色体上对应基因段的交换	根据交叉原则产生的一组新解
10	交叉概率	染色体对应基因段交换的概率(可能性大小)	区间[0，1]上的一个值，一般为0.65～0.90
11	变异	染色体水平上的基因变化	编码的某些元素被改变
12	变异概率	染色体上基因变化的概率(可能性大小)	区间(0，1)内的一个值，一般为0.001～0.01
13	进化、适者生存	个体优胜劣汰，一代又一代地进化	目标函数取到最优可行解

3. 遗传算法的步骤

遗传算法流程如图 10.4 所示，具体步骤如下：

(1) 选择编码策略，把参数集合(可行解集合)转换成染色体结构空间；

(2) 定义适应函数，便于计算适应值；

(3) 确定遗传策略，包括选择群体大小，选择、交叉、变异方法以及确定交叉概率、变异概率等遗传参数；

(4) 随机产生初始化群体；

(5) 计算群体中的个体或染色体解码后的适应值；

(6) 按照遗传策略，运用选择、交叉和变异算子作用于群体，形成下一代群体；

(7) 判断群体性能是否满足某一指标，或者是否已完成预定的迭代次数，不满足则返回第(5)步，或者修改遗传策略再返回第(6)步。

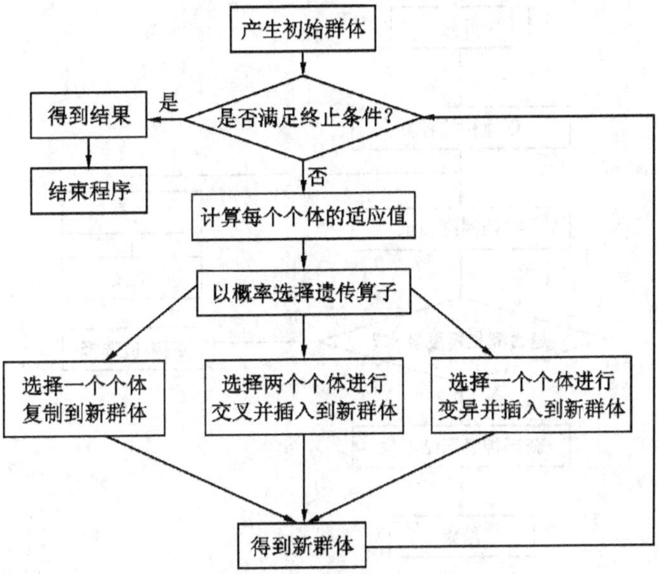

图 10.4　遗传算法流程

4. 遗传算法的特点

(1) 遗传算法擅长解决的问题是全局最优化问题，跟传统的爬山算法相比，遗传算法能够跳出局部最优而找到全局最优点。遗传算法采用种群的方式组织搜索，因而可按并行方式同时搜索解空间内的多个区域，并相互交流信息。通常即使是在很复杂的解空间中，遗传算法也很快就能找到良好的解。编码方案、适应度函数的遗传算子确定后，算法将利用进化过程中获得的信息自行组织搜索。

这使得它同时具有能根据环境变化来自动发现环境的特性和规律的能力。遗传算法不需要求导数操作或其他辅助知识，而只需要对目标函数计算适应度，因此它对问题的依赖性小。

(2) 遗传算法作为一种优化方法，也存在自身的局限性：编码存在表示的不准确性，单一的遗传算法编码不能全面地将优化问题的约束表示出来。对于任何一个具体的优化问题，调节遗传算法的参数可能会有利于更好、更快地收敛，这些参数包括个体数目、交叉率和变异率，但对于这些参数的选择，现在还没有实用的上下限。遗传算法对算法的精度、可行度、计算复杂性等方面，还没有有效的定量分析方法。

10.2.2 遗传算法优化神经网络的权值训练

神经网络的权值训练过程实际是一种复杂函数优化问题，即通过反复调整来寻找最优的连接权值。神经网络权值的整体分布包含着神经系统的全部知识，传统的权值获取方法是采用某种确定的变化规则在训练中逐步调整，最终得到一个较好的权值分布。

遗传算法优化神经网络连接权值的算法流程如图 10.5 所示，具体步骤如下：

(1) 采用某种编码方案对权值(阈值)进行编码，随机产生一组分布，它就对应着一组神经网络的连接权(阈值)。

(2) 输入训练样本，计算它的误差函数值，以误差函数的倒数作为适应度——误差越小，适应度越大，反之适应度大——来评价连接权(阈值)的优劣。

(3) 选择适应度大的个体，直接遗传给下一代。

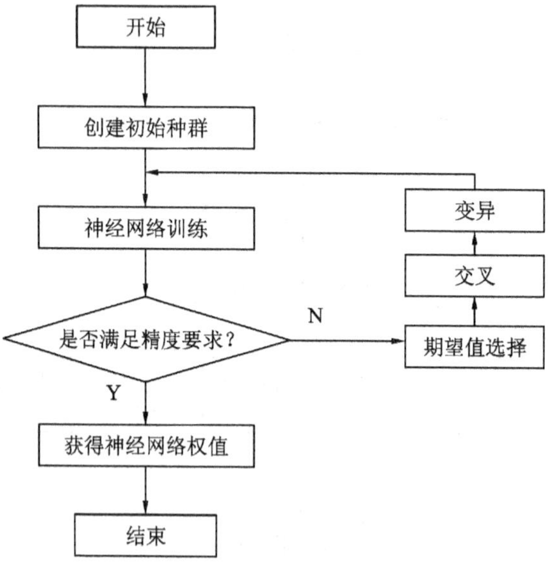

图 10.5 遗传算法优化神经网络权值流程图

(4) 再利用交叉、变异等操作对当前群体进化，产生下一代群体。

(5) 重复步骤(2)～(4)，使初始确定的一组权值(阈值)得到不断进化，直到训练目标满足条件为止。

10.2.3 遗传算法优化神经网络的网络结构

神经网络结构对网络的处理能力有很大的影响，好的网络结构不允许冗余节点和冗余连接权的存在。目前网络结构的设计主要采取递增或递减的试探方法，缺乏系统理论指导。

遗传算法可用来设计网络结构，算法流程如图 10.6 所示，具体步骤如下：

(1) 随机产生 N 个结构，每个结构是由 0/1 串组成，其中 0 表示节点无连接，1 表示节点有连接，这样的 0/1 串就对应一组神经网络的结构；

(2) 利用不同的初始权值对这样的网络结构进行训练；

(3) 计算每个网络结构下训练样本的误差函数值，以误差函数平方和的倒数作为适应度；

(4) 选择适应度最大的个体遗传给下一代；

(5) 再利用交叉、变异等操作对群体进化，以产生新一代的群体；

(6) 重复步骤(2)～(5)直到当前群体中某个个体满足要求，则停止进化。

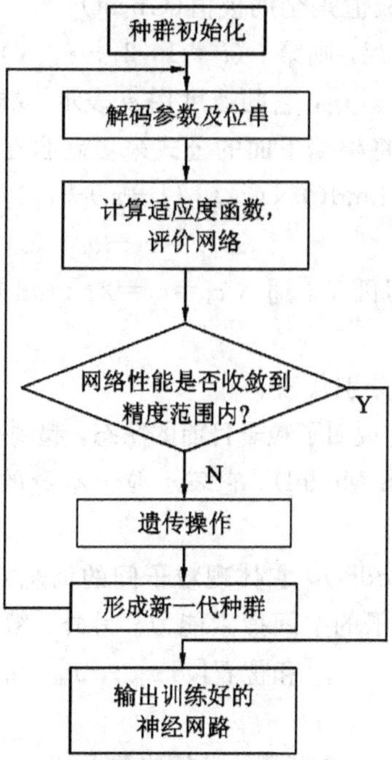

图 10.6 遗传算法设计神经网络控制流程图

10.3 基于粒子群算法的神经网络优化

群智能(Swarm Intelligence)作为一种新兴的演化计算技术已成为越来越多研究者的关注焦点，它与人工生命，特别是进化策略以及遗传算法有着极为特殊的联系。群智能方法的应用领域已扩展到多目标优化、数据分类、模式识别、神经网络训练、信号处理和决策支持等多个方面。

目前，群智能理论研究领域有两种主要的算法：蚁群算法(Ant Colony Optimization, ACO)，和粒子群算法(Particle Swarm Optimization, PSO)。蚁群算法是对蚂蚁群落采集食物过程的模拟，粒子群算法是模拟鸟群觅食的过程。它们都是很好的优化工具。

10.3.1 粒子群算法

1995 年，Kennedy 与 Eberhart 基于鸟类族群觅食的讯息传递的启发，提出了粒子群算法。一群鸟在随机搜寻食物，在这个区域里只有一块食物，所有的鸟都不知道食物在哪里，但是它们知道当前的位置离食物还有多远。找到食物的最优策略是搜寻目前离食物最近的鸟的周围区域。

1. 粒子群算法的基本思想

粒子群算法中，每个优化问题的潜在解都是搜索空间中的一只鸟，称之为“粒子”。所有的粒子都有一个由被优化的函数决定的适应值(Fitness Value)，同时还有一个速度决定它们飞行的方向和距离。粒子群算法初始化为一群随机粒子(随机解)，粒子们追随当前的最优粒子在解空间中迭代搜索。在每一次迭代中，粒子通过跟踪两个“极值”来更新自己：第一个就是粒子本身所找到的最优解，这个解称为个体极值(Pbest)；另一个极值是整个种群目前找到的最优解，这个极值是全局极值(Gbest)。

如果粒子的群体规模为 N，则第 i $(i=1, 2, \cdots, N)$个粒子的位置可表示为 x_i，它所经历过的“最好”位置记为 $p_{\text{best}}[i]$，它的速度用 v_i表示，群体中“最好”粒子的位置的索引号用 $g_{\text{best}}[i]$表示。所以粒子 i 将根据下面的公式来更新自己的速度和位置：

$$v_{i+1}=\omega\times v_i+c_1\times \text{rand}()\times(p_{\text{best}}[i]-x_i)+c_2\times \text{rand}()\times(g_{\text{best}}[i]-x_i) \tag{10.1}$$

$$x_{i+1}=x_i+v_i \tag{10.2}$$

其中 c_1、c_2为常数，称为学习因子，通常 $c_1=c_2=2$；rand (　)是[0, 1]上的随机数；ω 为惯性因子。

公式中多项式的三部分分别代表：

(1) 粒子先前的速度 v_i它说明了粒子目前的状态，起到平衡全局搜索和局部搜索的作用；

(2) 认知部分(Cognition Modal)，它表示粒子本身的思考，使粒子有了足够强的全局搜索能力，避免局部极小。

(3) 社会部分(Social Modal)，它体现粒子间的信息共享。

这三部分共同决定了粒子的空间搜索能力。另外，粒子在不断根据速度调整自己的位置时，还要受到速度$[-v_{\max}, v_{\max}]$和位置$[-x_{\max}, x_{\max}]$的限制。

2. 粒子群算法的流程

粒子群算法的流程如图 10.7 所示，具体步骤如下：

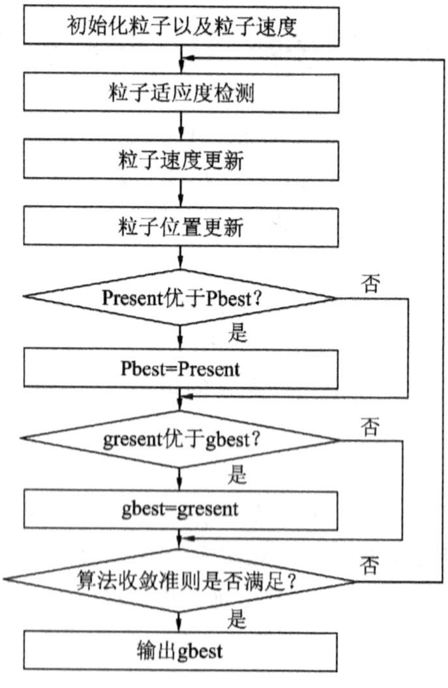

图 10.7　粒子群算法框架图

(1) 初始化一群随机粒子，包括粒子的随机位置 x 和速度 v；

(2) 计算每个粒子的适应度值；

(3) 对于每个粒子，将其适应度值 Presewt 与其经历过的最优位置 Pbest 进行比较：如较好，则将其作为当前的最优位置，否则不变；

(4) 对于每个粒子，将其适应度值 gresent 与全局所经历过的最优位置 gbest 进行比较：如较好，则将其作为当前的最优位置，否则不变；

(5) 根据式(10.1)与式(10.2)给出的速度与位置更新计算公式并计算变化粒子的速度和位置；

(6) 如果得到的适应度值足够好或达到预设的最大迭代次数，则停止；否则返回第步骤(2)。

3. 粒子群优化算法与遗传算法的比较

(1) 粒子群算法的个体为鸟(Bird)或粒子(Particle)，特征为位置(Position)、速度(Velocity)和邻居(Neighborhood - group)；遗传算法的个体为染色体(Chromosomes)，特征为基因(Gene)。

(2) 粒子群算法采用实数编码，遗传算法采用的是二进制编码(或者采用针对实数的遗传操作)。

(3) 粒子还有一个重要的特点，就是有记忆。它通过“自我”学习和向“他人”学习，使其下一代能从先辈那里有针对性地继承更多的信息，从而能在更短的时间内找到最优解。

10.3.2 粒子群算法优化神经网络的权值训练

1. 基本思想

粒子群算法优化神经网络权值训练的基本思路与遗传算法优化类似。

(1) 确定寻优适应度函数为网络实际输出与预期输出之间的误差，并且确定群体中每个个体的编码方式为网络连接权值的集合；

(2) 粒子按适应度函数下降的趋势进行群体寻优；

(3) 适应度函数达到一定下限(说明网络基本收敛)，群体最优就代表了网络的最佳权值向量。

2. 粒子群 BP 训练算法

考虑到粒子群算法全局搜索能力强、局部搜索能力差的特点，以及 BP 算法全局搜索能力差、局部搜索能力强的特点，把两者结合起来可形成高效的混合粒子群 BP 算法：先用粒子群算法对网络进行训练，找到一个较优解，然后将此网络参数作为 BP 算法中网络的初始参数再进行训练，最终搜索出最优的网络参数。

粒子群 BP 算法要解决的基本问题有：适应度函数的构造，粒子速度和位置的更新，最优粒子和 BP 算法的结合。

1) 适应度函数的构造

粒子群算法在进化搜索的过程中基本不利用外部信息，仅以适应度函数为依据，利用种群中每个个体的适应度值来进行搜索，以适应度值来判断个体的优秀程度。因此适应度函数的选取至关重要，直接影响到粒子群算法的收敛速度以及能否找到最优解。

一般而言，适应度函数是由误差函数变换而成的。由于误差函数值越小，适应度值就越大误差函数值越大，适应度值就越小，则适应度函数可以取误差函数的倒数：

$$F(E_A)=\frac{I}{E_A} \tag{10.3}$$

2）粒子速度和位置的更新

初始化一群随机粒子，然后通过迭代找到最优解。每一次迭代中，粒子按照式(10.1)与式(10.2)给出的速度和位置更新公式进行更新。

3）粒子和 BP 算法的结合

粒子群算法训练结束后，找出最优的网络初始参数，然后由 BP 算法训练直到算法满足结束条件为止。

10.4 基于混沌搜索算法的神经网络优化

混沌(Chaos)是继 20 世纪相对论与量子力学问世以来的第三次物理学大革命。混沌是一种普遍存在的非线性现象，其行为复杂且类似随机，但又存在精致的内在规律性。近年来，随着混沌理论研究的不断深入，作为非线性研究的核心内容，混沌的应用已成为了国内外关注的学术热点和前沿课题，并在混沌理论探索和混沌应用等方面取得了可喜的成果，混沌优化也成为当前混沌学研究领域的一个重要课题。

10.4.1 混沌现象

混沌现象在自然界中普遍存在，混沌是当今举世瞩目的前沿课题及学术热点，它揭示了非线性科学的共同特性：确定性和随机性的统一，有序性和无序性的统一。混沌是隶属于确定性系统而又难以预测、隐含于复杂系统而又不可分割、呈现多种混乱而又颇具律性的动态过程。

1. 混沌的定义

华人数学家 T. Y. Li 和 J. A. Yorke 在“Period three implies chaos”一文中给出混沌的基本定义(Li - Yorke 定理)：设 $f(x)$在$[a, b]$上是连续自映射的，若 $f(x)$有 3 周期点，则对任何正整数 n，$f(x)$有 n 周期点。混沌可表述如下：

闭合区间 I 上的连续自映射 $f(x)$(简记为 f)$f: I\to I\subset \mathbf{R}$，$x_{n+1}=f(x_n)$满足下列条件，则一定出现混沌现象：

(1) f 周期点的周期无上界；

(2) 闭区间 I 上存在不可数集合 $S\subset I$，S 为不包含周期点的不可数集合，满足：① 任意 x_1，$x_2\in S$，且 $x_1\neq x_2$，存在$\limsup\limits_{n\to\infty}|f^n(x_1)-f^n(x_2)|>0$；② 任意 x_1，$x_2\in S$，存在$\liminf\limits_{n\to\infty}|f^n(x_1)-f^n(x_2)|=0$；③ 对于任给的 $x_1\in S$ 及 f 的任意周期点 $p\in I$，有$\limsup\limits_{n\to\infty}|f^n(x_1)-f^n(p)|>0$。

2. 混沌的基本特性

(1) 初值敏感性：对于任意靠近的两个初始状态而言，随着时间推移，它们将表现出各自独立的演化行为。这就是说，混沌系统的长期演化行为“不可预测”。

(2) 遍历性：随着时间的推移，混沌运动轨迹将遍历状态空间中的每一点状态。

(3) 随机性：混沌系统具有内在随机性，会由确定性系统产生不确定性行为。尽管系统的规律是确定性的，但它的动态行为却难以确定，在它的吸引子中任意区域内概率密度函数不为零，这就是确定性系统产生的随机性。

(4) 具有分形的性质：分形是指 n 维空间一个点集的一种几何性质，它们具有无限精细的结构，在任何尺度下都有自相似部分和整体相似性质，具有小于所在空间维数 n 的非整数维数。混沌吸引子具有自相似特性，在维数上表现为分数维。

3. Logistic 映射

Logistic 方程是描述生物种群的系统演化行为的模型，美国物理学家 M. J. Feigenbaum 偶然发现了其混沌行为，目前它已成为混沌优化最为广泛的一个模型。Logistic 映射可描述为

$$x_{n+1}=\mu x_n(1-x_n)=f(x_n,\ \mu) \tag{10.4}$$

式中，对每一点 $x\in X$，集合 $\{x,\ f(x),\ f^2(x),\ f^3(x),\ \cdots,\ f^n(x),\ \cdots\}$ 称作 x 在 f 作用下产生的轨道，记为：$F(n,\ x)=\underbrace{f(\cdots f(x)\cdots)}_{n个}=f^n(x)$；$\mu$ 称为控制参数(吸引子)，μ 值不同，如图 10.8 所示，系统的稳定解 $\lim\limits_{n\to\infty}x_n$ 具有的性质也就不同。

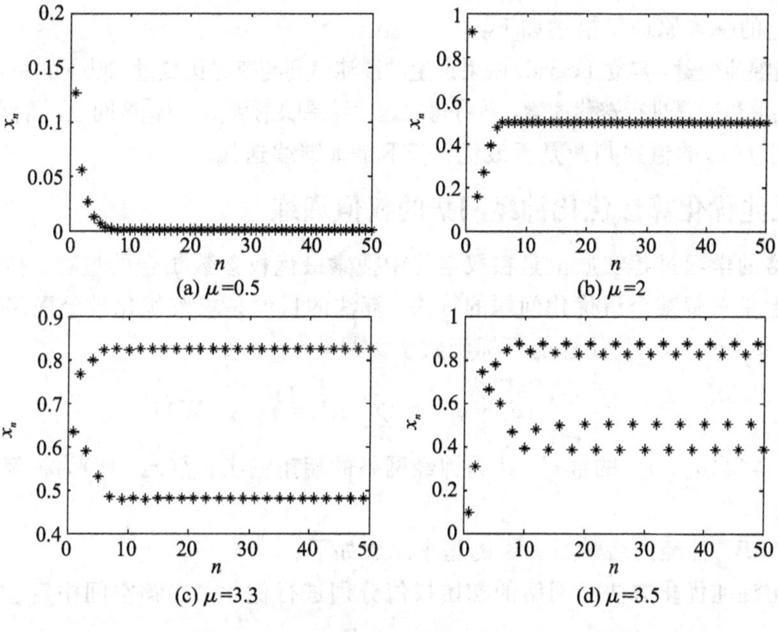

图 10.8　对应不同 μ 值，Logistic 映射相对应的轨道

当 $0<\mu<1$ 时，由公式 $f(x)=\mu x(1-x)$ 所决定的动力学形态十分简单，x 的初始值为 $(0,\ 1)$ 之间的任意一数，其中有且只有一个不动点 $x_0=0$，所以有 $\lim\limits_{n\to\infty}x=0$。当 $1<\mu<3$ 时，有两个不动点 0 和 A，初值 x_0 出发的迭代过程总是离开不动点 0 而趋近于不动点 A，这就叫周期 1 解。当 $3<\mu<1+\sqrt{6}$ 时，具有周期 2 解。当 $3.449<\mu<3.545$ 时，具有周期 4 解。图 10.7 给出了对于上述不同区间的 μ 值，Logistic 映射的轨道 $x_n(n=0,\ 1,\ \cdots,\ N)$ 的变化情况。

进一步增加 μ 的值，以此类推，可分叉出周期为 2^n，这种过程称为倍周期分岔，Logistic 映射的轨道分岔图如图 10.9 所示。当 $\mu=4$ 时，李亚普诺夫指数达到最大值，轨道 $x_n(n=0,\ 1,\ \cdots,\ N)$ 进入完全混沌状态。图 10.10 显示了当初值 x_0 为 0.007 时，x_n 的迭代轨道。从图 10.10 中可以明显看出，此时系统进入混沌状态下，迭代轨道 x_n 具有遍历性特征。

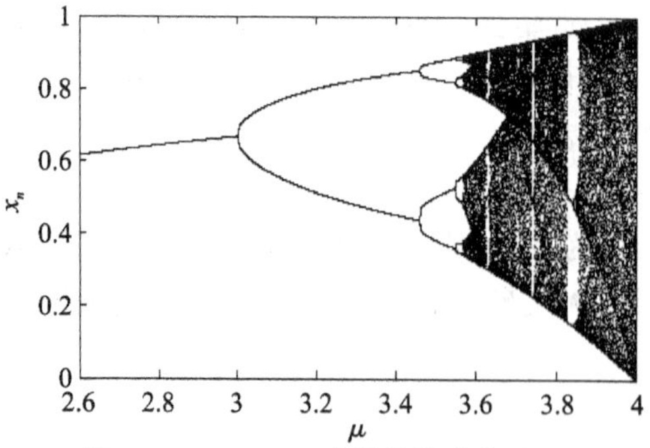

图 10.9　Logistic 映射的轨道分岔图

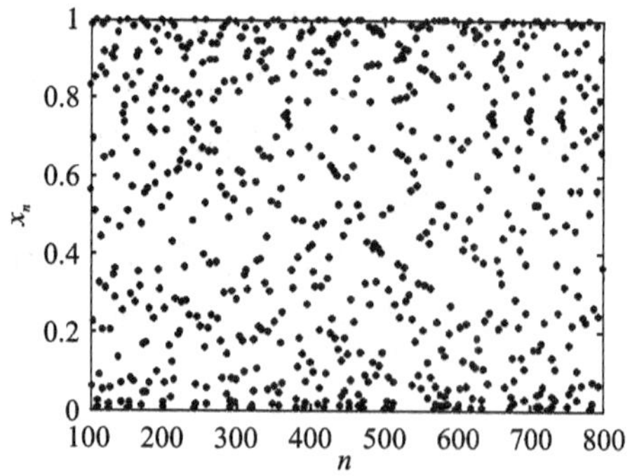

图 10.10　初值 x_0 为 0.007 时 x_n 的迭代轨道

10.4.2　混沌优化算法原理

连续对象的优化问题可描述为求 $f(x)$ 的最小值：$\min f(x_1, x_2, \cdots, x_n) x_i \in [a_1, b_1]$，$i=1, 2, \cdots, n$。其中 x_i 为待优化的参数，$[a_1, b_1]$ 为 x_i 的取值区间。

混沌优化的基本原理可描述如下：

(1) 构造混沌变量，建立 Logistic 映射产生的混沌序列与待寻优变量的映射关系，即"载波"。

(2) 利用混沌变量进行迭代搜索，并将每次迭代结果映射到 $[a_1, b_1]$ 区间上，得到相应的 x_i。

(3) 求出 $f(x)$ 的值并判断是否最优，若不是则继续迭代。

10.4.3　混沌优化算法优化神经网络的权值训练

神经网络的学习过程实质上是在权空间中搜索最优权参数集合的过程。神经网络的学习算法实际上是求解某个最优化问题的算法。算法的目的是求解优化神经网络的权参数向量 $\boldsymbol{W}=(w_1, w_2, \cdots, w_n)$，使性能目标函数 J 为最小值。

$$J=\sum_{k=1}^{l}|d_k-y_k|=\sum_{k=1}^{l}|d_k-f(x_k, \boldsymbol{W})| \tag{10.5}$$

其中：l 为样本集 (d_k, x_k) 的数目；d 为神经网络的期望输出；$f(x_k, \boldsymbol{W})$ 为神经网络描述的非线性函数。

混合混沌 BP 神经网络学习算法的基本思想如下：

(1) 运用混沌优化方法对网络的初始权值分别进行优化，在解空间中定位出一个较好的搜索空间；

(2) 采用梯度下降法在这个解空间中搜索出最优解。

这种优化方法利用了混沌运动自身的遍历性和规律性进行优化搜索，因而更容易跳出局部极小点。采用混沌优化方法优化 BP 网络连接权初值，方法简单易行，搜索效率高。混沌优化方法为解决 BP 网络的优化问题提供了新途径。

思　考　题

1. 神经网络的优化设计包含哪些方面的内容？
2. 说明基于遗传算法的神经网络优化的基本思想。
3. 说明基于粒子群算法的神经网络优化的基本思想。
4. 说明混沌寻优在神经网络权值训练应用中的基本思想。

第十一章　深度神经网络

近年来，深度神经网络在模式识别和机器学习领域得到了成功的应用。其中深度信念网络(Deep Belief Nets，DBNs)和卷积神经网络(Convolutional neural networks，CNNs)是目前研究和应用都比较广泛的深度学习结构。DBNs是一种无监督学习的机器学习模型，其深度学习算法是一种非监督的贪心逐层训练算法，可以解决深层结构相关的优化难题。CNNs是一种深度监督学习下的机器学习模型，其深度学习算法可以利用空间相对关系减少参数从而提高训练性能。

11.1　深度信念网络(DBNs)

2006年，多伦多大学计算机系教授Geoffrey Hinton提出了深度信念网络。它是一种具有多个隐含层的深度神经网络，通过训练可以让整个神经网络按照最大概率来生成训练数据，从而很好地进行特征识别及数据分类。

11.1.1　基础知识

为了便于更好地理解深度信念网络，我们首先简单介绍一下概率图模型、受限玻尔兹曼机(RBM)以及信念网络(Belief Network)。

概率图模型是用图论方法来表现数个独立随机变量关系的一种建模方法。其图中的任一节点为随机变量，若两节点间无边相接则意味此二变量彼此条件独立。一般概率图可分为有向图和无向图。有向图中每一个节点都对应于一个先验概率分布或者条件概率分布，因此整体的联合分布可以直接分解为所有单个节点所对应的分布的乘积；而对于无向图，由于变量之间没有明确的因果关系，它的联合概率分布通常会表达为一系列势函数(Potential Function)的乘积，通常情况下，这些乘积的积分并不等于1，因此，还要对其进行归一化才能形成一个有效的概率分布。

受限玻尔兹曼机可以被看成是一个无向图模型(Undirected Graphical Model)。如图11.1所示。$\boldsymbol{v}$为可见层，包含m个神经元，用于表示输入数据，$\boldsymbol{h}$为隐含层，包含n个神经

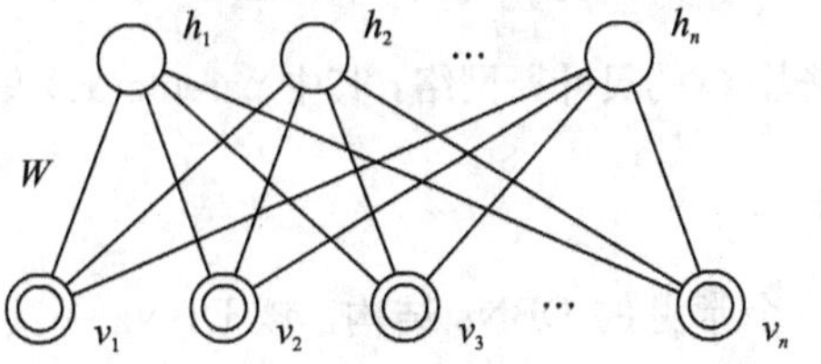

图11.1　受限玻尔兹曼机(RBM)

元，用于提取数据特征，$\boldsymbol{W}$ 为两层间对称的连接权重。所有节点都是随机二值变量节点（只取 0 或 1），全概率分布 $p(v, \boldsymbol{h})$满足 Boltzmann 分布。

受限玻称兹曼机的能量定义为

$$E(\boldsymbol{v}, \boldsymbol{h}|\theta) = -\sum_{i=1}^{m} a_i v_i - \sum_{j=1}^{n} b_j h_j - \sum_{i=1}^{m}\sum_{j=1}^{n} v_i w_{ij} h_j \tag{11.1}$$

其中，w_{ij} 为可见单元 i 与隐藏单元 j 之间的连接权重，a_i 为可见单元 i 的偏置，b_j 为隐藏单元 j 的偏置。$\theta = \{w_{ij}, a_i, b_j\}$为 RBM 中所有参数集，当 θ 确定时，则可根据式(11.1)的能量函数获得$(\boldsymbol{v}, \boldsymbol{h})$的联合概率为

$$P(\boldsymbol{v}, \boldsymbol{h}|\theta) = \frac{e^{-E(\boldsymbol{v}, \boldsymbol{h}|\theta)}}{z(\theta)} \tag{11.2}$$

其中，$z(\theta)$为保证 $P(\boldsymbol{v}, \boldsymbol{h}|\theta)$成为概率分布的归一化项，也称为划分函数。若可见单元服从某种概率分布，根据 RBM 给定可见单元时的各隐藏单元激活状态独立的条件，可获得隐藏单元为 1 的条件概率为

$$P(\boldsymbol{h}|\boldsymbol{v}, \theta) = \prod_{j=1}^{n} p(h_j|\boldsymbol{v}, \theta) \tag{11.3}$$

$$P(\boldsymbol{v}|\boldsymbol{h}, \theta) = \prod_{i=1}^{m} p(v_i|\boldsymbol{h}, \theta) \tag{11.4}$$

因此可以获得在给定可见单元向量 $\boldsymbol{v}$ 时隐藏单元 j 的条件概率及给定隐藏单元向量 $\boldsymbol{h}$ 时可见单元 i 为 1 的条件概率分布为

$$P(h_j = 1|\boldsymbol{v}, \theta) = \sigma\left(b_j + \sum_{i=1}^{m} v_i W_{ij}\right) \tag{11.5}$$

$$P(v_i = 1|\boldsymbol{h}, \theta) = \sigma\left(a_i + \sum_{j=1}^{n} h_j W_{ij}\right) \tag{11.6}$$

其中，$\sigma(\cdot)$为 Sigmoid 激活函数。

信念网络(Belief Network)，又称贝叶斯网络(Bayesian Network)或是有向无环图模型(Directed Acyclic Graphical Model)，它是一种概率图模型。一个贝叶斯网络定义包括一个有向无环图(DAG)和一个条件概率表集合。DAG 中每一个节点表示一个随机变量，可以是可直接观测变量或隐藏变量，而有向边表示随机变量间的条件依赖；条件概率表中的每一个元素对应 DAG 中唯一的节点，存储此节点对于其所有直接前驱节点的联合条件概率。其数学定义为：令 $G = (I, E)$表示一个有向无环图(DAG)，其中 I 代表图形中所有的节点的集合，而 E 代表有向连接线段的集合，且令 $x = (x_i)$，$i \in I$ 为其有向无环图中的某一节点 i 所代表的随机变量，若节点 x 的联合概率分配可以表示成

$$p(x) = \prod_{i \in I} p(x_i|\text{parents}(x_i)) \tag{11.7}$$

则称 x 为相对于一有向无环图 G 的贝叶斯网络，其中 parents(x_i)表示节点 i 的直接前驱节点。

11.1.2 DBNs 的结构

如图 11.2 所示的是一个常见的 DBNs 结构。该 DBNs 一共有 $n+2$ 层，其中包含 1 个可见层、n 个隐含层以及 1 个顶层。每层内有若干神经元组成。层与层的神经元之间用连接权值相连接，层内神经元之间无连接。可见层用于接受输入数据，隐含层用于提取特征。

在网络顶层与第 n 个隐含层之间的连接为无向连接，构成网络的联想记忆模块等同于一个受限玻尔兹曼机。显层与上面 n 个隐含层之间为有向连接。神经元通过向上的权值 $\boldsymbol{W}_{\mathrm{up}}$ 提取特征值并对数据进行重构。神经元也可以通过向下的权值 $\boldsymbol{W}_{\mathrm{down}}$ 生成数据。

DBNs 是一个图模型(Graphical Model)，网络自下而上提取训练数据的特征，在联想记忆模块内形成对训练数据的深层次重构，网络自上而下将联想记忆模块内的重构数据生成可见的变量。我们也将网络中向上的权重称为认知权重，向下的权重称为生成权重。

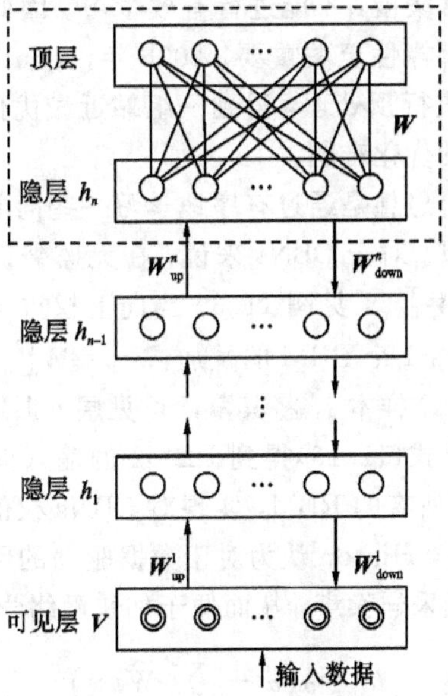

图 11.2　DBNs 的网络结构图

以第一个隐含层为例，网络中隐含层神经元的状态可通过式(11.8)～式(11.10)得到：

$$\boldsymbol{H}=\boldsymbol{W}_{\mathrm{up}}\boldsymbol{v}+\boldsymbol{B} \tag{11.8}$$

$$P(h_{1j}=1)=\sigma(H_j)=\frac{1}{1+\mathrm{e}^{-H_j}} \tag{11.9}$$

$$h_{1j}=\begin{cases}1, & P(h_{1j}=1)\geqslant u\\ 0, & P(h_{1j}=1)<u\end{cases} \tag{11.10}$$

其中，$\boldsymbol{v}$ 为输入的数据，$\boldsymbol{B}$ 为基向量。H_j 是向量 $\boldsymbol{H}$ 的第 j 个元素，h_{1j} 为第一个隐含层第 j 个神经元的状态。$u \sim U(0, 1)$。同理，给定隐含层，也可以用上面的方法计算生成显层的状态。

11.1.3　DBNs 的特点

由图 11.2 可以看出 DBNs 网络层内神经元之间是无连接的。只有层间的神经元有连接。因此，在给定显层单元输入时，隐含层神经元之间的状态是条件独立的，即

$$P(\boldsymbol{h}|\boldsymbol{v})=\prod_{j=1}^{n}P(h_j|\boldsymbol{v}) \tag{11.11}$$

同样，给定隐含层的状态，生成的显层内神经元之间的状态也是条件独立的，即

$$P(\boldsymbol{v}|\boldsymbol{h})=\prod_{i=1}^{m}P(v_i|\boldsymbol{h}) \tag{11.12}$$

11.1.4 DBNs 学习算法

DBNs 是一个概率图模型，因此 DBNs 学习算法的目标是通过训练获得一组最优的权值，使得神经网络能够按照最大概率生成训练数据。DBNs 是一个具有多个隐含层的深度神经网络模型，训练其权值是一个非常困难的任务。直接使用梯度下降法训练其权值，隐含层较多的网络模型容易陷入局部极小。随着深度的增加，梯度的幅度会急剧减小，并导致浅层神经元的权重更新非常缓慢，不能进行有效学习。因此，网络初始权值的选取对训练结果好坏以及学习算法的鲁棒性至关重要。2006 年，Hinton 提出了一种非监督的贪心逐层训练算法对网络的权值进行预处理，得到一组靠近最优位置的权值，并证明了该方法可以有效解决深层结构相关的优化难题。

贪心逐层训练算法的核心思想是通过有序地学习一些简单的模型，并合并这些模型以达到学习一个复杂模型的效果。对于 DBNs 来说，在无监督训练阶段，固定认知权重与生成权重之间的关系，使 $\boldsymbol{W}_{\text{up}}=\boldsymbol{W}_{\text{down}}^{\text{T}}$，见图 11.3。当向上权重与向下权重关系固定且互为转置时，可以将 DBNs 看做是 $n+1$ 个 RBM 的叠加，$\boldsymbol{W}_{\text{up}}=\boldsymbol{W}_{\text{down}}^{\text{T}}=\boldsymbol{W}$，$\boldsymbol{W}$ 为 RBM 网络的连接权值。首先对于训练集中每一个样本 s，将其赋给可见层 $\boldsymbol{v}$ 训练 RBM1，充分训练 RBM1 之后，固定 RBM1 权值，使用公式(11.13)得到 RBM2 的输入向量，然后使用相关的算法训练 RBM2，依次类推，训练完所有的 RBM，实现对 DBNs 权值的预处理。这里使用概率替代了状态值来训练 RBM 网络，Hinton 认为对于数据驱动的网络来说，这样操作是可以被接受的，同时该操作可以降低采样噪声，从而便于加快网络学习速度。

$$h_{1j}=\sigma\left(a_j+\sum_{i=1}^{m}W_{ji}^{1}s_i\right) \tag{11.13}$$

其中，a_j 是 RBM2 层第 j 个神经元的基。

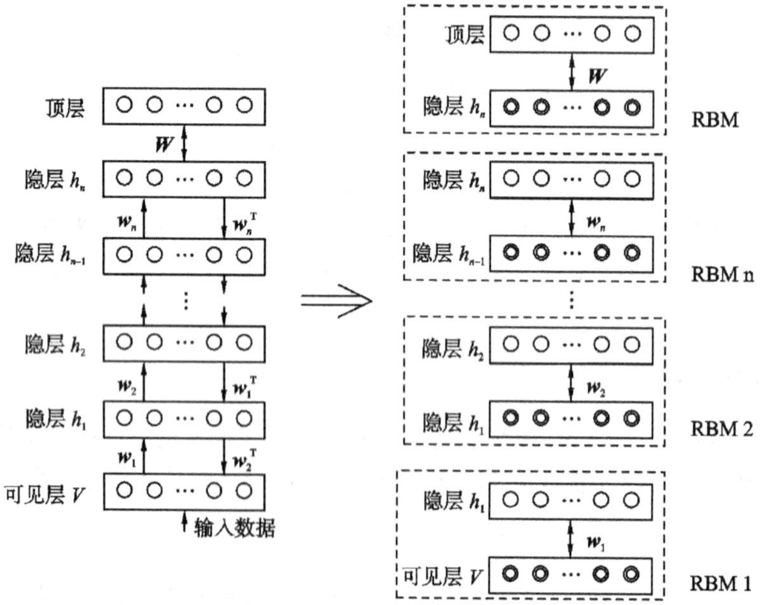

图 11.3　无监督学习阶段 DBNs 网络结构

训练 RBM 的学习算法有很多，主要有 Gibbs 采样(Gibbs Sampling)算法、变分近似方法(Variational Approach)，对比散度(Contrastive Divergence，CD)算法，模拟退火(Simulate Annealing)算法等。其中对比散度算法训练效果较好，且速度较快。下面仅给出 CD 算法的相关介绍。

首先对于训练集中每一个样本 s，将其赋给可见层 $\boldsymbol{v}$，计算隐含层神经元被开启的概率：

$$P(h_j=1|\boldsymbol{v})=\sigma\left(b_j+\sum_{i=1}^{m} v_i W_{ij}\right) \tag{11.14}$$

然后隐含层所有神经元根据式(11.15)，从计算出的概率分布中抽取一个样本 $\boldsymbol{h}_j$。

$$h_j=\begin{cases}1, & P(h_j=1)\geqslant u \\ 0, & P(h_j=1)<u\end{cases} \tag{11.15}$$

其中，$u \sim U(0, 1)$。

用 $\boldsymbol{h}$ 重构可见层

$$P(v_i=1|\boldsymbol{h})=\sigma(a_i+\sum_{j=1}^{n} W_{ij}h_j) \tag{11.16}$$

可见层所有神经元根据式(11.17)，从计算出的概率分布中抽取一个样本 v_i：

$$v_i=\begin{cases}1, & P(v_i=1)\geqslant u \\ 0, & P(v_i=1)<u\end{cases} \tag{11.17}$$

其中，$u \sim U(0, 1)$。

使用重构得到的可见层状态计算隐含层神经元被开启的概率。

$$P(h'_j=1|\boldsymbol{v}')=\sigma(b_j+\sum_{i=1}^{m} v_i' W_{ij}) \tag{11.18}$$

CD 算法中权值更新公式则如式(11.19)所示。

$$W=W+\eta(\boldsymbol{h}\boldsymbol{v}^{\mathrm{T}}-P(\boldsymbol{h}'=1|\boldsymbol{v}')\boldsymbol{v}') \tag{11.19}$$

其中，η 为学习率。

整个过程等同于 Gibbs 采样中的一次采样过程。在这个过程中，隐含层神经元最后一次升级使用概率替代了神经元的状态。Hinton 认为实际应用中这样计算可以降低采样噪声，从而便于加快网络学习速度。

总的来说，这种无监督的贪心逐层训练算法可以有效地对权值进行预处理，它可以将网络权值处于一个较优的位置。避免初始权值太大而导致网络训练过程容易陷入较差的局部极小值，或者初始权值太小，网络不能很好地进行训练等问题。该算法虽然有效，但是求得权值并不是最优权值，往往需要根据实际的应用背景进行进一步的微调。

11.1.5　DBNs 的应用

目前 DBNs 已经在语音识别、图像分类等领域取得了突破性的进展。通过 DBNs 可以建立训练数据与标签数据的联合概率分布。目前在图像分类应用中，主要有两种方案使用 DBNs 解决分类问题。一种方案为创建一个规模相同的多层感知器网络模型，将 DBNs 网络获得的权值参数传递给该模型，然后以带标签数据为训练样本使用 BP 算法对权值进行调整，获得判别模型。另一种方案为在顶层与其下面的隐含层中添加标签神经元(如图 11.4 所示)，使用 Wake - sleep 算法对权值进行调整，从而获得判别模型以及生成模型。多层感知器网络及其 BP 学习算法在第四章中有详细介绍，这里就不再赘述。下面我们主要介绍第二种方案。

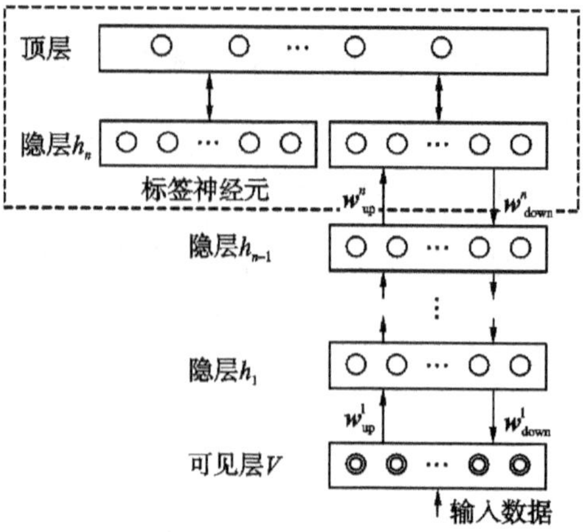

图 11.4　带标签的 DBNs 网络

在微调阶段，首先需要割断在预处理阶段有向图中认知权重 $\boldsymbol{W}_{up}$ 与生成权重 $\boldsymbol{W}_{down}$ 之间的关系，使用 Wake－sleep 算法对认知权重与生成权重进行调整。标签数据与原顶层 RBM 中神经元共同组成 DBNs 网络的联想记忆单元。新 RBM 中网络权值仍然使用 CD 算法进行调整。下面我们以 4 层的 DBNs 为例详细介绍一下 Wake－sleep 算法的过程(见图 11.5)。

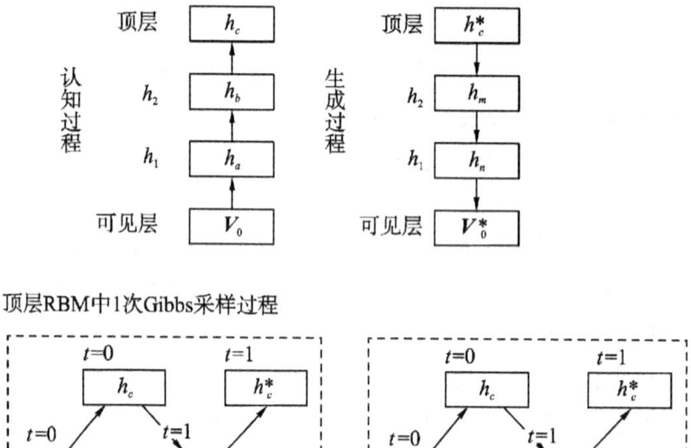

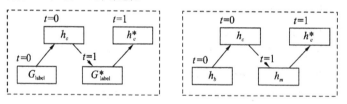

图 11.5　Wake－sleep 学习过程

首先，将图像赋值给可见层得到状态 v_0，label 标签数据赋值给标签神经元得到 G_{lable}。使用式(11.8)～式(11.10)获得隐含层状态 h_a、h_b 以及 h_c，此部分称为 wake 阶段，也叫认知阶段。在顶层中进行 1 次 Gibbs 采样获得重构可见层状态 h_m、h_c^* 以及 G_{lable}^*（其中 G_{lable}^* 使用概率值替代其状态值）。同理向下重构得到的生成隐含层状态 h_m 向下可生成隐含层状态 h_n 以及可见层状态 v_0^*（其中 v_0^* 使用概率值替代其状态值），此部分称为 Sleep 阶段，也叫生成阶段。在 Wake 阶段对生成权值进行调整。权值更新式如公式(11.20)和式

(11.21)所示：

$$W_{\text{down}}^{1}=W_{\text{down}}^{1}+\eta h_{a}(v_{o}-P(v_{o}=1|h_{a})) \tag{11.20}$$

$$W_{\text{down}}^{2}=W_{\text{down}}^{2}+\eta h_{b}(h_{a}-P(h_{a}=1|h_{b})) \tag{11.21}$$

在 sleep 阶段对认知权值进行调整。权值更新如式(11.22)和式(11.23)所示：

$$W_{\text{up}}^{1}=W_{\text{up}}^{1}+\eta v_{o}^{*}(h_{n}-P(h_{n}=1|v_{o}^{*})) \tag{11.22}$$

$$W_{\text{up}}^{2}=W_{\text{up}}^{2}+\eta h_{n}(h_{m}-P(h_{m}=1|h_{n})) \tag{11.23}$$

顶层 RBM 中权重调整如式(11.24)和式(11.25)所示：

$$W_{\text{label}}=W_{\text{label}}+\eta(G_{\text{label}}h_{c}-G_{\text{label}}^{*}h_{c}^{*}) \tag{11.24}$$

$$W=W+\eta(h_{b}h_{c}-h_{m}h_{c}^{*}) \tag{11.25}$$

由 Hinton 等人提出该算法，并使用该算法对 MNIST 数据库中的手写图片进行学习，得到了识别模式和生成模型。如图 11.6 所示，将手写图片 9 输入到网络可见层，网络经过计算在标签单元中对应的位置状态显示 1。如图 11.7 所示，将标签单元中 5 对应的位置状态输入 1，网络经过计算，可以在可见层生成图片 5。

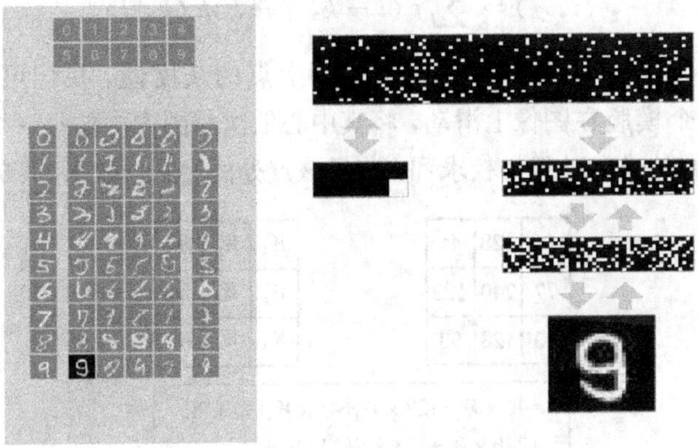

图 11.6　识别模型

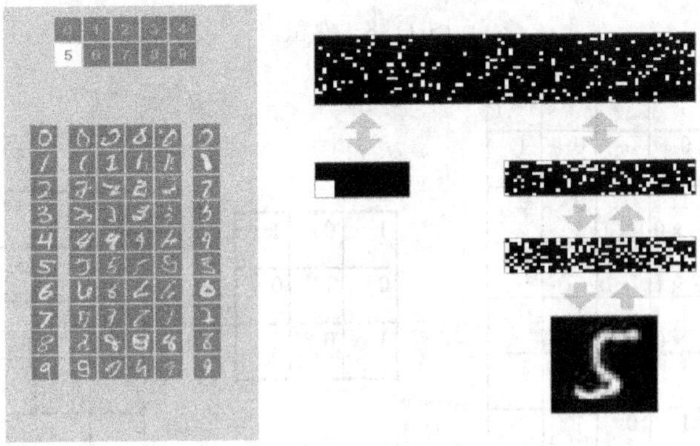

图 11.7　生成模型

11.2　卷积神经网络(CNNs)

1962 年 Hubel 和 Wiesel 通过对猫视觉皮层细胞的研究，提出了感受野的概念，1984 年日本学者 Fukushima 基于感受野概念提出了神经认知机(Neocognitron)，这种神经认知机被认为是卷积神经网络的第一个实现网络。随后国内外的研究人员提出多种形式的卷积神经网络，并在邮政编码识别、在线的手写识别以及人脸识别方面等图像处理领域得到了成功的应用。

11.2.1　基础知识

为了便于理解卷积神经网络，我们首先给出卷积过程和池化过程的一个简单介绍。

卷积(Convolution)是分析数学中一种很重要的运算，这里重点介绍处理图像过程中离散形式的卷积。

其数学定义为 $g = f * h$；

$$g(i,j)=\sum_{k,l} f(i-k,j-k)h(k,l) \tag{11.26}$$

其中，h 称为卷积核，$f(x,y)$是图像上 x 行 y 列上点的灰度值。我们可以将卷积核看做是一个权重模版，将这个模版在图像上滑动，将其中心依次与图像中的每一个像素点对齐，然后对这个模版覆盖的所有的像素进行加权求和，获得该点处的卷积，如图 11.8 和图 11.9 所示。

46	128	45
77	240	123
13	128	93

*

W_1	W_2	W_3
W_4	W_5	W_6
W_7	W_8	W_9

$=46\times W_1+128\times W_2+45\times W_3+77\times W_4$
$+240\times W_5+123\times W_6+13\times W_7$
$+128\times W_8+93\times W_9$

图 11.8　卷积

1	1	1	0	0	0	1	0
0	1	1	1	0	0	0	1
1	0	1	1 ×1	1 ×0	0 ×1	0	0
0	1	0	1 ×0	1 ×1	1 ×0	0	0
0	0	1	0 ×1	1 ×0	1 ×1	1	0
0	0	0	1	1	1	0	1
1	0	1	0	1	0	1	0
0	1	0	1	0	1	0	1

图像（8×8）

1	0	1
0	1	0
1	0	1

卷积核（3×3）

5	3	4	1	2	0
1	5	3	4	1	2
4	1	5	3		

特征映射（6×6）

图 11.9　在图像上进行卷积操作

池化(Pooling)是对图像不同位置的特征进行聚合统计。常用的池化方法有3种——平均池化(Mean Pooling)、最大池化(Max Pooling)以及随机池化(Stochastic Pooling)。平均池化是对邻域内特征点只求平均；最大池化是对邻域内特征点取最大；随机池化是介于两者之间，即通过对像素点按照数值大小赋予概率，再按照概率进行子采样。图11.10展示的是均值池化过程。

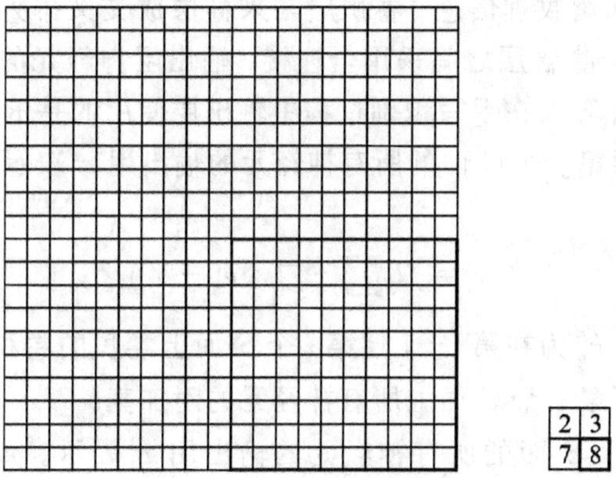

图11.10 池化过程

11.2.2 CNNs的结构

CNNs是受视觉神经机制的启发而设计的一种特殊的深层神经网络模型。有人认为CNNs是第一个真正成功实现多层结构学习的一种网络结构。该网络神经元之间的连接是非全连接的，且同一层中某些神经元之间的连接权值是共享的，这使得网络模型的复杂度大大降低，需要训练的权值的数量也大大减少。

图11.11所示的网络为一个典型的CNNs结构。网络的每一层都由一个或多个2维平面构成，每个平面由多个独立的神经元构成。输入层直接接收输入数据，如果处理图像信息，神经元的值直接对应图像相应像素点上的灰度值。根据操作不同将隐含层分为两类。一类为卷积层，卷积层内的平面称为C面，C面内的神经元称为C元。卷积层也称为特征提取层，每个神经元的输入与前一层对应的一部分局部神经元相连，并提取该局部的特征，一旦该局部特征被提取，它与其他特征间的位置关系也随之确定下来。另一类为采样

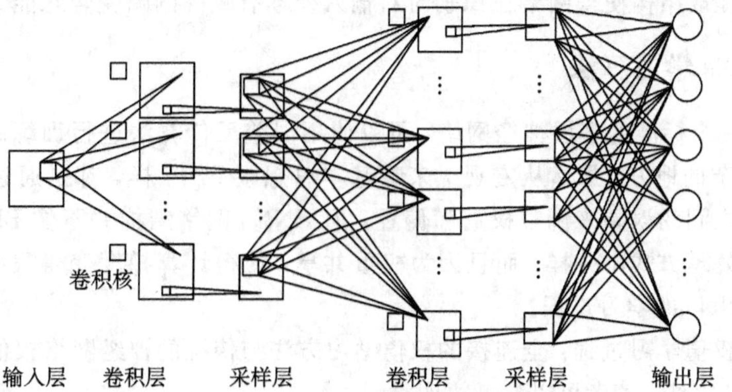

图11.11 CNNs的网络结构图

层，采样层内的平面称为S面，S面内的神经元称为S元。采样层也称之为特征映射层，因此S面实质为特征映射，S面上所有神经元的权值都相等，激活函数采用Sigmoid函数。采样层使用池化方法将小领域内的特征点整合得到新的特征。特征提取后的图像通常存在两个问题：① 邻域大小受限造成的估计值方差增大；② 卷积层参数误差造成估计均值的偏移。一般来说，平均池化能降低第一种误差，更多地保留图像的背景信息，最大池化能降低第二种误差，更多地保留纹理信息。卷积层与采样层成交叉排列，即卷积过程与子采样过程交叉进行。输出层与隐含层之间采用全连接，输出层神经元的类型可以根据实际应用进行设计。例如：LeCun等人在手写识别过程中输出层使用的是RBF神经元。

那么，第l层卷积层第j个C面的所有神经元的输出用x_j^l表示。x_j^l可通过式(11.27)计算得到：

$$x_j^l = f\left(\sum_i x_i^{l-1} * k_{ij}^l + b_j^l\right) \tag{11.27}$$

其中，$*$表示卷积运算，k_{ij}^l为在第$l-1$层第i个S面上卷积的卷积核，卷积结果为第l层第j个C面，b_j^l为第l层第j个C面上所有神经元的附加基。

第l层采样层第j个S面的所有神经元的输出用x_j^l表示。x_j^l可通过式(11.28)计算得到：

$$x_j^l = f(\beta_j^l \mathrm{downS}(x_j^{l-1}) + b_j^l) \tag{11.28}$$

其中，downS(·)为池化操作。β_j^l为第l层第j个S面的乘积基，b_j^l为第l层第j个S面所有神经元的附加基。

11.2.3 CNNs的特点

CNNs可以识别具有位移、缩放及其他形式扭曲不变性的二维图形。CNNs以其局部权值共享的特殊结构在语音识别和图像处理方面有着独特的优越性，其布局也更接近于实际的生物神经网络，权值共享降低了网络的复杂性，特别是多维输入向量的图像可以直接输入网络这一特点避免了特征提取和分类过程中数据重建的复杂度。卷积网络较一般神经网络在图像处理方面有如下特点：① 特征映射具有位移不变性；② 输入图像和网络的拓扑结构能很好地吻合；③ 特征提取和模式分类同时进行，并同时在训练中产生；④ 权重共享可以减少网络的训练参数，从而使神经网络结构变得更简单，适应性更强；⑤ CNNs特有的两次特征提取结构使得网络在识别时对输入样本有较高的畸变容忍能力。

11.2.4 CNNs学习算法

CNNs是一个标准的多层神经网络，可以使用误差反传算法进行训练。反向传输过程是CNNs最复杂的地方，虽然从宏观上来看基本思想跟BP一样，都是通过最小化网络输出与目标样本之间的误差来调整权重和偏置，但CNNs网络结构并不像BP那样单一，对不同的结构其处理方式不一样，而且因为权重共享，使得计算梯度变得很困难。下面我们来介绍一下CNNs的学习过程。

全连接的权值学习过程：全连接的权值学习方法与传统的神经网络权值的学习方法一致——使用BP算法，读者可以参考第四章。

采样层权值的学习过程：采样层需要学习的参数只有β和b。对于采样层之后是全连接的情况，其参数学习方法可以根据误差反传较容易获得，这里不再赘述。下面重点介绍采样层前后都是卷积层的情况下，采样层权值的学习过程。

$$\delta_j^l = f'(u_j^l) .* \mathrm{conv2}(\delta_j^{l+1}, \mathrm{rot180}(k_j^{l+1}), '\mathrm{full}') \tag{11.29}$$

$$d_j^l = \mathrm{downS}(x_j^{l-1}) \tag{11.30}$$

$$\frac{\partial E}{\partial b_j} = \sum_{u,v} (\delta_j^l)_{uv} \tag{11.31}$$

$$\frac{\partial E}{\partial \beta_j} = \sum_{u,v} (\delta_j^l .* d_j^l)_{uv} \tag{11.32}$$

其中，$u_j^l = \beta_j^l \mathrm{downS}(x_j^{l-1}) + b_j^l$，conv2 为 MATLAB 中二维卷积运算函数。rot180 为 MATLAB 中将矩阵逆时针旋转 180°的函数。(u, v)为该采样层第 j 个 S 面上的像素点。

卷积层权值的学习过程：

$$\delta_j^l = \beta_j^l (f'(u_j^l) .* \mathrm{upS}(\beta_j^{l+1})) \tag{11.33}$$

$$\frac{\partial E}{\partial b_j} = \sum_{u,v} (\delta_j^l)_{uv} \tag{11.34}$$

$$\frac{\partial E}{\partial k_{ij}^l} = \mathrm{rot180}(\mathrm{conv2}(x_i^{l-1}, \mathrm{rot180}(\delta_j^l), '\mathrm{valid}')) \tag{11.35}$$

其中，upS(·)为 downS(·)的反操作，如图 11.12 所示，可将其与全 1 矩阵进行 Kronecker 相乘获得。

$$\begin{bmatrix} 0.2 & 0.1 \\ 0.5 & 0.2 \end{bmatrix} \times \begin{bmatrix} 1 & 1 \\ 1 & 1 \end{bmatrix} = \begin{bmatrix} 0.2 & 0.2 & 0.1 & 0.1 \\ 0.2 & 0.2 & 0.1 & 0.1 \\ 0.5 & 0.5 & 0.2 & 0.2 \\ 0.5 & 0.5 & 0.2 & 0.2 \end{bmatrix}$$

图 11.12　Kronecker 相乘过程

权值 β_j，k_{ij}^l，b_j 使用式(11.36)更新：

$$W^l = W^l - \eta \frac{\partial E}{\partial W^l} \tag{11.36}$$

11.2.5　CNNs 的应用

目前 CNNs 已经被成功应用在很多领域，其中 LeNet－5 是最成功的应用之一。LetNet-5 可以成功识别数字。美国大多数银行曾使用 LeNet－5 识别支票上面的手写数字。下面介绍 98 年 LeCun 等人设计的一种 LetNet－5，它共有 8 层，1 个输入层，1 个输出层，6 个隐含层，如图 11.13 所示。

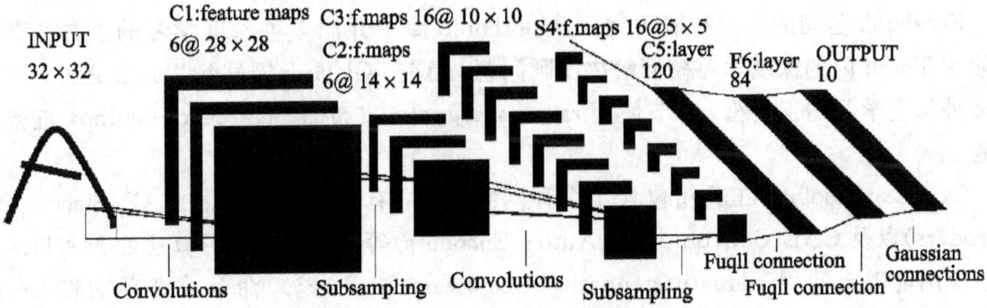

图 11.13　手写识别的网络模型

网络输入层有 32×32 个输入神经元，用于接收原始图像。计算流程在卷积和子采样之间交替进行。第一个隐含层 C1 层为卷积层，C1 层包含 6 个 C 面，即有 6 个特征映射，每个特征映射由 28×28 个神经元组成，卷积核大小为 5×5。特征映射维数、输入层维数、卷积核维数存在关系：28 ＝ (32－5)＋1。第二个隐含层 S2 为采样层，S2 层包含 6 个 S 面，每个特征映射由 14×14 个神经元组成，每个神经元具有一个 2×2 接收域；一个可训练的系数，也叫乘积基；一个可训练的偏置，也叫附加基。第三个隐含层 C3 由 16 个 10×10 的神经元组成，对应的第四个隐含层 S4 层由 16 个 5×5 的神经元组成。第五个隐含层 C5 实现卷积的最后阶段，由 120×120 个神经元组成，每个单元与 S4 层的全部 16 个单元的 5×5 邻域相连，由于 S4 层特征图的大小也为 5×5(同滤波器一样)，故 C5 特征图的大小为 1×1，这构成了 S4 和 C5 之间的全连接。第六个隐含层 F6 层有 84 个单元(由输出层神经元数确定)与 C5 层全相连，与经典神经网络相同的是，F6 层计算输入向量和权重向量之间的点积，再加上一个偏置。然后，将其传递给 sigmoid 函数产生单元 i 的一个状态。最后，输出层包含 10 个神经元。神经元类型根据解决的问题选择了 RBF 神经元。

LeCun 等人同样使用 Mnist 数据库内的图像训练设计 CNNs。训练误差达到了 0.35%，测试误差达到了 0.95%。同时，LeCun 等人将该网络用于了在线的手写识别，识别率同样非常高，感兴趣的读者可以到 LeCun 的个人官网浏览其在线识别过程。图 11.14 显示的是一个时刻的识别过程，左侧是不同层内的特征映射，answer 显示的是识别结果。

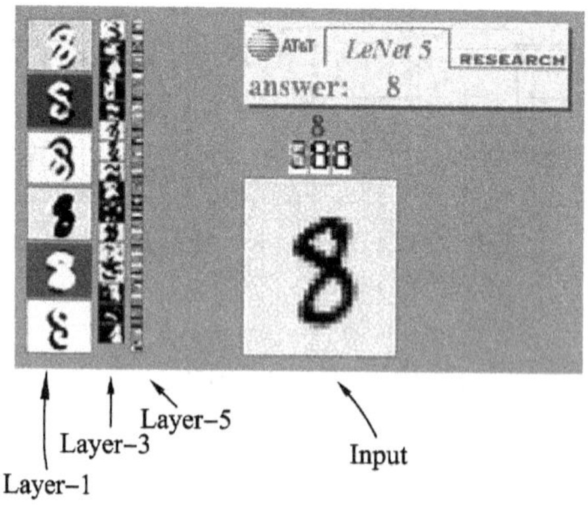

图 11.14　LeNet5 的在线识别

11.3　深度神经网络的 MATLAB 仿真实例

Facebook 公司的人工智能研究团队在 Torch 库中开源多种深度学习的工具，我们可以使用 Torch 内的深度学习模型解决实际问题。目前，GitHub 网站除 Torch 之外，还发布了多种深度学习的工具箱，本节使用 rasmusbergpalm 发布的 DeepLearnToolbox 进行仿真实验。

DeepLearnToolbox 工具箱包含了多种网络结构，有 DBNs、CNNs、SAE(Stacked Auto-Encoders)以及 CAE(Convolutional Auto - Encoders)等网络及其学习算法的 MATLAB 实现。使用前需要使用 addpath(genpath('DeepLearnToolbox'))命令或者手动将 DeepLearnToolbox 及其所有子文件添加到该路径。

11.3.1 DBNs的MATLAB工具箱

DeepLearnToolbox工具箱提供的DBNs网络设计和训练函数如表11-1所示。在MATLAB的命令行中利用help命令可得到相关函数的详细介绍。

表11-1 DeepLearnToolbox工具箱中DBNs网络的重要函数和基本功能

函数名	功 能
dbnsetup	生成一个DBNs网络，并初始化
dbntrain	训练dbn网络，训练算法为无监督的贪心逐层训练算法
dbnunfoldtonn	将DBNs每一层的参数对应传递给结构相同的多层感知器NN
nntrain	训练NN
nntest	使用NN识别测试样本

1. dbnsetup()

dbnsetup()的功能是建立一个DBNs网络，其调用格式为dbn = dbnsetup(dbn, train_x, opts)。其中，dbn为一个结构数组，使用dbnsetup之前需提前设定好成员变量dbn.size，即网络层数及各层神经元个数。train_x为训练样本，行数为样本个数，列数为输入层神经元个数。opts为参数，是一个结构数组，需设定成员变量opts.momentum以及opts.alpha。opts.momentum为无监督学习过程中权值调整过程中的动量项，opts.alpha为无监督学习过程中权值调整过程中的学习率。

2. dbntrain()

dbntrain()的功能是训练DBNs网络，其调用格式为dbn = dbntrain(dbn, train_x, opts)。其中，参数dbn为初始化得到的DBNs网络。train_x为训练样本，opts为参数，需设定opts.batchsize和opts.numepochs，opts.batchsize为将样本分为小样本团的个数，opts.numepochs为dbn无监督训练时每一个rbm训练的步数。

3. dbnunfoldtonn()

dbnunfoldtonn()的功能是DBNs网络内参数传递给相同规模的多层感知器网络。其调用格式为nn = dbnumfoldtonn(dbn, outputsize)。其中，outputsize为标签神经元的个数，或者神经网络输出层神经元的个数。

4. nntrain()

nntrain()的功能是训练NN。其调用格式为：[nn, L]= nntrain(nn, train_x, train_y, opts, val_x, val_y)。其中，train_y为训练样本中的目标数据，一般为标签数据。行数为训练样本的个数，列数为网络输出层神经元的个数。val_x和val_y可以选择性设置，其为验证数据。返回训练好的神经网络nn及训练误差L。

5. nntest()

nntest()的功能是使用NN识别测试样本。其调用格式为：[er bad]=nntest(nn, test_x, test_y)。其中，nn为测试样本输入，test_y为测试样本的输出。函数返回识别错误率er及没有正确识别的样本的位置bad。

11.3.2 DBNs的仿真实例

例11.1 使用DBNs识别手写的数字。训练和测试样本都取自MNIST字符库。

MNIST 字符库中含有 0～9 的训练数据集和 0～9 测试数据集两种图片，每张图片灰度级都是 8，且每张图片可以使用一个 784 大小的向量表征。(数据集下载网址：**http://yann.lecun.com/exdb/mnist/**)

解　首先，载入样本数据，并进行数据归一化处理。代码如下所示：

```
load mnist_uint8;
train_x = double(train_x) / 255;
test_x = double(test_x) / 255;
train_y = double(train_y);
test_y = double(test_y);
```

得到 60000 个训练样本对(train_x，train_y)，10000 个测试样本对(test_x，test_y)。

其次，设计 DBNs 网络结构。1 个输入层，3 个隐含层，1 个输出层。第 1 个隐含层设计 1000 个神经元，第 2 个隐含层 100 个神经元，第 3 个隐含层 100 个神经元。设定无监督学习过程中权值更新过程的动量项为 0，学习率为 1。代码如下所示：

```
opts.momentum = 0;
opts.alpha = 1;
dbn.sizes = [1000 100 100];
dbn = dbnsetup(dbn, train_x, opts);
```

然后，设定网络训练参数，训练 DBNs 网络。将 6000 个样本分成 100 组小的样本团逐次进行训练。每次训练 200 步。代码如下所示：

```
opts.numepochs = 200;
opts.batchsize = 100;
dbn = dbntrain(dbn, train_x, opts);
```

完成无监督的学习过程，网络的权值会落在一个较优的区域。将学习到的网络权值传递给网络规模相同的多层感知器网络 NN。神经元的激励函数设定为 sigmoid 函数。代码如下所示：

```
nn = dbnunfoldtonn(dbn, 10);
nn.activation_function = 'sigm';
```

训练 NN，并设定训练参数。代码如下所示：

```
opts.batchsize =100;
opts.numepochs =10000;
nn = nntrain(nn, train_x, train_y, opts);
```

最后，测试网络性能。代码如下所示：

```
[er, bad] = nntest(nn, test_x, test_y);
```

首先我们看无监督学习过程的仿真结果。在网络结构为 10↔100↔100↔100↔784 的情况下，可以将网络分成 3 个 RBM 进行训练，分别是 100↔100，100100，100↔784。训练过程中重构误差变化情况为

RBM1：

epoch 10/200. Average reconstruction error is：41.3063

epoch 50/200. Average reconstruction error is：39.1431

epoch 100/200. Average reconstruction error is：38.8098

epoch 150/200. Average reconstruction error is：38.5642

epoch 200/200. Average reconstruction error is：38.2384

RBM2：

epoch 10/200. Average reconstruction error is：7.8752

epoch 50/200. Average reconstruction error is：7.3369

epoch 100/200. Average reconstruction error is：7.2482

epoch 150/200. Average reconstruction error is：7.1663

epoch 200/200. Average reconstruction error is：7.1106

RBM3：

epoch 10/200. Average reconstruction error is：6.7486

epoch 50/200. Average reconstruction error is：6.5483

epoch 100/200. Average reconstruction error is：6.5395

epoch 150/200. Average reconstruction error is：6.5256

epoch 200/200. Average reconstruction error is：6.5383

将网络结构调整为 10↔1000↔100→100→784 的情况下，可以将网络分成 3 个 RBM 进行训练，分别是 1000↔100，100↔100，100↔784。训练过程中重构误差变化情况为

RBM1：

epoch 10/200. Average reconstruction error is：34.0052

epoch 50/200. Average reconstruction error is：30.9086

epoch 100/200. Average reconstruction error is：30.2627

epoch 150/200. Average reconstruction error is：29.9885

epoch 200/200. Average reconstruction error is：29.8423

RBM2：

epoch 10/200. Average reconstruction error is：18.3049

epoch 50/200. Average reconstruction error is：16.4457

epoch 100/200. Average reconstruction error is：15.0021

epoch 150/200. Average reconstruction error is：14.4736

epoch 200/200. Average reconstruction error is：14.076

RBM3：

epoch 10/200. Average reconstruction error is：6.823

epoch 50/200. Average reconstruction error is：6.3533

epoch 100/200. Average reconstruction error is：6.2718

epoch 150/200. Average reconstruction error is：6.176

epoch 200/200. Average reconstruction error is：6.1649。

对比两次实验结果可知：神经元数目增加而训练相同步数的情况下，平均重构误差减小。但是训练时间也大大增加。RBM 内两层神经元个数相差较大时，初始的平均重构误差较大，训练相同步数，平均重构误差较大。无监督学习过程是找到一个较优的初始权值，

读者在设定参数时应平衡考虑计算成本及平均重构误差，设计一个合理的网络结构及学习参数。

本小节主要介绍DBN网络的无监督逐层训练算法实现深度学习的过程，有监督阶段的训练与测试结果感兴趣的读者可以自己在MATLAB中进行仿真实验。

11.3.3　CNNs的MATLAB工具箱

DeepLearnToolbox工具箱提供的CNNs网络设计和训练函数如表11－2所示。在MATLAB的命令行中利用help命令可得到相关函数的详细介绍。

表11－2　DeepLearnToolbox工具箱中CNNs网络的重要函数和基本功能

函数名	功　能
cnnsetup	生成一个CNNs网络，并初始化
cnntrain	训练CNNs网络
cnntest	测试(使用)CNNs网络

1. cnnsetup()

cnnsetup()的功能是建立一个CNNs网络，其调用格式为cnn = cnnsetup(cnn, train_x, train_y)。其中，cnn为一个结构数组，使用cnnsetup之前需提前设定成员变量cnn.layers；cnn.layers为一个细胞数组，细胞的个数为网络的层数。每个细胞中包含一个结构体变量。需提前设定CNNs网络第i层结构体的成员变量cnn.layers{i}.type、cnn.layers{i}.outputmaps、cnn.layers{i}.kernelsize和cnn.layers{i}.scale。cnn.layers{i}.type = 'i'代表该层为输入层，cnn.layers{i}.type = 'c'代表该层为卷积层，cnn.layers{i}.type = 's'代表该层为采样层。cnn.layers{i}.outputmaps为第i层特征映射的个数，cnn.layers{i}.kernelsize为卷积核的大小，cnn.layers{i}.scale为子采样的区域大小。在输入层只需设定cnn.layers{i}.type，卷积层需要设定cnn.layers{i}.type、cnn.layers{i}.outputmaps和cnn.layers{i}.kernelsize三个变量，采样层需要设定cnn.layers{i}.type和cnn.layers{i}.scale两个变量。无需设定输出层。train_x为训练样本中的输入数据，一般为图像数据，其为三位数组，前两维为输入层神经元的行数和列数，第三维为训练样本的个数。train_y为训练样本中的目标数据，一般为标签数据，行数为输出神经元的个数，列数为训练样本的个数。

2. cnntrain()

cnntrain()的功能是训练CNNs网络，其调用格式为cnn = cnntrain(cnn, train_x, train_y, opts)。其中，cnn为要训练的网络，以建立完整的CNNs。opts为参数，需设定成员变量opts.batchsize，opts.numepochs，opts.alpha。opts.batchsize为将样本分为小样本团的个数，opts.numepochs为dbn无监督训练时每一个rbm训练的步数，opts.alpha为权值修正过程中的学习率。

3. cnntest()

cnntest()的功能是使用CNNs识别测试样本。其调用格式为[er bad]=cnntest(cnn, test_x, test_y)。返回识别错误率er及没有正确识别样本的位置bad。

11.3.4 CNNs的仿真实例

例 11.2 使用CNNs识别生活中的物体。将同一个物体从不同角度拍摄获取一类训练样本，将物体移动位置后拍摄获取测试样本。拍摄5种物体不同角度的照片共48张，测试样本为5种不同物体的照片。五种物体见图11.15

图 11.15 要识别的五种物体

解 首先，将获取到的样本图片进行预处理。相机获得原始图像的大小为4000×6000×3。将其缩小为32×32×3之后进行处理获得其灰度图，大小为32×32。代码如下所示：

```
I2 =imresize(I, [32, 32]);
I3 =rgb2gray(I2);
```

其中，I为原始图像。

其次，将输入样本进行归一化。代码如下所示：

```
train_x = train_x_CNN/255;
test_x = test_x_CNN/255;
train_y = train_y_CNN;
test_y = test_y_CNN;
```

其中，train_x_CNN为32×32×48的数组，存放48张原始灰度图。test_x_CNN为32×32×5的数组，它存放5张测试灰度图。train_y_CNN，test_y_CNN分别为5×48，5×5的数组。第几位为0.9则属于第几类。形如：

$$\text{train\_y\_CNN} = \begin{bmatrix} 0.9 & 0.1 & \cdots \\ 0.1 & 0.9 & \cdots \\ 0.1 & 0.1 & \cdots \\ 0.1 & 0.1 & \cdots \\ 0.1 & 0.1 & \cdots \end{bmatrix}$$

图像预处理之后，设计CNNs的网络结构，1个输入层，4个隐含层以及1个输出层。输入层根据灰度图像I3的大小设定为32×32；第1个隐含层设定为卷积层，包含8个特征映射，每个映射大小为28×28；第2个隐含层设定为采样层，包含8个特征映射，每个映射大小为14×14；第3个隐含层设定为卷积层，包含20个特征映射，每个映射大小为

10×10；第4个隐含层设定为采样层，包含20个特征映射，每个映射大小为5×5；输出层神经元个数为物体种类个数5。卷积核大小均为5×5，采样区域均为2×2。代码如下所示：

```
cnn.layers = {
    struct('type', 'i')
    struct('type', 'c', 'outputmaps', 8, 'kernelsize', 5)
    struct('type', 's', 'scale', 2)
    struct('type', 'c', 'outputmaps', 20, 'kernelsize', 5)
    struct('type', 's', 'scale', 2)
};
cnn = cnnsetup(cnn, train_x, train_y);
```

然后，训练CNNs网络，并设定训练参数。代码如下所示：

```
opts.alpha = 1;
opts.batchsize = 2;
opts.numepochs = 100;
cnn = cnntrain(cnn, train_x, train_y, opts);
```

最后，测试网络性能。代码如下所示：

```
[er, bad] = cnntest(cnn, test_x, test_y);
```

仿真结果为：训练误差为0.006。测试图像错误率er = 0，bad为空。训练过程中误差变化曲线如图11.16所示。

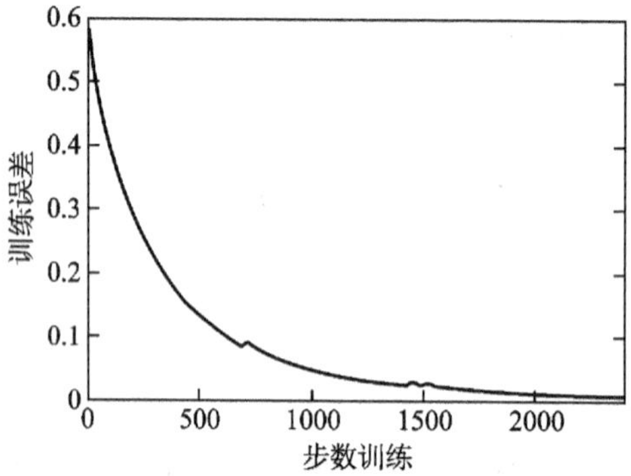

图11.16　误差变化曲线

以第一种物体为例展示识别过程。输入的原始灰度图像为

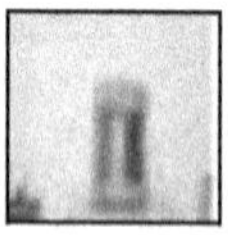

第1个隐含层卷积得到的特征映射为

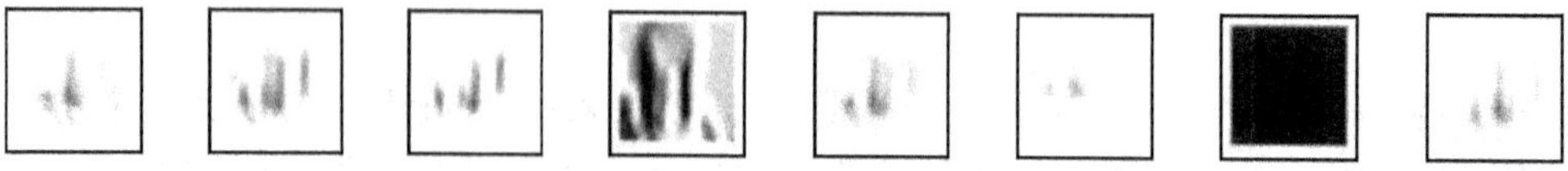

第2个隐含层采样得到的特征映射为

第 3 个隐含层卷积得到的映射为

第 4 个隐含层采样得到的映射为

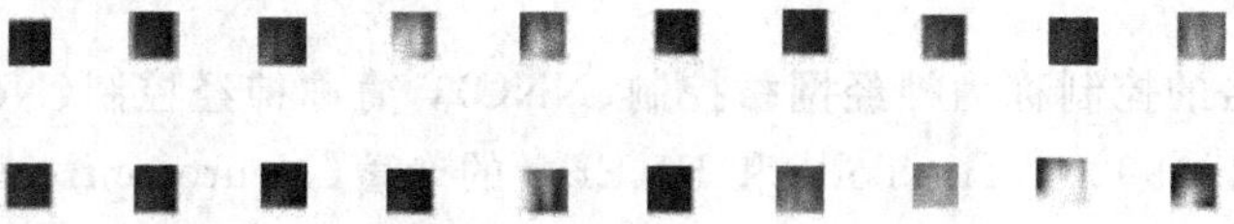

输出层神经元的值分别为 0.9723 0.0628 0.0032 0.2117。

因此，CNNs 网络识别出物体为第一类物品。

思 考 题

1. 试说明 DBNs 网络的特点，DBNs 网络适合解决什么问题？
2. 试说明 DBNs 网络的贪婪逐层学习方式。
3. 在例 11.1 中，根据自己的经验设计一个 DBNs 网络，使用 MNIST 数据库进行仿真，记录仿真结果，进行对比分析。
4. 试说明 CNNs 网络的特点，CNNs 网络适合解决什么问题？
5. 编写 Matalb 程序，使用 CNNs 网络识别自己家中的物品。

第十二章　神 经 控 制

基于神经网络的控制称为神经网络控制(NNC)，简称神经控制(Neurocontrol，NC)。这一新词最早源于1992年H. Tolle和E. Ersu的专著《Neurocontrol》。它是20世纪80年代以来在人工神经网络(ANN)研究所取得的突破性进展的基础上与控制相结合而发展起来的自动控制领域的前沿学科之一，并已成为智能控制的一个新的分支，它为解决复杂的非线性、不确定、不确知系统的控制问题开辟了一条新的途径。

目前，神经网络在控制中的应用主要有以下几个方面：

(1) 在基于精确模型的各种控制结构中充当对象的模型；

(2) 在反馈控制系统中直接充当控制器的作用；

(3) 在传统控制系统中起优化计算作用；

(4) 在与其他智能控制方法和优化算法，如模糊控制、专家控制及遗传算法等相融合中，为其提供非参数化对象模型、优化参数、推理模型及故障诊断等。

12.1　控制理论的发展

控制理论的发展始于Watt飞球调节蒸汽机，1868年马克斯威尔(J. C. Maxwell)提出低阶系统稳定性判据，它的发展可分为以下四个主要阶段：

1. 经典控制理论的产生、发展与成熟

控制理论的发展初期是以反馈理论为基础的自动调节理论，它主要用于工业控制。第二次世界大战期间，为了设计和制造飞机及船用自动驾驶仪、火炮定位系统和雷达跟踪系统等基于反馈原理的军用装备，进一步促进和完善了自动控制理论的发展。

该阶段的主要成果有：

(1) 1868年，马克斯威尔提出了低阶系统的稳定性代数判据；

(2) 1895年，数学家劳斯(Routh)和赫尔威茨(Hurwitz)分别独立地提出了高阶系统的稳定性判据，即Routh和Hurwitz判据；

(3) 二战期间(1938～1945年)奈奎斯特(H. Nyquist)提出了频率响应理论；

(4) 1948年，伊万斯(W. R. Evans)提出了根轨迹法。

控制理论发展的第一阶段基本完成，形成了以频率法和根轨迹法为主要方法的经典控制理论。

2. 现代控制理论的兴起和发展

由于经典控制理论只适用于单输入、单输出的线性定常系统，只注重系统的外部描述而忽视系统的内部状态。因而在实际应用中有很大局限性。随着航天事业和计算机的发展，20世纪60年代初，在经典控制理论的基础上，以线性代数理论和状态空间分析法为基础的现代控制理论迅速发展起来。该阶段的主要成果有：

(1) 1954 年贝尔曼(R. Belman)提出动态规划理论；

(2) 1956 年庞特里雅金(L. S. Pontryagin)提出极大值原理；

(3) 1960 年卡尔曼(R. K. Kalman)提出多变量最优控制和最优滤波理论。

现代控制理论在数学工具、理论基础和研究方法上不仅能提供系统的外部信息(输出量和输入量)，而且还能提供系统内部状态变量的信息。它无论对线性系统还是非线性系统，定常系统还是时变系统，单变量系统还是多变量系统都是一种有效的分析方法。

3. 大系统控制兴起和发展阶段

20 世纪 70 年代开始，现代控制理论继续向深度和广度发展。控制理论应用范围从个别小系统的控制发展到若干个相互关联的子系统组成的大系统的整体控制，从传统的工程控制领域推广到包括经济管理、生物工程、能源、运输和环境等大型系统以及社会科学领域。

该阶段出现的一些新的控制理论与方法有：

(1) 现代频域方法。以传递函数矩阵为数学模型，研究线性定常多变量系统；

(2) 自适应控制理论和方法。以系统辨识和参数估计为基础，在实时辨识基础上在线确定最优控制规律；

(3) 鲁棒控制方法。在保证系统稳定性和其他性能的基础上，设计不变的鲁棒控制器，以处理数学模型的不确定性。

大系统理论是过程控制与信息处理相结合的系统工程理论，它具有规模庞大、结构复杂、功能综合、目标多样和因素众多等特点，是一个多输入、多输出、多干扰、多变量的系统。大系统理论目前仍处于发展和开创性阶段。

4. 智能控制发展阶段

智能控制是近年来新发展起来的一种控制技术，是人工智能在控制上的应用。智能控制的概念和原理主要是针对被控对象、环境、控制目标或任务的复杂性提出来的，它的指导思想是依据人的思维方式和处理问题的技巧解决那些目前需要人的智能才能解决的复杂的控制问题。被控对象的复杂性体现为：模型的不确定性，高度非线性，分布式的传感器和执行器，动态突变，多时间标度，复杂的信息模式，庞大的数据量以及严格的特性指标等。智能控制是驱动智能机器自主地实现其目标的过程，对自主机器人的控制就是典型的例子，而环境的复杂性则表现为变化的不确定性和难以辨识。

智能控制是从“仿人”的概念出发的。一般认为，其方法包括学习控制、模糊控制、神经元网络控制和专家控制等方法。

12.2 智能控制

智能控制是近年来新发展起来的一种控制技术，是人工智能在控制上的应用。从 20 世纪 60 年代起，计算机技术和人工智能技术得到迅速发展，为了提高控制系统的自学习能力，控制界学者开始将人工智能技术应用于控制系统。

12.2.1 智能控制的产生

1. 传统控制理论的局限性

一般地，我们把经典控制理论、现代控制理论与 70 年代初形成的大系统控制理论统称为传统控制理论。随着复杂系统的不断涌现，传统控制理论越来越多地显示它的局限性。复杂系统的特征表现为以下 3 方面。

(1) 被控对象的复杂性。被控对象的复杂性体现为：模型的不确定性，高度非线性，分布式的传感器和执行器，动态突变，多时间标度，复杂的信息模式，庞大的数据量以及严格的特性指标等。

(2) 环境的复杂性。环境的复杂性体现为：环境变化的不确定性，难以辨识，必须与被控对象集合起来作为一个整体来考虑。

(3) 控制任务或目标的复杂性。控制任务或目标的复杂性体现在：控制目标和任务的多重性，时变性，任务集合处理的复杂性。

传统的控制理论建立在精确的数学模型基础上，通常用微分或差分方程来描述。传统控制理论的局限性主要体现在：

(1) 不能反映人工智能过程——推理、分析、学习。丢失许多有用的信息。

(2) 不能适应大的系统参数和结构的变化。

(3) 传统的控制系统输入信息模式单一。通常处理较简单的物理量：电量(电压、电流、阻抗)和机械量(位移、速度、加速度)，复杂系统要考虑视觉、听觉、触觉信号，包括图形、文字、语言和声音等信息。

2. 智能控制的提出

智能控制的概念和原理主要是针对被控对象、环境、控制目标或任务的复杂性而提出来的，它的指导思想是依据人的思维方式和处理问题的技巧，解决那些目前需要人的智能才能解决的复杂的控制问题。

1965 年，美籍华裔科学家傅京孙教授首先把人工智能的启发式推理规则用于学习控制系统。1966 年，Mendel 进一步在空间飞行器的学习控制系统中应用了人工智能技术，并提出了“人工智能控制”的概念。1967 年，Leondes 和 Mendel 首先正式使用“智能控制”一词。

从 20 世纪 70 年代初开始，傅京逊等人从控制论角度进一步总结了人工智能技术与自适应、自组织、自学习控制的关系，正式提出智能控制就是人工智能技术与控制理论的交叉，创立了人-机交互式分级递阶智能控制的系统结构并在核反应堆、城市交通等控制中进行了成功的应用。1974 年，英国工程师曼德尼将模糊集合和模糊语言用于锅炉和蒸汽机的控制，创立了基于模糊语言描述控制规则的模糊控制器，并取得良好的控制效果。

20 世纪 80 年代以来，由于计算机技术和传感器技术的迅速发展以及人工智能的重要领域——专家系统技术的逐渐成熟，使得智能控制和决策的研究及应用领域逐步扩大，智能控制系统已由研制、开发阶段转向应用阶段。

12.2.2 智能控制的分类

智能控制是从“仿人”的概念出发的，它是一门边缘交叉学科。一般认为，其方法包括分层递阶智能控制理论、模糊控制、神经元网络控制和专家控制等。

(1) 分层递阶智能控制理论。它是在研究早期学习控制系统的基础上并从工程控制理论的角度总结人工智能与自适应、自学习和自组织控制的关系后逐渐形成的也是智能控制的最早理论之一。该系统由组织级、协调级和执行级组成，按照自上而下精确程度渐增、智能程度渐减的原则进行功能分配。智能主要体现在高层次上，其主要作用是模仿人的功能实现规划。执行级仍然采用现有数学解析控制算法。

(2) 模糊控制。L. A. Zadeh 在 1965 年开创了模糊理论，模糊控制是将模糊集合理论运用于自动控制而形成的。模糊控制是用语言归纳操作人员的控制策略，运用语言变量和模糊集合理论形成的控制算法。模糊控制不需要建立控制对象精确的数学模型，只要求把现场操作人员的经验和数据总结成较完善的语言控制规则，它能绕过对象的不确定性、不精确性、噪音以及非线性、时变性、时滞等影响，因此系统的鲁棒性强。

(3) 专家控制。专家系统是人工智能应用领域最成功的分支之一，20 世纪 60 年代中期开始有不断的成功应用，与此同时其概念和方法也被引入控制领域。专家控制的基本思想可以作一个专家控制是试图在控制闭环中加入一个有经验的控制工程师，系统能为他提供一个“控制工具箱”，即可对控制、辨识、测量和监视等各种方法和算法自动选择和调用。专家控制可以看成是对一个“控制专家”在解决控制问题或进行控制操作时的思路、方法、经验、策略的模拟。

(4) 神经网络控制。20 世纪 80 年代中后期，神经网络理论和应用的研究为智能控制的研究起到了重要的促进作用。神经网络具有很强的逼近非线性函数的能力，即非线性映射能力。神经网络控制，或称为基于神经网络的控制系统，是在控制系统中采用神经网络这一工具充当控制器，或对难以精确描述的复杂的非线性对象进行建模，或优化计算，或进行推理，或故障诊断等。

在智能控制系统的研究与应用中，常将上述几种常用类型结合起来，构成各种综合智能控制系统，例如，模糊神经网络智能控制系统，专家模糊智能控制系统，神经网络专家智能控制系统等。

12.2.3　智能控制系统的组成

智能控制的理论基础具有多学科(多元)交叉的结构特点，其系统组成结构有二元结构和三元结构等几种具有代表性的提法。

傅京逊提出了智能控制(IC)是自动控制(AC)和人工智能(AI)的交集。萨里迪斯将运筹学(OR)的概念引入二元结构，进而将其扩展为三元结构。智能控制系统的组成结构具体如图 12.1 所示。智能控制强调的是智能和控制的结合，智能的目标寻求在巨大的不确定环境中获得整体的优化。智能控制要考虑故障诊断、系统重构、自组织、自学习能力和多重目标等。

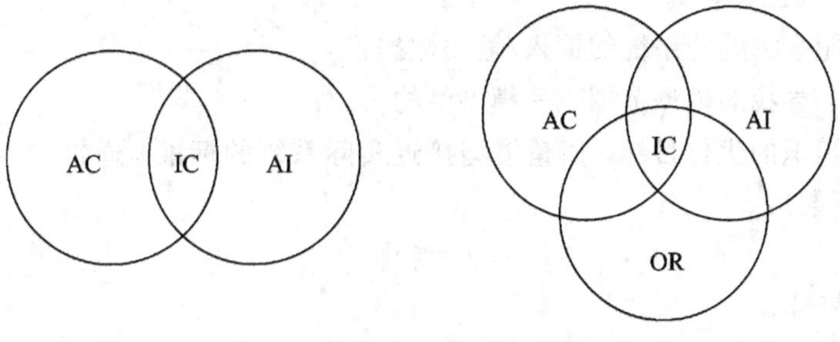

图 12.1　智能控制系统的组成结构

12.3 基于神经网络的辨识器

12.3.1 系统辨识的基本原理

建立数学模型通常有两种方法，即机理分析建模和实验分析建模。机理分析建模就是根据系统内部的物理和化学过程，概括其内部变化规律，导出其反映系统动态行为并表征其输入/输出关系的数学方程(即机理模型)。但有些复杂过程，人们对其复杂机理和内部变化规律尚未完全掌握(如高炉和转炉的冶炼过程等)，因此，用实验分析方法获得表征过程动态行为的输入/输出数据，以建立统计模型，这实际上就是系统辨识的主要方面，它可适用于任何结构的复杂过程。

辨识、状态估计和控制理论是现代控制理论三个互相渗透的领域。辨识和状态估计离不开控制理论的支持，控制理论的应用又几乎不能没有辨识和状态估计技术。随着控制过程复杂性的提高，控制理论的应用日益广泛，但其实际应用不能脱离被控对象的数学模型。然而在大多数情况下，被控对象的数学模型是不知道的，或者在正常运行期间模型的参数可能发生变化，因此利用控制理论去解决实际问题时，首先需要建立被控对象的数学模型。系统辨识正是适应这一需要而形成的，它是现代控制理论中一个很活跃的分支。

系统辨识在工业方面的广泛应用归结为以下几方面：

(1) 控制系统的分析和设计；

(2) 在实时控制中，辨识器作为被控对象的模型调整控制器参数，获得较好的控制效果；

(3) 建立与辨识系统的逆模型，作为控制器；

(4) 建立时变模型，预测其参数，以实现系统参数的预测和预报；

(5) 监视系统运行状态，进行故障诊断。

1. 系统辨识的定义

系统辨识是建模的一种方法。1962 年，I. A. Zadeh 给出辨识这样的定义："辨识就是在输入和输出数据的基础上，从一组给定的模型类中确定一个与所测系统等价的模型。"当然，寻找一个与实际过程完全等价的模型无疑是非常困难的，实用中是按照一个准则在一组模型类中选择一个与数据拟合得最好的模型。

2. 系统辨识的三大要素

(1) 数据：能观测到的系统的输入/输出数据；

(2) 模型类：寻找的模型范围——模型结构；

(3) 准则：辨识的优化目标，衡量模型接近实际系统的标准。通常表示为一个误差的泛函(多用 L2 范数)：

$$J = \| e \|$$

式中，e 为偏差信号。

总而言之，辨识的实质就是从一组模型类中选择一个模型，按照某种准则，使之能最好地拟合所关心的实际过程的静态或动态特性。

3. 系统辨识的目的

总的来说，系统辨识的目的是依据系统提供的测量信息，在某种准则意义下，估计模型结构和未知参数。一般地，在变化的输入/输出中，辨识模型 $\hat{P}$ 与被辨识系统 P 并联接收同一输入信号 $u(k)$，辨识的目的即是根据二者实际输出偏差信号 $e(k+1)=y(k+1)-\hat{y}(k+1)$来修正 $\hat{P}$ 中模型参数，使得准则函数 J 为最小。

4. 系统辨识方法

1) 经典的系统辨识方法

经典的系统辨识方法包括阶跃响应法、脉冲响应法、频率响应法、相关分析法、谱分析法、最小二乘法和极大似然法等。对于不确定性的复杂系统，经典的辨识建模方法难以得到令人满意的结果，其不足在于：

(1) 利用最小二乘法的系统辨识法一般要求输入信号已知，并且必须具有较丰富的变化，然而，这一点在某些动态系统中系统的输入常常无法保证；

(2) 极大似然法计算耗费大，可能得到的是损失函数的局部极小值。

2) 现代的系统辨识

随着智能控制理论的深入研究与广泛应用，非线性系统建模已从用线性模型逼近发展到用非线性模型逼近的阶段。非线性系统辨识的常见方法有集员系统辨识法、多层递阶系统辨识法、神经网络系统辨识法、模糊逻辑系统辨识法、遗传算法系统辨识法与小波网络系统辨识法等

5. 系统辨识的主要步骤

辨识的主要步骤如下：

(1) 实验设计。实验设计的目的是确定输入信号、采样周期、辨识时间、开环或闭环、离线或在线等。采集到的输入/输出数据序列要尽可能多地包含系统特征信息，因此，输入信号应有良好的质量，在辨识时间内，系统的动态必须被充分地激励。

(2) 确定辨识模型 M 的结构。M 的结构设计主要依靠人的经验来确定，M 可以由一个或多个神经网络组成，也可以加入线性系统。M 的结构确定后需选择神经网络的种类，目前多采用 BP 神经网络。

(3) 确定辨识模型的参数。确定辨识模型的参数需要选择合适的参数辨识算法。采用 BP 神经网络时，可采用一般的 BP 学习算法辨识网络的权值参数。

(4) 模型检验。系统辨识所得到的只是系统的近似描述，如果模型的特性与实际系统特性相符，则认为所建模型可靠。模型的实际应用效果是对系统辨识效果优劣的检验标准。

6. 系统辨识的辨识能力

基于输入/输出数据，利用辨识方法得到的模型必定存在误差，这也称为失配。存在误差的原因主要有：

(1) 假定的模型结构是辨识系统的一种近似；

(2) 数据受到随机噪声的污染；

(3) 数据长度有限；

(4) 给予被辨识系统的输入信号 $u(k)$可能没将系统的一些动态模式充分地激励出来。

因此需要对被辨识结果进行精度评价。若是精度达不到要求，应考虑改变模型结构、采样周期、辨识时间等，再进行辨识。

12.3.2 神经网络系统辨识典型结构

1. 工作原理

由于人工神经网络具有良好的非线性映射能力、自学习适应能力和并行信息处理能力，这就为解决未知不确定非线性系统的辨识问题提供了一条新的思路。

在辨识非线性系统时，人们可以根据非线性系统的神经网络辨识结构，利用神经网络所具有的对任意非线性映射的任意逼近能力来模拟实际系统的输入和输出关系。

如图 12.2 所示，设 P 为被辨识系统，$\{u(t), y(t)\}$为被辨识系统 P 的输入/输出时间序列，$\hat{P}$ 为由神经网络构成的辨识模型，$v(t)$为作用于系统输出端的噪声，$z(t)$为含噪声的系统输出，$\hat{y}(t)$为辨识模型神经网络的输出。

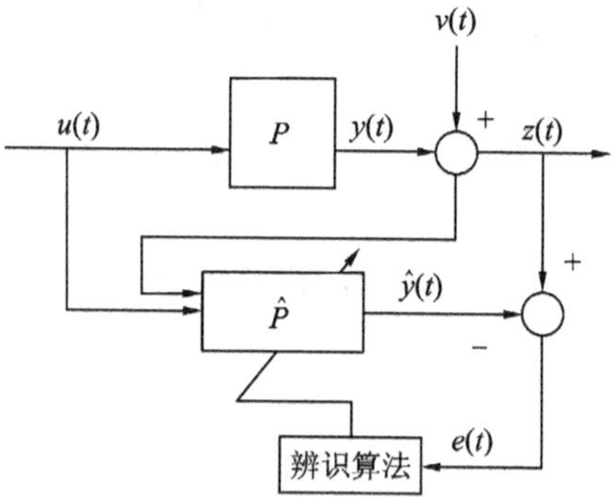

图 12.2 系统辨识的基本原理

$\hat{P}$ 与 P 并联接收同一输入信号 $u(t)$，系统的实际输出 $z(t+1)$作为神经网络辨识模型 $\hat{P}$ 的教师信号，该信号与 $\hat{P}$ 的实际输出 $\hat{y}(t+1)$之差 $e(t+1)=z(t+1)-\hat{y}(t+1)$可用来修正 $\hat{P}$ 中神经网络的权值。

2. 离线辨识与在线辨识

图 12.2 中所示的辨识系统既可以进行离线辨识也可以进行在线辨识。

1) 离线辨识

离线辨识是在已取得大量系统的输入/输出后，用这些历史数据对神经网络进行训练(辨识)，因此辨识过程与实际系统是分离的，无实时性要求。离线辨识可使神经网络在系统工作前预先完成训练过程，但因输入/输出训练样本集很难覆盖系统所有可能的工作范围，因而难以适应系统在工作过程中的参数变化。

2) 在线辨识

在线辨识是在系统实际运行中进行的，辨识过程有实时性要求。在实际应用中，一般先进行离线训练，得到网络的权值后再进行在线学习，这时网络离线训练后的权值就成为在线学习时的初始值，从而使辨识的实时性得到改善。由于神经网络具有很强的学习能力，当被辨识系统的参数发生变化时，神经网络能通过不断调整权值，自适应地跟踪被辨识系统的变化。

3. ANN 辨识模型典型结构

1）系统正模型的辨识

系统正模型的辨识可用并联结构或串-并联结构实现，其原理结构如图 12.3 所示。

（1）系统模型辨识的并联结构。由于在辨识初始阶段，神经网络的实际输出 $\hat{y}(t+1)$很难接近系统的实际输出 $y(t+1)$，而且可能不稳定，因此由各纯滞后单元 z^{-1}输出的 $\hat{y}(t)$，$\hat{y}(t-1)$，$\hat{y}(t-2)$在网络训练开始时均不可靠，在这种情况下，不能保证系统辨识收敛。

（2）系统模型辨识的串-并联结构。在辨识过程中，神经网络始终以系统的实际输出 $y(t)$，$y(t-1)$，$y(t-2)$作为训练样本，一般情况下系统辨识能够收敛。

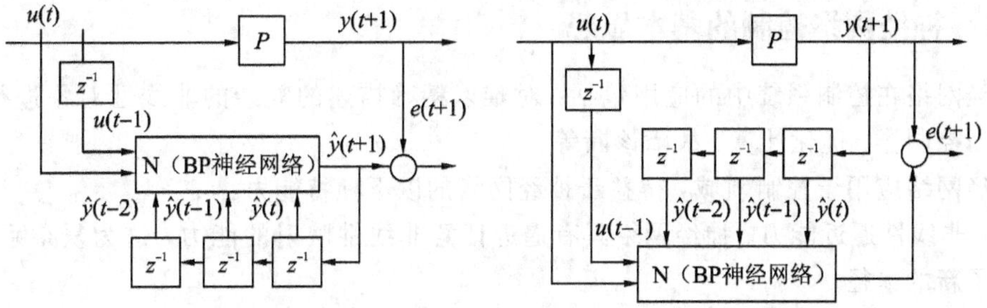

(a) 并联结构　　(b) 串-并联结构

图 12.3　系统正模型辨识的并联结构与串-并联结构

图中，N 为神经网络对 P 的辨识模型，采用 BP 神经网络时，网络输入层有五个神经元，分别对应系统的三个输出信号序列和两个输入信号序列，输出层有一个神经元，网络的隐层一般设为一层，其神经元个数由经验和实验确定。

2）系统逆模型的辨识

若将系统的输出作为辨识模型的输入，而将系统的输入作为辨识模型的教师信号，结果可得到系统逆模型的辨识模型 $\hat{P}^{-1}$。图 12.4 给出两种常采用的系统逆模型辨识结构：图 12.4(a)为系统逆模型的反馈辨识结构，用于离线训练神经网络；图 12.4(b)为系统逆模型的前馈辨识结构，它可进行神经网络的在线学习。

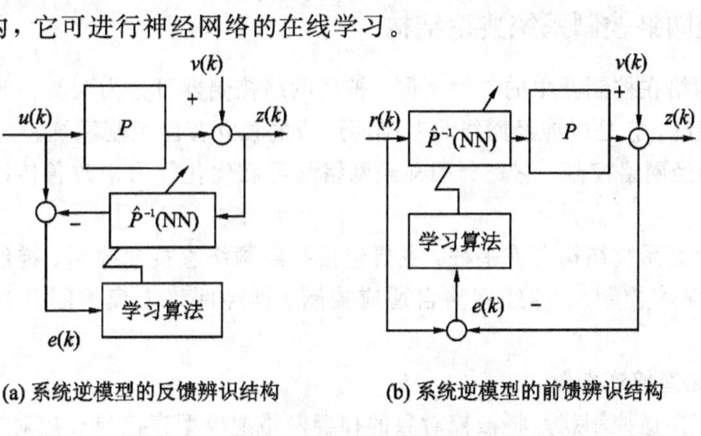

(a) 系统逆模型的反馈辨识结构　　(b) 系统逆模型的前馈辨识结构

图 12.4　两种常采用的系统逆模型辨识结构

4. 神经网络用于系统辨识的优点

与传统的基于算法的辨识方法相比较，人工神经网络用于系统辨识具有以下优点：

(1) 不要求建立实际系统的辨识格式，可以省去系统建模这一步骤；

(2) 可以对本质非线性系统进行辨识；

(3) 辨识的收敛速度仅与神经网络的本身及所采用的学习算法有关；

(4) 通过调节神经元之间的连接权值即可使网络的输出逼近系统的输出；

(5) 神经网络也是系统的一个物理实现，可以用在在线控制。

12.4 基于神经网络的控制器

12.4.1 神经网络控制的基本思想

神经网络在控制系统中的应用包括：对难以精确描述的复杂的非线性对象进行建模、直接充当控制器、优化计算、故障诊断等。

神经网络应用于控制领域，得益于神经网络的以下独特能力：

(1) 非线性逼近能力。神经网络具有逼近任意非线性映射的能力，这为复杂系统的建模开辟了新的途径。

(2) 自学习和自适应能力。按照一定的评价标准，神经网络能够从输入/输出的数据中提取出规律性的知识，记忆在网络的权值中，并具有一定的泛化能力。固有的自学习能力可以减小复杂系统不确定性对控制性能的影响，增加控制系统适应环境变化的能力。

(3) 并行计算能力。神经网络中的信息是并行处理的，使其有潜力快速实现大量复杂的控制算法。此外，神经网络输入/输出的数量是任意的，对单变量系统和多变量系统提供了一种通用的描述，不必再考虑各子系统间的解耦问题，可以方便地应用于多变量控制系统。

(4) 分布式信息存储与容错能力。神经网络中的信息分布式地大量存储于网络的连接权值中，这可以提高控制系统的容错性。

(5) 数据融合能力。神经网络庞大的网络结构，可以同时处理定量信息和定性信息。

12.4.2 神经网络控制系统典型结构

根据神经网络在控制器中的作用不同，神经网络控制器可分为两类：

(1) 神经控制。它是以神经网络为基础而形成的独立智能控制系统。

(2) 混合神经网络控制。它是利用神经网络学习和优化能力来改善传统控制的智能控制方法。

神经网络控制系统结构有许多种，主要包括神经网络直接逆控制、神经网络监督控制(或称神经网络学习控制)、神经网络自适应控制、神经网络内模控制及神经网络预测控制等。

1. 神经网络直接逆控制

神经网络直接逆控制就是将被控对象的神经网络逆模型直接与被控对象串联起来，以便使期望输出(即网络输入)与对象实际输出之间的传递函数等于1，从而在将此网络作为前馈控制器后，使被控对象的输出为期望输出。

神经网络直接逆控制在结构上与前面所述的逆模型辨识有许多相似之处。显然，该方法的可用性在相当程度上取决于逆模型的准确程度。由于缺乏反馈，简单连接的直接逆控制将缺乏鲁棒性。因此，一般应使其具有在线学习能力，即逆模型的连接权必须能够在线修正。

图 12.5 给出了神经网络直接逆控制的两种结构方案。在图 12.5(a)中，NN1 和 NN2 具有完全相同的网络结构(逆模型)，并且采用相同的学习算法，分别实现对象的逆。在图 12.5 (b)中，神经网络 NN 通过评价函数进行学习，实现对象的逆控制。

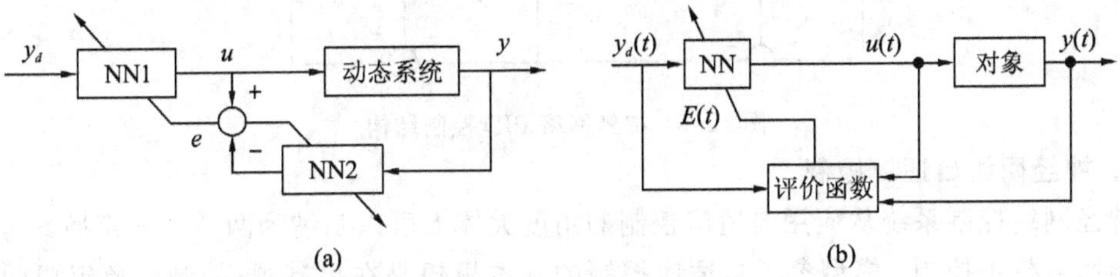

图 12.5　神经网络直接逆控制

2. 神经网络监督控制

神经网络对其他控制器进行学习，然后逐渐取代原有控制器的方法称为神经网络监督控制。

神经网络监督控制的结构如图 12.6 所示，神经网络控制器建立的是被控对象的逆模型，实际上是一个前馈控制器。神经网络控制器通过对原有控制器的输出进行学习，并在线调整网络的权值，使反馈控制输入 $u_p(t)$ 趋近于零，从而使神经网络控制器逐渐在控制作用中占据主导地位，以达到最终取消反馈控制器的作用。一旦系统出现干扰，反馈控制器重新起作用。因此，这种前馈加反馈的监督控制方法不仅可以确保控制系统的稳定性和鲁棒性，而且可有效地提高系统的精度和自适应能力。

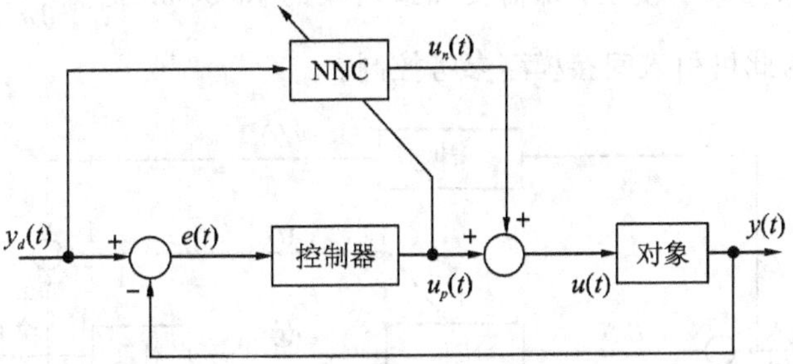

图 12.6　神经网络监督控制

3. PID 神经网络控制

比例-积分-微分(PID)控制是工业过程控制中最常用的控制方法，其结构简单、容易实现且控制有效。但常规 PID 控制的局限性在于当被控对象具有复杂的非线性特性时难以建立精确的数学模型，且由于对象和环境的不确定性，往往难以达到满意的控制效果。

神经网络 PID 控制可对上述问题进行改进，其系统结构如图 12.7 所示。其中有两个内含神经网络的环节——系统在线辨识器 NNI 和自适应 PID 控制器 NNC。系统的工作原理是：NNI 对被控对象进行在线辨识，在此基础上通过对 NNC 进行实时调整，使系统具有自适应性，从而达到有效控制的目的。事实上，NNC 从变化无穷的非线性组合中可以找到 PID 三种控制作用既相互配合又相互制约的最佳关系。

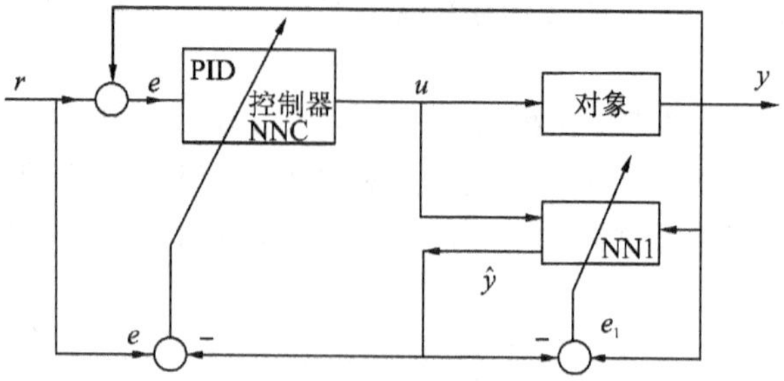

图 12.7　神经网络 PID 控制结构

4. 神经网络自适应控制

神经网络控制系统从应用自适应控制的角度大体上可以归纳为两类——模型参考自适应控制和自校正控制。模型参考自适应控制的基本思想是在控制器-控制对象组成的闭环回路外再建立一个由参考模型和自适应机构组成的附加调节回路。参考模型的输出就是系统的理想输出。控制系统的目的就是要使被控对象的输出一致渐渐地趋近于参考模型的输出。自校正控制将根据对系统正模型和(或)逆模型辨识的结果直接调节控制器内部参数，使系统满足给定的性能指标。

1) 神经网络模型参考控制

神经网络模型参考控制可分为神经网络直接模型参考控制和神经网络间接模型参考控制。

(1) 直接模型参考控制。如图 12.8 所示，神经网络控制器的作用是使被控对象与参考模型输出之差 $e_C(t)$ 趋于零。这与前面所述的正-逆建模中的问题类似，误差 $e_C(t)$ 的反向传播必须确知被控对象的数学模型，即需要知道对象的 Jacobian 信息 $\frac{\partial y}{\partial u}$。这给 NNC 的学习修正带来了困难，为此可引入间接模型参考控制。

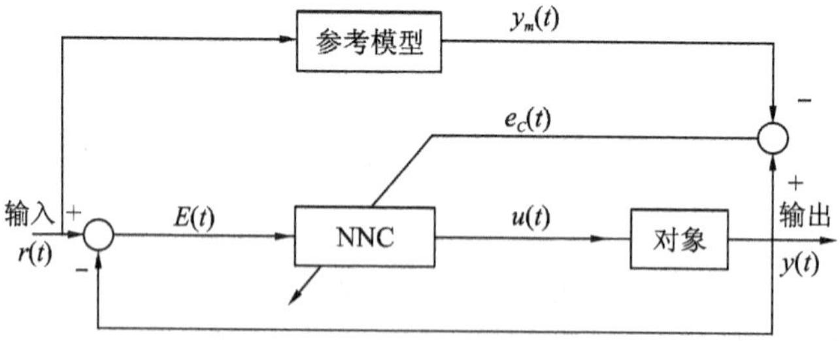

图 12.8　神经网络直接模型参考自适应控制

(2) 间接模型参考控制。如图 12.9 所示，神经网络辨识器 NNI 首先离线辨识被控对象的正模型，并可由 $e_I(t)$ 进行在线学习修正。神经网络辨识器 NNI 向神经网络控制器 NNC 提供对象的 Jacobian 信息用于控制器 NNC 的学习。由于参考模型输出可视为期望输出，因此在对象部分已知的情况下，若将 NNC 改为常规控制器，这个方法与间接自校正控制方法类同。

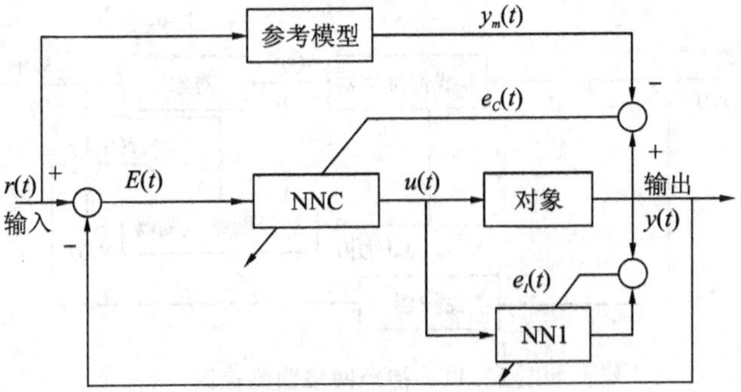

图 12.9 神经网络间接模型参考自适应控制

2) 神经网络自校正控制

自校正控制根据对系统正模型或逆模型的结果调节控制器内部参数，使系统满足给定的指标。神经网络自校正控制结构如图 12.10 所示，它也可分为间接与直接控制。

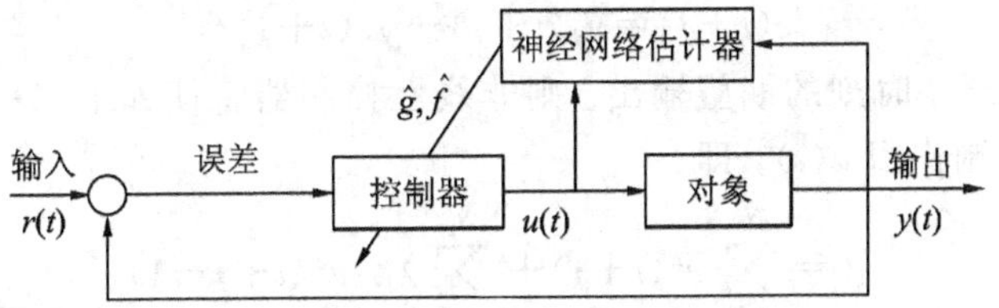

图 12.10 神经网络自校正控制

(1) 神经网络间接自校正控制。图 12.10 中，控制器使用常规控制器，离线辨识的神经网络估计器需要具有足够高的建模精度。

假定被控对象为如下单变量仿射非线性系统：

$$y(k+1)=f[y(k)]+g[y(k)]u(k) \tag{12-1}$$

若利用神经网络对非线性函数 $f[y(k)]$ 和 $g[y(k)]$ 进行离线辨识而得到具有足够逼近精度的估计值 $\hat{f}[y(k)]$ 和 $\hat{g}[y(k)]$，则常规控制器的控制律可表示为

$$u(k)=\frac{\{y_d(k+1)-\hat{f}[y(k)]\}}{\hat{g}[y(k)]} \tag{12-2}$$

其中，$y_d(k+1)$ 为 $k+1$ 时刻的期望输出值。

(2) 神经网络直接自校正控制。图 12.10 中，控制器使用神经网络控制器。由于它同时使用神经网络控制器和神经网络估计器，神经网络直接自校正控制也称为神经网络直接逆控制。其中估计器可进行在线修正。

5. 神经网络预测控制

预测控制又称为基于模型的控制，是 20 世纪 70 年代后期发展起来的一类新型计算机控制方法，该方法的特征是预测模型、滚动优化和反馈校正。如图 12.11 所示，利用神经网络建立系统的预测模型即可构成神经网络预测控制。预测模型可以用当前的系统控制信息预测出在未来一段时间范围内的输出量。通过设计优化性能指标，利用非线性优化器可求出优化的控制作用。

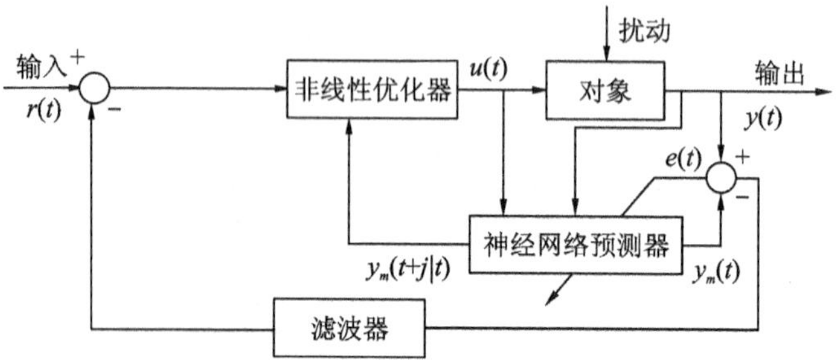

图 12.11　神经网络预测控制

神经网络预测器建立了非线性被控对象的预测模型，并可在线学习修正。利用此预测模型，可以由目前的控制输入 $u(t)$和系统输出 $y(t)$预报出被控系统在将来一段时间范围内的输出值 $y_m(t+j|t)$，其中：$j=N_1$，N_1+1，…，N_2；N_1、N_2分别称为最小与最大输出预报水平，它反映了所考虑的跟踪误差和控制增量的时间范围。若 $t+j$ 时刻的预报误差可定义为

$$e(t+j)=y_d(t+j)-y_m(t+j\,|\,t) \tag{12-3}$$

式中，$y_d(t+j)$为 $t+j$ 时刻的期望输出。则非线性控制器将使如下二次型性能指标极小，以便得到适宜的控制作用 $u(t)$，即

$$J=\sum_{j=N_1}^{N_2} e^2(t+j)+\sum_{j=1}^{N_2}\lambda_j \Delta u^2(t+j-1) \tag{12-4}$$

式中，$\Delta u(t+j-1)=u(t+j-1)-u(t+j-2)$，$\lambda$ 为控制加权因子。

6. 神经网络内模控制

内模控制近年来已被发展为非线性控制的一种重要方法，且具有非常好的鲁棒性和稳定性。它将被控系统的正模型和逆模型直接加入反馈回路，系统的正模型作为被控对象的近似模型与实际对象并联，两者输出之差被用做反馈信号。该反馈信号又经过前向通道的滤波器和控制器进行处理，控制器直接与系统的逆有关。

至于神经网络内模控制，被控对象的正模型及控制器均由神经网络来实现，其结构如图 12.12 所示。引入滤波器的目的是为了获得更好的鲁棒性和跟踪响应效果。

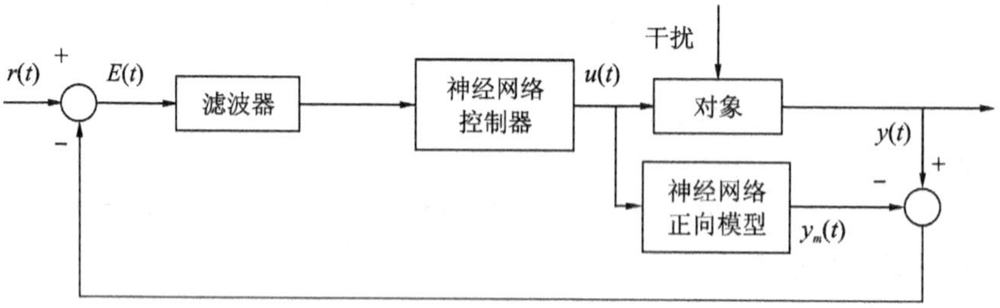

图 12.12　神经网络内模控制

神经网络内模控制的主要特点有：

(1) 假设被控对象和控制器是输入/输出稳定的，且模型是对象的完备表示，则闭环系统是输入/输出稳定的。

(2) 假设描述对象模型的算子的逆存在，且用这个逆作控制器，构成的闭环系统是输

入/输出稳定的，则控制是完备的，即总有 $y(t)=y_m(t)$。

(3) 假设稳定状态模型算子的逆存在，稳定状态控制器的算子与之相等，且用此控制器时闭环系统是输入/输出稳定的，那么对于常值输入，控制是渐进无偏差的。

7. 神经网络自适应评判控制

神经网络自适应评价控制通常由两个网络组成，如图 12.13 所示。其中自适应评判网络在控制系统中相当于一个需要进行再励学习的“教师”，学习完成后，根据系统目前的状态和外部再励反馈信号 $r(t)$ 产生一个内部再励信号 $\hat{r}(t)$，以对目前的控制效果做出评价。控制选择网络相当于一个在内部再励信号 $\hat{r}(t)$ 指导下进行学习的多层次前馈神经网络控制器，该网络进行学习后，根据编码后的系统状态，再允许控制集中选择下一步的控制作用。

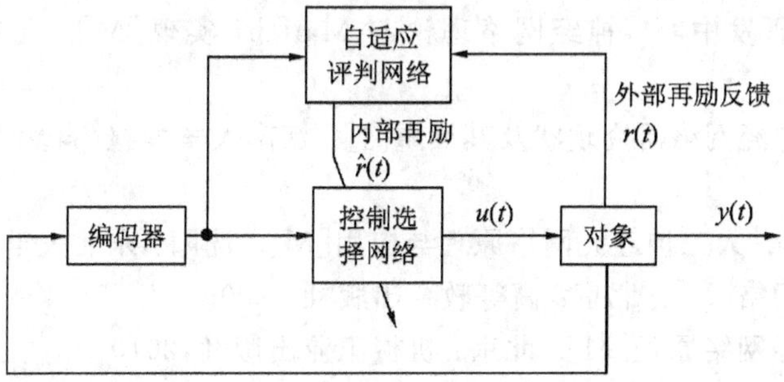

图 12.13　神经网络自适应评判系统

8. 神经网络混合控制

该控制方法集成人工智能各分支的优点，是由神经网络技术与模糊控制相结合而形成的一种具有很强学习能力的智能控制系统。其中，由神经网络和模糊控制相结合构成模糊神经网络，由神经网络和专家系统组合构成神经网络专家系统。神经网络混合控制可使控制系统同时具有学习、推理和决策能力。

思　考　题

1. 说明神经网络应用于系统辨识的基本思想。
2. 举例说明神经网络辨识模型的典型结构。
3. 说明神经网络控制的基本思想。
4. 举例说明神经网络控制系统的典型结构。

参 考 文 献

[1] 韩力群. 人工神经网络理论、设计及应用[M]. 北京：化学工业出版社，2006

[2] 钟义信. 机器知行学原理：信息-知识-智能转换理论[M]. 北京：科学出版社，2007

[3] 蒋宗礼. 人工神经网络导论. 北京：高等教育出版社，2001

[4] 飞思科技产品研发中心. 神经网络理论与 Matlab7 实现[M]. 北京：电子工业出版社，2006

[5] 朱大奇. 人工神经网络研究现状及其展望[J]. 江南大学学报(自然科学版)，2004(3)：103-110

[6] 王旭，王宏，等. 人工神经元网络原理与应用[M]. 沈阳：东北大学出版社，2007

[7] 史忠植. 神经网络[M]. 北京：高等教育出版社，2009

[8] 马锐. 人工神经网络原理[M]. 北京：机械工业出版社，2010

[9] 闻新，周露，等. Matlab 神经网络应用设计[M]. 北京：科学出版社，2001

[10] 闻新. 模糊系统和神经网络的融合技术[J]. 系统工程与电子技术，1999，21(5)：55-58

[11] 张良均，曹晶，等. 神经网络实用教程[M]. 北京：机械工业出版社，2008

[12] Simon Haykin. Neural Networks：A Comprehensive Foundation，2nd Edition[M]. 北京：机械工业出版社，2003

[13] Fredric M. Ham，等. 神经计算原理(英文版) [M]. 北京：机械工业出版社，2007

[14] Simon Haykin. 神经网络与机器学习[M]. 北京：机械工业出版社，2009

[15] 萩原将文. 人工神经网络与模糊信号处理[M]. 北京：科学出版社，2003

[16] 李国勇. 神经模糊控制理论及应用[M]. 北京：电子工业出版社，2009

[17] 李士勇. 模糊控制、神经控制和智能控制论[M]. 哈尔滨：哈尔滨工业大学出版社，1996

[18] 赵振宇，徐用懋. 模糊理论和神经网络的基础与应用[M]. 北京：清华大学出版社，1996

[19] 汪涛. 模糊神经网络控制在单级倒立摆系统中的应用[D]. 合肥：合肥工业大学，2004

[20] 张乃尧，阎平凡. 神经网络与模糊控制[M]. 北京：清华大学出版社，1998

[21] 吴晓莉，林哲辉，等. Matlab 辅助模糊系统设计[M]. 西安：西安电子科技大学出版社，2002

[22] 郑君里，杨行峻. 人工神经网络[M]. 北京：高等教育出版社，1992

[23] 赵文峰. 控制系统设计与仿真[M]. 西安：西安电子科技大学出版社，2002

[24] 周开利，康耀红. 神经网络模型及其 Matlab 仿真程序设计[M]. 北京：清华大学出版社，2006

[25] 高隽. 人工神经网络原理及仿真实例[M] 北京：机械工业出版社，2007
[26] 张德丰. Matlab 神经网络应用设计[M] 北京：机械工业出版社，2009
[27] 肖卫国. 基于改进 BP 神经网络的智能控制方法研究[J]. 系统工程于电子技术，2000
[28] 王晓沛. 基于神经网络的智能控制方法研究[D]. 郑州：郑州大学出版社，2007
[29] 徐玲玲. 几种竞争神经网络的改进及其在模式分类中的应用[D]. 江苏：江南大学，2008
[30] 黄丽. BP 神经网络算法改进及应用研究[D]. 重庆：重庆师范大学，2008
[31] 固高科技. 固高倒立摆系统实验指导书. 深圳：固高科技有限公司，2003
[32] 魏海坤. 神经网络结构设计的理论与方法[M]. 北京：国防工业出版社，2005
[33] 李冬辉，刘浩. 基于概率神经网络的故障诊断方法及应用[fJ]. 系统工程与电子技术，2004，26(7)：997 - 999
[34] 李朝锋，杨茂农. 概率神经网络与 BP 网络模型在遥感图像分类中的对比研究[J]. 国土资源遥感，2004
[35] 刘弘，刘希玉. 人工神经网络与微粒群优化[M]. 北京：北京邮电大学出版社，2008
[36] 孙样，徐流美，吴清. MATLAB 7 基础教程[M]. 北京：清华大学出版社 2005
[37] 于万波. 混沌的计算实验与分析[M]. 北京：科学出版社. 2008
[38] 杨歆. 基于混沌的混合优化算法研究[D]. 西安：电子科技大学出版社，2005
[39] 李文. 基于混沌优化的混合优化算法研究[D]. 长沙：中南大学出版社，2004
[40] 刘金琨. 智能控制[M]. 北京：电子工业出版社. 2007
[41] 丛爽，郑毅松. 几种局部连接神经网络结构及性能的分析与比较[J]. 计算机工程. 2003. 12，29(22)：11 - 13
[42] 葛哲学，孙志强. 神经网络与 Matlab 2007 实现[M]. 北京：电子工业出版社，2007
[43] 董长虹. MATLAB 神经网络与应用[M]. 北京：国防工业出版社，2007
[44] 胡守仁. 神经网络导论. 长沙：国防科技大学出版社，1993
[45] 张玲，张钹. 人工神经网络理及应用[M]. 杭州：浙江科技大学出版社，1997
[46] Neural Network Tolbox User's，The MathWorks. Inc，2003
[47] 楼顺天. 基于 MATLAB 的系统分析与设计——神经网络[M]. 西安：西安电子科技大学出版社，2000
[48] 陈雯柏，湛力，高翔宇. 基于倒立摆系统前馈型神经网络实验的开发[J]. 实验技术及管理，2007
[49] 陈雯柏，吴小娟，湛力. 一级倒立摆系统摆上舞蹈控制[J]. 北京机械工业学院学报，2009. 3：37 - 41
[50] 徐丽娜. 神经网络控制[M]. 北京：电子工业出版社，2009
[51] 余凯. 深度学习——机器学习的新浪潮[J]. 程序员，2013. 2：16 - 17
[52] 孙志军，薛磊. 深度学习研究综述[J]. 计算机应用研究，2012. 8(29)：2806 - 2811
[53] LaCun. Y，et al. Gradient - based learning applied to document recognition，Proc. of the IEEE，1998
[54] Hinton. G. E，A practical guide to training restricted Boltzman Machines，UTML TR 2010 - 003，2010

[55] Bouvrie. J，Notes on convolutional neural networks，2006

[56] Salakhutdinov. R，Murray I. On the quantitative analysis of deep belief networks，Proceedings of the 25th international conference on machine learning，Helsinki，Finaland，2008

[57] Tieleman. T. Training restricted Boltzmann machines using approximations to the likelihood gradient，Proceedings of the 25th international conference on machine learning，Helsinki，Finaland，2008

[58] 陆萍，陈志峰，施连敏. RBM学习方法对比，计算机时代，(11)：10－13，2014

[59] Hinton. G. E，et al. A fast learning algorithm for deep belief nets. Neural computation，2006

[60] Hinton. G. E，et al. Reducing the dimensionality of data with neural networks，Science 313，2006

[61] Arel. I，et al. Deep machine learning a new frontier in artificial intelligence research，IEEE computational intelligence magazine，2010